普通高等教育"十一五"规划教材

植保生物技术

高必达　主编

科 学 出 版 社

北　京

内 容 简 介

全书共分5章，分别介绍植物保护与生命科学和生物技术的关系；重组DNA技术及其在植物抗病、虫、除草剂转基因育种上的应用；植物组织培养技术及其在无病毒苗繁育和抗病试管苗培育上的应用；微生物发酵技术及其在微生物农药创制上的应用；分子检测技术及其在植物病、虫、草害检疫上的应用。

本书可作为植物保护专业本科生和研究生的选用教材，同时也可供作物学、园艺学、生物学等专业的研究生、教师、科技工作者参考。

图书在版编目(CIP)数据

植保生物技术/高必达主编.—北京：科学出版社，2007

普通高等教育"十一五"规划教材

ISBN 978-7-03-019222-6

Ⅰ.植…　Ⅱ.高…　Ⅲ.植物保护-生物技术-高等学校-教材　Ⅳ.S4

中国版本图书馆CIP数据核字(2007)第105101号

责任编辑：甄文全　彭克里　刘　晶/责任校对：陈玉凤

责任印制：徐晓晨/封面设计：科地亚盟

科学出版社出版

北京东黄城根北街16号

邮政编码：100717

http://www.sciencep.com

北京建宏印刷有限公司印刷

科学出版社发行　各地新华书店经销

*

2007年8月第一版　开本：787×1092 1/16

2018年7月第五次印刷　印张：14 1/2

字数：328 000

定价：49.00元

(如有印装质量问题，我社负责调换)

《植保生物技术》编写委员会

主　　编　高必达

副 主 编　易图永　廖晓兰　黎定军　肖启明

编写人员　（以姓氏拼音为序）

高必达　胡利锋　黎定军　廖晓兰

任春梅　王运生　肖启明　薛　进

易图永　周　倩　朱红建

前　言

传统农科植物保护与新兴学科生物技术在自身发展的进程中，相互依赖、相互促进，已经走得越来越近。生物技术所依托的基础分子生物学始于病毒的发现，而第一个被发现的病毒是植物病毒——烟草花叶病毒。马铃薯纺锤状块茎类病毒的发现进一步更新了生物的定义。根癌土壤杆菌 Ti 质粒可转化植物的发现使得目的基因转化植物成为可能，花椰菜花叶病毒 35S 启动子强表达作用的发现为植物基因工程注入了一剂强心针。对植物病毒干扰作用机制的研究导致了世界上第一个转目的基因（病毒衣壳蛋白）植物的诞生并在田间试种，且转基因抗病毒品种成批登记。对植物 R 基因的克隆、对植物病原物抗自身非专化毒素蛋白的克隆、对杀虫微生物苏云金杆菌毒蛋白的研究及对编码毒蛋白基因的克隆和修饰等，造就了一大批抗病、抗虫的转基因植物。对微生物耐除草剂基因的研究和克隆使转基因植物在生长期仍可喷洒灭生性（一扫光性质）除草剂。病原菌毒素的生理作用与致病作用的关联使人们联想到，在组织培养期间施加毒素选择压，从而在忍耐毒素的细胞组织培养物再生植株中筛选到了耐毒且抗病的株系。细胞融合、单倍体育种等细胞工程技术为引入远缘植物抗性基因做出了重大贡献。植物病理学家发现植物病毒不进入植物的生长点，这为茎尖脱病毒提供了理论依据，脱病毒苗层出不穷。对杀虫和杀菌微生物的筛选和对植物病原菌激素的研究，为发酵工程提供了优良菌种。分子生物学技术在植物病虫草害的诊断和分类上得到了广泛应用。

湖南农业大学生物安全学院为适应这一发展趋势，早在 2001 年便为植物保护专业开设了植保生物技术这门课程，当时是作为专业选修课，且教材是自编自印，未公开出版。从 2004 级开始，植保生物技术成为植保专业创新班的必修课，生物信息专业和生物安全专业也将选修此课程。为此，我们在原来教材基础上做了大幅修改和更新，并正式交科学出版社出版。

全书共分五章。第一章介绍植物保护与生物技术的关系；第二、三、四、五章分别介绍组织培养技术、转基因育种技术、微生物发酵技术、核酸和蛋白质技术在植物保护上的应用。本书由高必达编写第一、三章并负责全书的审校和统稿；易图永编写第四章；廖晓兰编写第五章；黎定军编写第二章第一、二节；肖启明编写第二章第四节；任春梅编写第二章第三节；此外，王运生、周倩、朱红建、薛进和胡利锋参加了部分内容的编写。

编写本书的全过程得到了湖南农业大学校领导、教务处和研究生处的关怀，并得到了湖南省重点学科资助，在此谨表谢意。

高必达

2007 年 5 月

目　录

第一章　植物保护与生物技术

植物保护是研究植物有害生物的分类鉴定、生物学特性及其发生消长规律，并对其进行预测预报和综合治理，以保证植物健康生长的一门科学。它的任务主要是控制各种农、林和野生植物上的病、虫、草、鼠害，确保农业、林业生产安全及生态环境安全。

生物技术是20世纪70年代初在分子生物学、细胞生物学等学科基础上发展起来的一门综合性的科学技术，主要包括转基因育种技术（基因工程）、组织培养技术（细胞工程）、微生物发酵技术（发酵工程）等。

植保生物技术是这两门学科交叉而形成的一门新学科。

第一节　植物保护学科的发现与生命科学的进步

作为植物保护学一个分支的植物病理学，在近100多年来对生命科学的发展做出了十分重大的贡献，其中最重要的就是发现了新的生物“界”或“域”。因此，在谈到植物病理学的贡献之前，有必要介绍一下最新的生物顶级分类系统。

根据生物顶级分类的最新方案，生物分5个域（domain），即真核域（Eucaryota）、细菌域（Eubacteria）、古菌域（Archaea）、病毒域（Viruses）和类病毒域（Viroids）。Bergey细菌分类手册第二版第一卷（2001）和第二卷（2005）已采用“域”的概念。在五域系统之前普遍接受的是八界系统。这两个系统的对照如表1-1所示。

表1-1　八界系统与五域系统对照

五域系统	八界系统
真核域	动物界（细胞壁主要成分为几丁质，可运动的无细胞壁多细胞生物，异养）
	植物界（细胞壁主要成分为纤维素，含叶绿素a和叶绿素b，不含叶绿素c，自养）
	色藻界（细胞壁主要成分为纤维素，其中的藻类含叶绿素a和叶绿素c，自养）
	真菌界（细胞壁主要成分为几丁质，不含叶绿素，异养）
	原生界（细胞壁主要成分为几丁质，可运动的无细胞壁单细胞生物，异养）
细菌域	细菌界（在正常条件下生存的原核生物）
古菌域	古菌界[耐极端环境（高温、低氧、耐高盐强碱）的原核生物]
病毒域	病毒界（既有核酸又有蛋白衣壳的成员）
类病毒域	病毒界（只含核酸的成员即类病毒）

真核域中的色藻界（Chromista）是由原属植物界的含叶绿素c的藻类和原属菌物界的细胞壁主要成分为纤维素而不是几丁质的卵菌和丝壶菌组建的。原生界包含了原属菌物界的包括根肿菌在内的粘菌。

古菌域与细菌域的区分主要是16S rRNA序列。古菌的16S rRNA序列与真核生物的同源度大于与细菌的同源度，古菌与真核生物相似的基因多于与细菌相似的基因。此外，还有以下几个方面的不同（表1-2）。

表 1-2 古菌域与细菌域的差异

域	细胞壁胞壁酸	细胞膜磷脂		
		甘油手型	侧链	侧链与甘油结合方式
细菌域	+	D 型	脂肪酸，不分支	以酯键结合成脂肪酸
古菌域	−	L 型	类异戊烯醇（C_{20} 或 C_{40} 的植烷醇）	以醚键结合成甘油二醚或二甘油四醚

病毒域包含由核酸和蛋白质组成的分子生物，类病毒域包含只有核酸没有蛋白衣壳的分子生物。

5 个生物顶级域中的两个域即病毒域和类病毒域是植物病理学家发现的。

最初发现的植物病毒 TMV 后来成为了生命科学研究的模式工具。此外，植物病理学家还发现了可转移到植物基因组中，随同植物 DNA 一同复制和表达的转移 DNA（T-DNA），且发现了五大激素之一的赤霉素。

（一）发现烟草花叶病毒（TMV）——病毒域的首个成员

1898 年，荷兰 DELFT 工业大学的微生物学教授贝叶林克（Martinus Beijerinck）报道了烟草花叶病的病原是一种可通过细菌过滤器的传染性“活”液，能在活体内“繁殖”，因而不是毒素，也不同于小型微生物，是一类全新的分子生物，从而改写了生物的定义，并导致了病毒学的诞生。1998 年，在苏格兰召开了一次国际病毒学家会议，正式将 1898 年定为病毒学诞生年。

在此之前，曾有其他研究者做了大量工作，其中以麦尔（Adolf Mayer）（图 1-1）和伊万诺夫斯基（Dmitriib Ivanovski）（图 1-2）的工作最为有名。

图 1-1 麦尔
（1843～1942）

图 1-2 伊万诺夫斯基
（1864～1920）

1. 麦尔发现烟草花叶病有传染性

19 世纪末，烟草在荷兰已大面积种植，但烟草的生产受到花叶病的严重影响，甚至有些地方因为花叶病而不能继续种植烟草。麦尔是荷兰瓦赫宁根农业试验站站长，他首先分析了病株和健株的化学组成，以及病株周围的土壤和线虫、光、温、肥，尝试了鉴定病原，结果排除了营养因素、动物因素和环境因素。后来，他将患有花叶病的烟草植株的压榨液用毛细管汲取后接种到室外生长的无病烟草植株的叶片和茎上，几周后观察到后者发病，从而首次证明了烟草花叶病有传染性。1886 年，发表了他的研究结果，将此病命名为烟草花叶病并详细描述了症状。

接下来，麦尔尝试了遵循柯赫氏法则来鉴定病原。柯赫氏法则有四条：一是只要有某种疾病发生就必有某种微生物存在；二是能从生病的生物体分离到这种微生物并得到纯培养物；三是用分离纯化的微生物接种到同种生物的无病个体上能重现疾病的症状；四是能从接种后生病的生物体再次分离到同种微生物。当时，要证明一种疾病的病原，这四条都必须满足。自然，他从研磨液中分离和培养微生物的工作成功了，但分离到的微生物没有一个在接种健株后可重现病害症状。他又试着用大量的已知细菌、动物粪便、变质奶酪、腐败的豆类来接种，结果无一成功。对他来说，余下的可能性只有两个：一是酶，二是某种微生物。他觉得认为病原物是酶的说法是荒谬的，因为酶不能复制自己。然后他用双层滤纸将病株研磨液过滤，再接种到健株上，发现过滤液可传病，排除了真菌因素。而过滤液经多次过滤得到“清液”后不能传病，因此他认为病原是一种细菌。麦尔对病原作出的结论是错误的，但他应该留在病毒这一分子生命发现史的丰碑上，因为他发现了烟草花叶病有传染性。正如他所说：“I suddenly made the discovery that the juice from diseased plants obtained by grinding was a certain infectious substance for healthy plants.”麦尔活到了 1942 年，终年 99 岁，这使他有机会看到了现代病毒学理论的发展，包括 1935 年 Staney 对烟草花叶病毒的提纯。他的发现以及他研究病原的方法给后来伊万诺夫斯基和贝叶林克的研究以启示。

2. 伊万诺夫斯基发现烟草花叶病的病原可通过细菌过滤器

伊万诺夫斯基是一个俄国植物病理学家，他于 1892 年在圣彼得堡向俄罗斯科学院提交了他的简短报告，对麦尔的烟草花叶病病原可通过双层滤纸的发现表示怀疑。在他的试验中，他用张伯伦氏素烧瓷过滤器这种可最终阻止细菌的过滤器做了大量试验，得到的结果让他惊讶不已，过滤液始终可以传病。他开始怀疑是不是过滤器有问题，于是对过滤器进行检查，发现过滤器没有问题，排除了细菌病原。于是，他得出烟草花叶病是由细菌分泌的毒素引起的或者是由一种可通过细菌过滤器的细菌引起的结论。他说：“根据当今流行的观点，对我来说，假设细菌分泌且溶解在滤液中的毒素引起花叶病，是最简单不过的解释。但是还可以有一种同等可接受的解释，即烟草植株上的细菌透过了细菌过滤器的孔口，即使每次试验我都用通常的方式检查了过滤器，并确认过滤器没有漏洞和缺口。”

伊万诺夫斯基于 1903 年发表了他的关于烟草花叶病的最终报告，详细报道了对病组织细胞中发现的两类内含体的显微镜观察，以及在培养病原体的尝试上所做的大量无效劳动。尽管贝叶林克已经在 1898 年发表了病原病毒说的论文，但受当时盛行的巴斯德细菌病原说影响，他的最终结论是烟草花叶病的病原是一种不可培养的细菌。十分遗憾，他与病毒的发现失之交臂。

3. 贝叶林克发现烟草花叶病的病原为传染性活液并命名为“病毒”

图 1-3 贝叶林克（1851～1931）

在麦尔研究烟草花叶病毒时，贝叶林克（图 1-3）也在荷兰瓦赫宁根工作。1885 年，麦尔给贝叶林克看了他的试验结果，但贝叶林克在寻找导致花叶病的微生物上也无能为力。贝叶林克接着转向研究土壤细菌。1887 年，他发现了根瘤细菌，接着又继续研究烟草花叶病。他试着改用烧结石过滤器来过滤，结果过滤液仍有传染性，他试着寻找其中的微生物，不仅做了好氧菌的分离，也做了厌氧菌的分离，结果表明过滤液是无菌的。他又用一滴病株榨取液接种健株，再从接种后发病的植株取榨取液接种新的健株，经多次循环后，发现从这一滴病株榨取液可传染无数植株，由此他猜想病原物在病株中复制了它自己，是一种传染性活液（contagium vivium fluidum）。为了证明病原物不是一种细菌，他做了一个琼脂扩散试验，让病株榨取液在较高浓度的琼脂胶平板上扩散，结果致病因子在 10d 内扩散了至少 2mm，说明病原体不是细菌，而是一种液体或是可溶性的物质。他还发现病原体在 3 个月的试验中是很稳定的，提取物中的致病力既没有降低，也没有增加，进一步证明了不是细菌。病原体在叶组织干后仍然是活的，侵染强度不减。提取液加热到 90℃可使病原体失活。1898 年，贝叶林克发表了著名的题为“Ueber ein contagium vivium fluidum, als Ursache der Fleckenkrankheit des Tabaksblätter”（Concerning a contagium vivum fluidium as a cause of the spot-disease of tobacco leaves）的论文。在这篇论文中，他将病原体称为“virus”（病毒），病毒学由此诞生。

（二）发现马铃薯纺锤形块茎类病毒（PSTVd）——类病毒域的首个成员

1971 年，美国植物病理学家迪内（Diener）（图 1-4）报道了从患有马铃薯纺锤形块茎病的植株通过多种化学方法提纯，发现一种比病毒还小的病原生物，这种致病因子没有蛋白质外壳，仅含有一个分子质量很小的环状 RNA。迪内将其称为类病毒（viroid），从此宣告了一种新的分子生物的发现。

图 1-4 迪内

1971 年前盛行的科学教义是，一种没有蛋白质的生物是即便有宿主细胞的帮助也不可能自发复制。科学家还相信侵染所需的最小相对分子质量是一百万，一个像

PSTV 那样小的实体（相对分子质量 130 000）不可能侵染任何生物，即使是马铃薯。

不过，这个科学教义对 Diener 没有什么影响，他已看到教义反复变了多次。他非常认真地证明了类病毒确实存在，为此花了整整 6 年的艰辛劳动。

最早研究马铃薯纺锤形块茎病的是美国植物病理学家 Raymer。20 世纪 60 年代早期，他在位于美国马里兰州 Beltsville 的美国农业研究服务署（Agricultural Research Service，ARS）马铃薯病害研究室工作。正是 Raymer 开始了最终导致类病毒被发现的研究计划。

在研究中他遇到了一个难题，此病在马铃薯中要花几年的时间才显示症状，许多试验结果出来得很慢。后来，Raymer 和他的同事植物病理学家 Muriel O'Brien 发现这种未知的病原物容易在番茄中传染，只要两周时间番茄植株就会明显矮化。于是，他们改用番茄作生物测定和繁殖寄主，方便了提取马铃薯纺锤形块茎病的病原。

有了这种方法，就可很快得到大量的病叶，就可以用提纯病毒的高速离心法发现“病毒”。但是用这种方法得到的“病毒”很少造成病株，显然病原不是一种典型的病毒。

带着困惑，Raymer 来到了 Diener 办公室。Diener 不久前加入了 ARS 所建立的 16 个先进实验室中的一个新的植物病毒先进实验室。Raymer 和 Diener 从 1965 年开始合作。

一年后，他们基本认定此病是一种病毒造成的。然后他们试用了 ARS 化学家发明的一种不同的离心方式，即密度梯度离心。这种方法证明病原物小而且轻。因此 Diener 认为病原不可能是一种传统的病毒核蛋白，更有可能是一种游离核酸。

Diener 和 Raymer 接着做了酶化学试验，用 RNA 酶处理番茄病叶的提取液，去除 RNA。结果发现处理液不能像酶处理前那样侵染健康番茄。而用 DNA 酶和蛋白酶处理则不影响侵染番茄的能力。结果表明病原体是一种 RNA，不含蛋白质。

1966 年，就在类病毒即将发现的这个关键时刻，Raymer 离开实验室到一个私人企业工作。Diener 又花了 5 年时间分离病原体并研究其特征，核实他做过的试验，填补漏洞，准备应对怀疑论者的挑战。

1971 年，迪内正式在 *Virology* 上发表了他的研究结果，题目为“Potato spindle tuber ‘virus’. Ⅳ. A replicating，low molecular weight RNA”，文中将病原体称为“viroid”（类病毒）。

他的理论的确遇到了阻力，阻力主要是来自不熟悉他先前所做工作的动物病毒学家和医学研究者。但他准备充分，证据极具说服力。大致在同一时间，另一个研究另一种病害的科学家报道了类似的发现。类病毒的存在得到公认。

到 2004 年 10 月为止，已报道全基因组核苷酸序列的类病毒就有 36 种，全部是在植物上发现的。

（三）发现 TMV——生命科学研究的模式工具

TMV 是第一个被提纯的病毒。美国植物病理学家斯坦利（Stanley）1935 年报道，用化学的方法提纯得到了 TMV 结晶，并证实其具有侵染性，因此他分享了 1946 年的

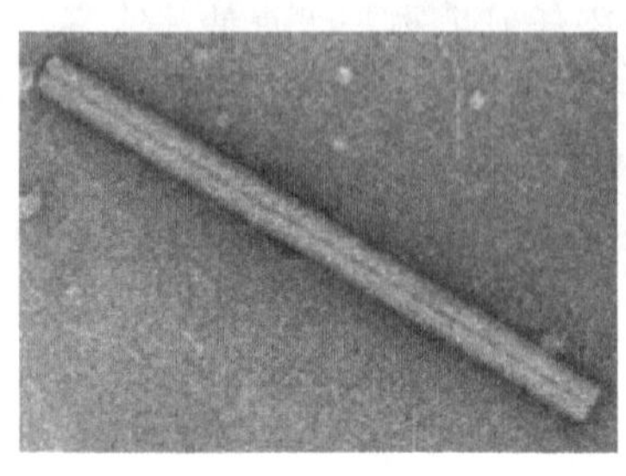
图 1-5 电镜下的 TMV

诺贝尔化学奖。TMV 是第一个用电镜看到的病毒，1939 年考齐和（Kausche）在电镜下直接观察到了 TMV，指出 TMV 是一种直径为 1.5nm，长为 300nm 的长杆状的颗粒（图 1-5）。

TMV 本质的发现表明它是一个很有用的理化分析研究材料。TMV 是第一个用分析性超离心法和电泳法检测到的病毒。TMV 的衣壳蛋白是第一个被测序的病毒蛋白。TMV 的 RNA 是最早用来证明核酸携带遗传信息且单独具有侵染性的材料之一。TMV 是最早在原子水平阐明颗粒结构的病毒之一。最早用 TMV 衣壳蛋白基因转化的植物证明了 CP 介导的交叉保护作用概念。TMV 也是最早证明编码了一种细胞间转运蛋白的生物。

（四）发现 T-DNA——植物转化载体之母

T-DNA 即转移 DNA（transfer DNA），是指根癌土壤杆菌（*Agrobacterium tumefaciens*）Ti 质粒（tumor inducing plasmid，癌瘤诱导质粒）可以转移到植物 DNA 上的 DNA 片段。T-DNA 的发现是生命科学史上划时代的一件大事。

早在 1907 年，美国农业部的欧文史密斯（Erwin Smith）和汤森（Townsend）就发现根癌病的病原是一种杆状的土壤细菌。由于在癌瘤组织中很难分离到病菌，欧文史密斯猜想此病与人类癌瘤的发病机制相似。

1958 年，美国纽约洛克菲勒大学的布劳恩（Armin Braun）博士在“A physiological basis for autonomous growth of the crown-gall tumor cell”一文中首次提出了癌瘤细胞是被转化的概念。他在 1947 年就报道了不含根癌土壤杆菌的癌瘤细胞在体外无需添加生长素和细胞分裂素也生长了多年，而生长素和细胞分裂素是正常植物细胞在体外生长所必需的，因此他推测根癌土壤杆菌必定给了癌瘤细胞什么礼物，而这份礼物必定是复制了，因为经过这么多年的组织培养都保留了下来。这个礼物后来在布劳恩 1958 年的论文中被称作癌瘤诱导因子（tumor inducing principle，TIP）。为此布劳恩博士被后人称为根癌病研究之父。

1970 年，法国农业研究院的莫劳（Georges Morel）提出了细菌基因在植物细胞中表达的概念。他报道，不含细菌的癌瘤细胞在培养中产生两种根癌碱（opine），即章鱼碱（octopine）和胭脂碱（nopaline），这是两种新代谢物。而决定癌瘤细胞产生何种根癌碱的是 *Agrobacterium* 菌系而不是植物。此外，每个 *Agrobacterium* 菌系都可利用其特有的根癌碱生长，但不能利用其他的根癌碱。他认为布劳恩所说的 TIP 必定是一个负责在植物中产生根癌碱的基因，或者包含了这个基因。他还提出，在植物中催化根癌碱合成的酶正是在 *Agrobacterium* 中催化根癌碱分解的酶。但后来发现莫劳的假说不是完全正确的，根癌菌用来代谢根癌碱的实际上是另一种不同的酶，根癌碱合成酶基因也不是 TIP，不过癌瘤细胞中确实合成了根癌碱。

20 世纪 70 年代初，正在荷兰莱顿大学做博士学位论文研究的史基尔帕鲁特（Rob Schilperoort）惊奇地发现用根癌 DNA 做成的 DNA 滤膜可与放射标记的 *Agrobacterium* DNA 杂交。虽然后来他证实了杂交结果是由从癌瘤细胞提取的 DNA 中含有杂质造成的，但他的博士学位论文和他的其他论文促成了位于西雅图的华盛顿大学根癌研究小组的组建。这个小组由植物病原微生物学家内斯特（Eugene W. Nester）（图 1-6）、植物病毒学家戈登（Milt Gordon）和刚得到遗传学博士学位的切尔顿（Mary-Dell Chilton）组成。他们自 1971 年开始合作研究，内斯特教授的一个叫库雷（Tom Currier）的研究生将来自美国模式菌种库的根癌菌菌系接种在烟草幼苗茎的伤口处，观察到癌瘤形成。

图 1-6　内斯特

1971 年，有两类遗传学试验的结果为 *Agrobacterium* 可能带有含癌瘤诱发基因的某种病毒或质粒提供了间接的证据。美国明尼苏达州大学的哈密尔顿（Hamilton）等发现根癌菌 C58 菌系在 37℃（*Agrobacterium* 生长适宜温度为 28℃）生长时不可逆地丧失了毒力，他们认为癌瘤诱导必定是一种质粒或病毒所赋予的性状，因为这种性状对“治疗”敏感。与此同时，澳大利亚南澳大利亚 Waite 学院的植物病理学家柯尔（Allen Kerr）正尝试研发一种生防菌来保护植物免受根癌病为害。他将无毒力的菌系和有毒力的 *Agrobacterium* 菌系同时接种到同一株向日葵植株上。当他从癌瘤分离到原来的“无毒力”菌系并再次接种时，奇迹发生了，“无毒力”菌系变成了“有毒力”菌系。毒力的转移现象使柯尔联想到有一种染色体外的因子是癌瘤诱导的介体。

西雅图根癌病研究小组的内斯特教授读到这些报道后，深信 *Agrobacterium* 含有质粒。他和蒙托亚（Alice Montoya ）用自己的菌系重现了一次毒力转移试验。戈登实验室的一名学生沃森（Bruce Watson）也重复了 C58 的热处理去质粒试验。不过，他用既定的方法提取 *Agrobacterium* 质粒却一次次地失败了。

1974 年，比利时根特大学的塞伦（Ivo Zaenen ）（图 1-7）意外发现根癌菌质粒是大型质粒。沃森之所以失败，就在于他用的是提取小型质粒的方法。开始的时候塞伦并不是刻意地去找大质粒，而是用碱性 SUC 液梯度来寻找根癌菌的一种复制型噬菌体 PS8。最终他发现 11 个毒力菌系都含有质粒，相对分子质量为 $96\times10^6\sim156\times10^6$，而另外 8 个无毒力的菌系不含质粒。他的论文发表在高级别杂志 *Journal of Molecular Biology*（分子生物学杂志）上，是根癌菌转化作用研究的一个里程碑。

图 1-7　塞伦

西雅图根癌研究小组很快用塞伦法从 *Agrobacterium* 菌系分离到质粒 DNA。根特小组和西雅图小组都发现 C58 菌系在 37℃生长时丧失了这种大型质粒。毒力的转移是由质粒的转移所介导的。很快又发现了章鱼碱和胭脂碱的代谢基因位于菌系各自的大型质粒上，这种质粒被根特小组命名为 Ti 质粒（tumor inducing plasmid，癌瘤诱导质粒）。

西雅图根癌病研究小组最终拿到了 *Agrobacterium* 菌系的 Ti 质粒，接着他们用限制性内切核酸酶将 Ti 质粒切成不同的片段，通过复性动力学分析法检验。在癌瘤细胞中发现了后来称为 T-DNA 的东西。此后，Southern blot 法显示出了完整的 Ti 质粒片段，也显示出不同癌瘤细胞系中的不同“边界片段”，暗示了 T-DNA 与植物基因组 DNA 的结合。通过对细胞核 DNA、叶绿体 DNA 和线粒体 DNA 的 Southern 结果分析，发现几个癌瘤细胞系的 T-DNA 位于核区（图 1-8）。

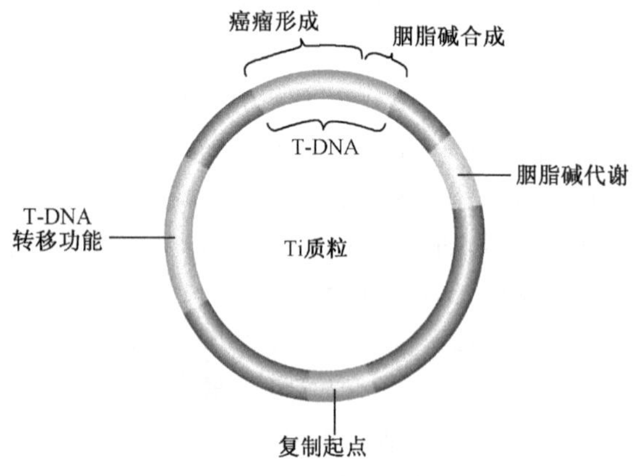

图 1-8　Ti 质粒结构图

图 1-9　切尔顿

切尔顿（图 1-9）后来到了圣路易斯华盛顿大学工作，她的小组（西雅图华盛顿大学小组）和根特小组都成功地从癌瘤细胞克隆了 T-DNA 片段。切尔顿小组测通了 T-DNA 与植物 DNA 交接处的序列，并将质粒 DNA 与 T-DNA 比较，在 T-DNA 整合进植物基因组的切口处发现了 Ti 质粒上的一个 25bp 的不完全直接重复序列。这些边界序列确定了 T-DNA 在质粒上的位置。

1997 年，切尔顿等证实了根癌土壤杆菌能将细菌体内的 Ti 质粒上的 T-DNA 导入寄主植物细胞，插入染色体中，寄主细胞就能不断分裂而形成癌肿。切尔顿因为此项成就获得了 2002 年富兰克林生命科学奖。Ti 质粒后来被改造成有效的植物基因工程载体，现在的植物转化载体都含有 T-DNA 的边界序列。

（五）发现赤霉素——五大植物激素之一

赤霉素是一组类二萜酸，影响高等植物茎伸长、萌发、休眠、开花、性别表达、酶诱导、叶片和果实衰老等一系列发育过程的植物生长调节物质。这种激素是在引起水稻恶苗病的赤霉菌中发现的。

亚洲的农民很早以前就观察到此病，病苗苍黄色，瘦弱细长，根系发育不良。重病株会死亡；轻病株虽可存活，但籽粒不饱满甚至空壳。日本的农民称此病为马鹿苗病，意思是疯苗病。1898 年，日本植物病理学家堀（Shotaro Hori）发表了首篇关于赤霉病的论文，报道了此病的病原是一种镰刀菌［有性阶段为赤霉属（*Gibberella*）］。

1912 年，日本植物病理学家泽田（Sawada）发表了一篇关于我国台湾地区病害发生的论文，文中指出受恶苗病菌侵染的秧苗的症状可能是病菌菌丝产生的诱因造成的。

1926 年，日本植物病理学家黑泽（Eiichi Kurosawa）报道，用恶苗病菌的培养过滤液也能使水稻和一些亚热带草伸长。他得出结论：恶苗病菌分泌了一种化学物质，刺激秧苗伸长，抑制叶绿素形成和阻止根系生长。1930 年，恶苗病菌的无性阶段被命名为串珠镰孢（*Fusarium moniliforme*），有性阶段被命名为藤仓赤霉（*Gibberella fujikuroi*）。

1938 年，日本薮田（Teijiro Yabuta）用黑泽提供的菌种开始了分离活性物质的工作。1934 年，他从病菌培养滤液分离到一种结晶物质，这种物质在所测试的浓度下都对水稻秧苗有抑制生长作用。抑制物的结构表明是 5-正-丁基吡啶甲酸（5-n-butylpicolinic acid）或称镰孢酸（fusaric acid）。改变培养基的组成可阻遏镰孢酸的生成，结果从培养滤液中得到一种刺激水稻秧苗生长的非结晶态物质。1935 年，薮田将这种物质命名为赤霉素（gibberellin）。

1938 年，薮田和他的同事住木（Yusuke Sumiki）终于成功地结晶了一种苍黄色固体，从中得到赤霉素 A 和赤霉素 B，后来（1941 年）发现前者没有活性，于是将两者名称互换。

确定赤霉素结构的工作因缺少纯的结晶样品而受阻。按目前的标准，他们所用的菌系产赤霉素的能力是极其低下的。而且他们不知道他们的赤霉素 A 其实是不纯的，是一些结构上相近的赤霉素类物质的混合物。

美国自第二次世界大战后，在马里兰州的一个研究单位就开始了对赤霉素的研究。1950 年，米切尔（John E. Mitchell）报道了赤霉菌的理想发酵程序，以及赤霉菌提取物对蚕豆（*Vicia faba*）苗生长的影响。位于伊利诺伊州的美国农业部北方区域研究所也使用了米切尔提供的菌株开展大规模发酵研究，试图生产农用赤霉素纯品，但起初的发酵物是无活性的。

1952 年，住木访问美国，遇见了斯托多拉（Frank H. Stodola）。返回日本后住木将新的菌种寄到美国，但这些菌种的发酵产物也是无活性的。后来发现问题在于培养基中缺镁，当培养基中添加硫酸镁时赤霉素的产量就提高了。奇怪的是，斯托多拉从这些发酵物中分离到的赤霉素的物理特性与日本人报道的不同。1955 年他将得到的产物称为赤霉素 X。

在英国 ICI 的 Aers 研究所工作的一组科学家于 1954 年报道分离到了一种新的赤霉素，命名为赤霉酸（gibberellic acid）。这种赤霉素的物理特性不同于日本报道的赤霉素 A。其中一名科学家葛罗夫（John Grove）与斯托多拉交换样品后发现赤霉酸和赤霉素 X 的化学性质和物理性质是相同的，统一定名为赤霉酸。1956 年，提出了赤霉酸的结构式（图 1-10），后来在 1961 年由葛罗夫进行了修订。

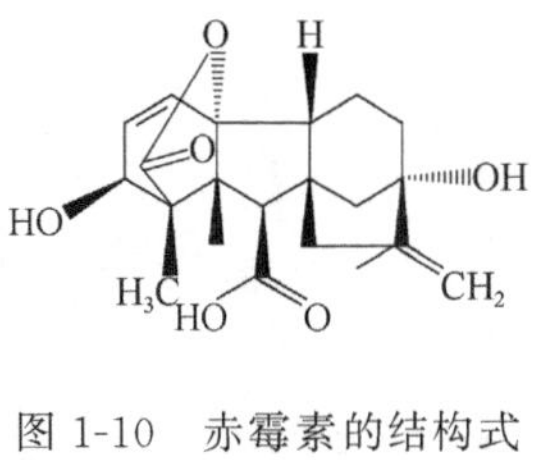

图 1-10　赤霉素的结构式

1955年，薮田研究小组的成员高桥（Takahashi）等成功地将赤霉素A分离成3种成分，并分别命名为赤霉素A_1、A_2、A_3，其中A_3与英美科学家分离到的活性成分相同。1957年，东京大学的科学家又分离出了一种新的赤霉素A，即赤霉素A_4。此后，对赤霉素A系列（赤霉素A_n）就用缩写符号GA_n表示。迄今至少报道了126种赤霉素。

第二节　植物保护学科的发现与生物技术的进步

一、对转基因育种的推动作用

1. 植物病原物的核酸序列成为植物转化的载体

T-DNA及其性质的发现使人们想到可以利用其对植物进行转化。不过用天然Ti质粒作载体有4大缺点：分子质量太大；限制酶的酶切位点太多；被转化的植物细胞生成肿瘤而不分化；在大肠杆菌中不能复制，不便于操作。后来有人试将Ti质粒分解成2个质粒：1个是T-DNA区以外的部分，含有vir区和土壤杆菌内复制起点，是一个大质粒，约170kb；另一个是T-DNA区加上土壤杆菌内复制起点，是个小质粒，将两种质粒分别和组合转化无质粒的土壤杆菌，结果只转入1种质粒的不能引发癌肿，而同时转入了2种质粒的菌系可引发癌肿，这样就将1个质粒的功能给2个质粒分担。小质粒上T-DNA区内生长素合成酶基因、细胞分裂素合成酶基因及根癌碱合成酶基因去掉，保持了T-DNA的左边界和右边界，另外加上选择标记基因、供外来基因插入的位区和大肠杆菌复制起点，得到大小约10kb的载体，这样的载体被称为双元载体（binary vector）。

花椰菜花叶病毒（cauliflower mosaic virus，CaMV）引起花椰菜等植物的花叶病（图1-11），该病毒是一种双链DNA病毒，长7.8～8.1 kb。也可以用作基因工程的载体。有人用其作载体已克隆了一个基因进入芜菁甘蓝，但花椰菜花叶病毒载体承载插入片段的能力有限，只能插入很小的片段。另一方面花椰菜花叶病毒的寄主范围非常窄，主要是芸苔属植物，如芜菁、甘蓝和花椰菜等。所以花椰菜花叶病毒作为克隆载体还需

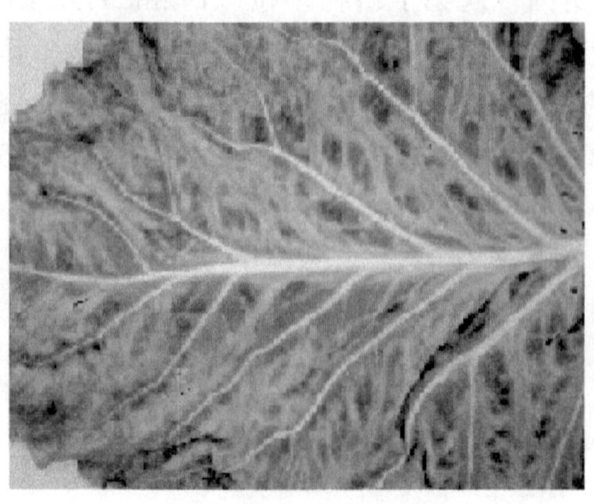

图1-11　花椰菜花叶病症状

要做进一步的改造。

2. 植物病原物的核酸序列成为抗病基因工程中的目的基因

烟草野火病菌产生一种毒素，称为野火毒素（图1-12），这种毒素是非专化性的，对大肠杆菌也有毒，但本身不受毒害。后来发现此菌具有一种解毒酶，将编码此酶的基因导入烟草中，转基因烟草能够抗野火菌毒素。

图 1-12　烟草野火毒素
β-内酰胺型的结构式

病毒的衣壳蛋白基因、复制酶基因等也被导入植物中，育成抗病毒的品种。转衣壳蛋白基因得到抗病毒品种的机制在于转基因植物表达病毒衣壳蛋白，干扰了病毒侵染时的脱衣壳，病毒的核酸不能外露，也就无法复制和翻译。美国夏威夷大学育成的转病毒衣壳蛋白的番木瓜能有效抗病毒病（图 1-13），已被美国政府批准种植。此外，还有转病毒衣壳蛋白基因的南瓜等作物也已登记为品种。使用病毒复制酶基因作为目的基因转化植物可干扰病毒的复制，但未见这类转基因植物登记。

图 1-13　未转基因和转基因番木瓜

3. 植物病原物的核酸序列用作目的基因的启动子和终子区

在植物基因工程中用得最多的启动子是双链 DNA 病毒花椰菜花叶病毒（CaMV）35S 启动子，转录产物 RNA 分子的沉降系数为 35S。该启动子在大多数植物细胞内都能启动外源基因的组成性强表达。

CaMV 基因组（图 1-14）呈环状，大小约为 8kb，含有 7 个 ORF，双链 DNA 上有 3 个缺刻，1 个（Δ1）在负链上，另外 2 个（Δ2 和 Δ3）在正链上。35S RNA 是大于基因组长度的转录本，它可以进一步作为子代病毒 DNA 合成的模板，以及编码合成大部分病毒蛋白。

根癌土壤杆菌 Ti 质粒 T-DNA 区的胭脂碱合成酶基因的终子区频繁地被用作目的基因的终止区。

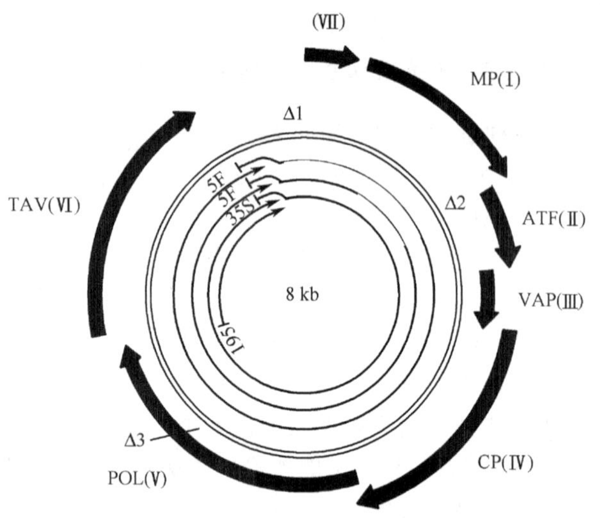

图 1-14　烟草花椰菜花叶病（CaMV）的基因组

图中罗马数字为 ORF 序号。MP：细胞间运动蛋白；ATF：蚜虫传染因子；VAP：与病毒粒体相联系的蛋白质；CP：衣壳蛋白；POL：蛋白酶、反转录酶、RNA 酶 H 等蛋白质；ORFⅦ的功能未知

二、对植物细胞工程的推动作用

植物病理学对细胞工程的最大贡献是发现了植物的顶端分生组织不存在病毒，从而可以通过茎尖分生组织培养的方法脱去病毒，得到无病毒的良种。

其次，对植物病原物毒素的研究，发现一些毒素是致病性决定因子或与主要症状有关，从而可以通过在组织培养中加入毒素对愈伤组织进行筛选，得到耐毒素且抗病的再生植株。

三、对发酵工程的推动作用

（一）发现赤霉素的推动作用

前已述及，赤霉素是日本植物病理学家研究水稻恶苗病时发现的。赤霉素是五大植物激素之一，最突出的作用是促进细胞伸长，在促进多种作物的生长发育、提高产量及杂交水稻制种等方面都有明显作用；其次还有打破休眠的作用，能促进马铃薯、水稻、麦、蔬菜种子萌发；具有拮抗脱落酸的作用，故能提高柑橘、苹果、梨、山楂、枣、核桃的坐果率，防止落果；能诱导开花，如促进茶花、牡丹、水仙、含笑、茶梅、杜鹃等花卉植物开花；能刺激 α-淀粉酶形成，促进大麦胚乳内淀粉水解；因而啤酒生产中制麦芽时，可用于活化和提高麦芽中 α-淀粉酶含量。

赤霉素现在是国内外许多工厂的主要产品。例如，江苏省瑞丰生化有限责任公司生产的赤霉素 60%出口美国、德国、日本等发达国家，年创汇超过 200 万美元。

（二）发现苏云金杆菌杀虫作用的推动作用

1901年，日本细菌学家石渡（Ishiwatari）从一个家蚕养殖场患有猝死病的家蚕虫体中分离到一种细菌。1911年，德国植物保护学家伯林纳（Berliner）发现这种菌对地中海粉螟有杀虫作用，根据发现地德国小镇Thuringia的名字将此菌定名为苏云金芽孢杆菌（*Bacillus thuringiensis* Berliner，Bt）。1915年，他还发现Bt有类似于孢子的内含体，即现在所说的芽孢的存在。20世纪20年代后期，首次用作杀虫剂。1961年，在美国作为杀虫剂首次登记。现已鉴定出67种以上的亚种，一些亚种已商品化应用。库斯塔克（kurstaki）亚种防治各种鳞翅目害虫；以色列（israelensis）亚种对蚊子、黑蝇有效；拟步甲（tenebrionis）亚种（曾用名“圣地亚哥亚种”）对某些甲虫（叶甲）和棉铃象甲有效；日本（japonensis）亚种对某些金龟子有效；鲇泽（aizawai）亚种用来防治蜂巢中的蜡蛾幼虫。明确了杀虫活性成分主要是杀虫晶体蛋白（ICP），ICP通常名为Cry蛋白，主要是菱形晶体（图1-15）和风轮形晶体，由*cry*基因编码。

图1-15　苏云金杆菌产生的菱形晶体毒蛋白

苏云金芽孢杆菌是目前世界上用途最广、产量最大的微生物杀虫剂，我国已有20多家企业登记了30多个产品，年产量达3万吨。

（三）发现植物病原物产黄原胶的推动作用

黄原胶也称黄单胞胶，是20世纪50年代由美国农业部北方区域研究所的科学家从野油菜黄单胞菌（*Xanthomonas campestris* pv. *campestris*）中发现的。1960年首次工业化生产，1964年进入市场。美国食品和药物管理局1969年批准用于食品，随后在1974年也得到联合国粮农组织/世界卫生组织的标准委员会（FAO/OMS specification）批准。

黄原胶因其特殊的分子结构（图1-16）而具有良好的水溶性、增黏性、假塑性、耐酸碱、耐盐、耐酶解及耐高温性，同时又与其他物质具有很好的相容性，在制药工业、食品工业、石油纺织建材工业上得到了广泛的应用。

（四）发现植物病原物产果胶酶的推动作用

多种植物病原真菌和细菌产果胶酶，产果胶酶的植物病原细菌主要是果胶杆菌属（*Pectobacterium*），如菊果胶杆菌（*P. chrysanthemi*）产生的酶主要是果胶酸裂解酶（Pel）。迄今已报道的有PelA、PelB、PelC、PelD、PelE、PelI、PelL、PelX、PelZ这

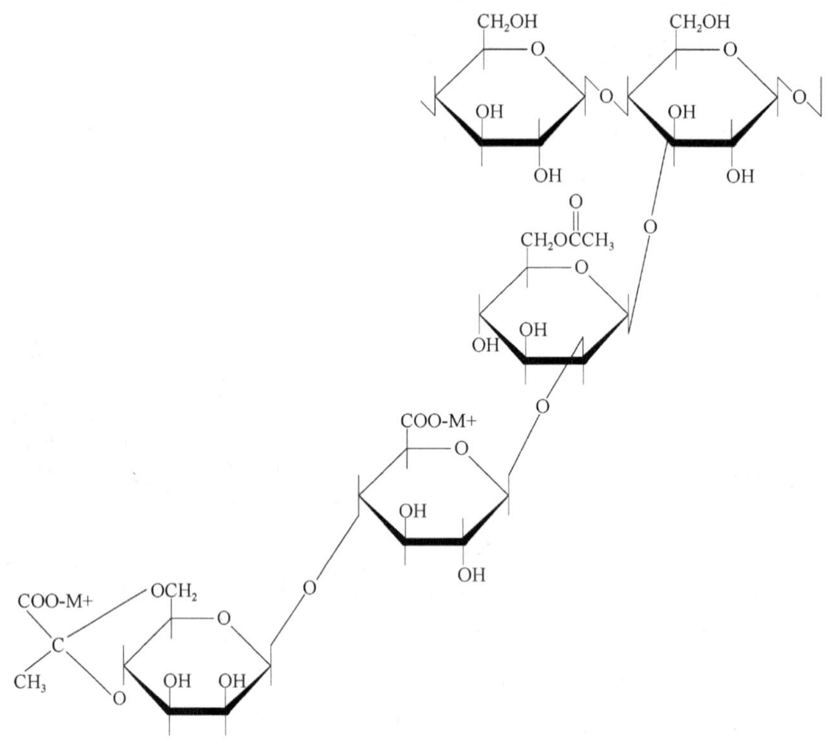

图 1-16 黄原胶的结构式

9 种，除 PelX 为外切核酸酶外，其余均为内切核酸酶。胡萝卜软腐果胶杆菌（*P. carotovora* ssp. *carotovora*）除产生果胶酸裂解酶外，还产生果胶裂解酶（Pnl）。产果胶酶的植物病原真菌主要是曲霉菌（*Aspergillus* spp.）和灰霉菌（*Botrytis cinerea*）。分解果胶类物质的酶主要是多聚半乳糖醛酸酶（PG）和果胶裂解酶（PL）。从生物制品公司购到的果胶酶就是黑曲霉菌发酵的产物，用于原生质体的制备。胡萝卜软腐果胶杆菌的发酵产物被直接用于苎麻的脱胶。果胶酶还用于果汁澄清等食品饮料的生产。

（五）发现植物病原物产杀草活性物质的潜在推动作用

燕麦德氏霉（*Drechslera avenae*）的一个致病型产生的一种毒素，称为核腔菌醇（pyrenophorol），在 320μmol/L 浓度即对野燕麦叶片有致坏死作用。链格孢菌、镰孢菌、炭疽菌等真菌可产生具有除草活性的真菌毒素，如 AAL-toxin、cornexistin 和 tentoxin 等。病原细菌菜豆晕枯病菌产生的毒素 phaseolotoxin 能使植物的叶片出现大面积黄晕，局部坏死，严重的导致植物叶片坏死，有可能作为一种灭生性除草剂。

第三节 生物技术在植物保护上的应用概况

一、组织培养技术的应用概况

组织培养技术主要有三个方面的应用：一是组织培养脱病毒和快速繁殖；二是抗病

离体筛选；三是单倍体抗病育种。

组织培养脱病毒的原理：一是植物细胞的全能性；二是植物病毒一般不存在于植物快速分裂的尖端分生组织中。通过在无菌条件下取茎尖几毫米组织进行组织培养或直接嫁接到抗病毒砧木上，从而得到无病毒苗木。这一技术在国内外已取得相当大的进展，我国已有100多个机构开展了这一方面的研究和开发工作，对马铃薯、甘薯、甘蔗、大蒜、洋葱、百合、唐菖蒲、康乃馨、草莓、香蕉、苹果、梨、大樱桃、龙眼、葡萄、泡桐等植物进行脱毒和无毒苗的快速繁殖。目前香蕉、甘蔗、马铃薯等农作物的无病毒苗已经工厂化生产。

抗病离体筛选的原理是：体细胞无性系变异，在愈伤组织培养期间添加病菌毒素进行筛选，将抗毒素的突变细胞选出来，再经愈伤组织培养阶段得到抗病再生植株。这项技术要求植物对毒素的抗性与抗病性相关。目前已报道水稻抗稻瘟病菌、小麦抗赤霉病菌和根腐病菌、玉米抗赤霉病菌和小斑病菌C小种、烟草抗黑胫病菌和野火病菌、棉花抗黄萎病菌、油菜抗黑胫病菌离体筛选等成功例子。

二、转基因育种技术的应用概况

世界上转基因植物大多与植物保护有关。1983年首次获得转基因烟草，1986年首批转基因植物被批准进入田间试验。到1998年4月，全世界已有30个国家批准4387例转基因植物进入田间试验。据“经济合作与发展组织”（OECD）的数据，从1986年到2000年的15年间，OECD国家共批准10 313例转基因生物进入田间试验，其中植物占总数的98.4%，主要有大豆（54%）、玉米（28%）、棉花（9%）、油菜（9%）、马铃薯（<1%）、西葫芦（<1%）和木瓜（<1%）。1994年，美国Calgene公司研制的转果胶酶抑制蛋白基因延迟成熟番茄首次进入商业化生产，到1998年底就有30多例转基因植物被批准进行商业化生产。2000年全世界转基因农作物的种植面积达4420万公顷。

转基因所涉及的性状包括抗虫、抗病毒、抗细菌、抗真菌、抗除草剂、抗逆境、品质改良，以及对生长发育的调控以提高产量潜力等。据不完全统计，转基因植物中抗除草剂的占71%，如抗除草剂的大豆（54%）、油菜（9%）、玉米（4%）和棉花（4%）；抗虫转基因植物占22%，主要是抗虫玉米（19%）和抗虫棉（3%）；抗虫兼抗除草剂占7%，主要是抗虫兼抗除草剂的玉米（5%）和棉花（2%）；抗病毒和其他性状转基因植物的比例小于1%。

三、发酵技术的应用概况

我国于1959年从前苏联引进苏云金芽孢杆菌杀虫剂，简称Bt杀虫剂。1965年，在武汉建成国内第一家Bt杀虫剂工厂，开始发酵生产Bt杀虫剂，代号叫“青虫菌”；随后我国自己筛选Bt菌株并生产。Bt杀虫剂是一种对人安全的杀虫剂，已在绿色食品及无公害农产品的生产上发挥了重要作用。

微生物发酵生产的抗生素已在植物保护上广泛使用。目前我国已成为世界上最大的井冈霉素和阿维菌素生产国，这两种抗生素是我国农药杀菌剂和杀虫剂销售及使用量名列前茅的品种。

井冈霉素和阿维菌素是用不同种的链霉菌发酵生产的。

井冈霉素是防治水稻纹枯病的当家农药，目前国内有 30 多家工厂生产，年产量近 4000 吨（100%原药计），已占水稻纹枯病防治市场的 90%以上，可供约 5000 万公顷土地使用，防治对象也已从水稻扩大到了小麦、玉米等作物。由于高产菌株的培育成功及高温短周期发酵工艺大大地降低了生产成本，井冈霉素已成为我国农药中最安全、有效、廉价的品种。

阿维菌素是一种超高效的杀虫生物农药，每公顷用量仅 3000～7500mg。主要用于防治螨类、小菜蛾、潜叶蛾、梨木虱、斑潜蝇等害虫，对小菜蛾和斑潜蝇有特效。

四、分子生物学技术的应用概况

分子生物学技术已经在植物病原物、害虫、杂草的检测和分类上得到广泛应用。

（一）在植物病虫草分类上的应用

在细菌鉴定上采用 16S rDNA 全长 PCR 扩增并测序，然后经 BLAST 相似性比对和系统发育学分析，结合细菌学性状鉴定到种。真菌和菟丝子的分子生物学鉴定与细菌基本一样，只不过是使用 18S rDNA。

（二）在植物病原物检测上的应用

采用的方法主要有由 ELISA 衍生出来的血清学方法、由 PCR 衍生出来的核酸检测方法。

ELISA 的全称是酶联免疫吸附测定法（enzyme linked immuno-sorbent assay），是将抗体与能催化显色反应的酶标记，酶标记的抗体既保留其免疫学活性，又保留酶学活性。通过酶的催化作用，放大了血清学反应的结果，提高了灵敏度。ELISA 法有双抗体夹心法、双抗原夹心法、直接法、间接法、竞争法、捕获包被法、ABS-ELISA 法等。

PCR 即聚合酶链反应（polymerase chain reaction），是利用一种耐高温的 DNA 聚合酶在一个含模板 DNA、引物对、底物（4 种 dNTP）和缓冲液的反应体系中，经 n 次（20 次以上）的 DNA 变性-复性-合成循环，将一对引物间的 DNA 序列扩增 2^n-1 倍，再通过电泳检测，大大地提高了检测灵敏度。由普通 PCR 衍生出的方法有 RAPD（random amplified polymorphic DNA，随机扩增的多态性 DNA）、RT（reverse-transcription，反转录）-PCR、real-time（实时定量）PCR、immuno-capture（免疫捕捉）PCR、nest（巢式）PCR、AS（allele-specific，等位基因特异的）-PCR 等。

PCR 与 ELISA 结合成 PCR-ELISA 法和 RT-PCR-ELISA 法。这些方法正在应用于植物病虫草的检测，尤其是入境植物检疫上。

第二章　植物组织培养技术在植物保护上的应用

第一节　植物组织培养的基本原理和一般程序

一、植物组织培养的基本原理及发展简史

组织培养是在无菌和人为控制外因（营养成分、光、温、湿）的条件下，培养、研究植物组织器官，进而从中分化、培育出完整植株的技术。

植物组织培养的历史可以追溯到20世纪初，当时德国植物学家 Haberlandt 就曾预言"植物细胞具全能性"。但由于技术上的限制，他的离体培养细胞未能分裂。不久之后，Hanning 成功地在他的培养基上培育出能正常发育的萝卜和辣根菜的胚，成为植物组织培养的鼻祖。到了20世纪30年代，植物组织培养取得了长足进展。中国植物生理学创始人之一李继侗和罗宗洛、罗士伟相继发现银杏胚乳和幼嫩桑叶的提取液能分别促进离体银杏胚和玉米根的生长，为维生素和其他有机物是培养基中不可缺少的成分提供了重要的依据。1934年，美国人 White 以番茄根为材料建立了第一个能无限生长的植物组织。1956年，Miller 发现激动素，并指出激动素能强有力地诱导组织培养中的愈伤组织分化出幼芽。这是植物组织培养中的一项重要进展，直接导致两年后 Steward 顺利地从胡萝卜的组织培养中分化长出胚状体乃至整个植株。从此以后，通过组织培养方法培育完整植株的探索便在世界范围内蓬勃开展。现在已有600多种植物能够借助组织培养的手段进行快速繁殖，多种具有重要经济价值的粮食作物、蔬菜、花卉、果树、药用植物等实现了大规模的工业化、商品化生产。虽然从整体上看中国的植物组织培养工作起步较迟，但凭着中国人特有的勤劳与智慧，短短几十年间，已经在多个方面取得了巨大成就。

二、植物组织培养的一般程序

进行植物组织培养，一般要经历以下5个阶段。

1. 预备阶段

1）选择合适的外植体

外植体，即能被诱发产生无性增殖系的器官或组织切段，如一个芽、一节茎或一块叶片。选择外植体时要综合考虑以下几个因素：①大小要适宜，不宜太小，外植体的组织块要达到2万个细胞（即5～10mg）以上才容易成活；②同一植物不同部位的外植体，其细胞的分化能力、分化条件及分化类型有相当大的差别；③植物的胚与幼龄组织器官比老化组织、器官更容易去分化，产生大量的愈伤组织。愈伤组织原意指植物因受

创伤而在伤口附近产生的薄壁组织，现已泛指经细胞与组织培养产生的可传代的未分化细胞团；④不同物种相同部位的外植体其细胞分化能力可能大不一样。总之，外植体的选择，一般以幼嫩的组织或器官为宜。此外，外植体的去分化及再分化的最适条件都需经自己亲自探索，他人成功的经验只可借鉴，并无捷径可循。

2）除去病原菌及杂菌

选择外观健康的外植体，尽可能除净外植体表面的各种微生物是成功进行植物组织培养的前提。消毒剂的选择和处理时间的长短与外植体对所用试剂的敏感性密切相关（表 2-1）。通常幼嫩材料处理时间比成熟材料短些。

对外植体除菌一般程序如下：

外植体──→自来水多次漂洗──→消毒剂处理──→无菌水反复冲洗──→无菌滤纸吸干。

表 2-1　常用消毒剂除菌效果比较

消毒剂	使用浓度	处理时间/min	除菌效果	去除难易
氯化汞	0.1%～1%	2～10	最好	较难
次氯酸钠	2%	5～30	很好	容易
次氯酸钙	9%～10%	5～30	很好	容易
溴水	1%～2%	2～10	很好	容易
过氧化氢	10%～12%	5～15	好	最易
硝酸银	1%	5～30	好	较难
抗生素	20～50mg/L	30～60	较好	一般

3）配制适宜的培养基

由于物种的不同和外植体的差异，植物组织培养基也多种多样，但它们通常都包括以下三大类组分：①含量丰富的基本成分，如蔗糖或葡萄糖高达 30g/L，以及氮、磷、钾、镁等；②微量无机物，如铁、锰、硼酸等；③微量有机物，如激动素、吲哚乙酸、肌醇等。

各种培养基中，激动素和吲哚乙酸的变动幅度很大，这主要因培养的目的不同而异。一般生长素（吲哚乙酸）与细胞分裂素（激动素）比值较高则有利于诱导外植体产生愈伤组织，反之则促进胚芽和胚根的分化。

2. 诱导去分化阶段

外植体是已分化成各种器官的切段。组织培养的第一步就是让这些器官切段去分化，使各细胞重新处于旺盛有丝分裂的分生状态，因此培养基中一般应添加较高浓度的生长素类激素。可以采用固体培养基（添加琼脂 0.6%～1.0%），这种方法简便易行，可多层培养，占地面积小。外植体表面除菌后，切成小片（段）插入或贴放在培养基上即可。但外植体的营养吸收不均，气体及有害物质排换不畅，愈伤组织易出现极化现象是本方法的主要缺点。如果把外植体浸没于液态培养基中，营养吸收及物质交换便捷，但需提供振荡器等设备，投资较大，且一旦染菌则难以挽回。

本阶段为植物细胞依赖培养基中的有机物等进行的异养生长，原则上无需光照。

3. 继代增殖阶段

愈伤组织长出后经过4～6周的迅速细胞分裂，原有培养基中的水分及营养成分多已耗失，细胞的有害代谢物已在培养基中积累，因此必须进行移植，即继代增殖。同时，通过移植，愈伤组织的细胞数大大扩增，有利于下阶段收获更多胚状体或小苗。

4. 生根成芽阶段

愈伤组织只有经过重新分化才能形成胚状体，继而长成小植株。所谓胚状体，指的是在组织培养中分化产生的具有芽端和根端类似合子胚的构造。通常要将愈伤组织置于含适量细胞分裂素和生长素的分化培养基中，才能诱导胚状体的生成。光照是本阶段的必备外因。

5. 移栽成活阶段

生长于人工照明玻璃瓶中的小苗，要适时移栽室外以利生长。此时的小苗还十分幼嫩，移植应在能保证适度的光、温、湿的条件下进行。在人工气候室中锻炼一段时间能大大提高幼苗的成活率。

第二节　植物抗病细胞突变体筛选

一、植物抗病细胞突变体筛选的基本原理

细胞突变体筛选是20世纪70年代开展的一项细胞工程技术，已经在十几种作物上获得了抗病、优质的各种细胞突变体。从细胞水平上筛选突变体有许多优点，它可从大量细胞中筛选到所需要的个体，具有筛选群体大、效率高、时间短、操作简单易行、便于遗传分析等特点，具有较大的潜力和发展前景。其利用植物组织培养过程中出现的变异，或由物理、化学因素诱发变异，给予一定的选择压力，可筛选出符合育种目标的无性系。与传统的育种方法相比，体细胞突变体筛选具有突出的优点。首先，在离体培养过程中进行选择，可以省去大量的田间工作，节约人力和土地，又不受生长季节限制，选择效率高。另一方面，由于可在培养过程中给予培养材料一定的选择压力，如盐类、病菌毒素、除草剂等，使非目标变异体在再培养过程中被淘汰，而符合人们要求的变异体得以保留和表现，起到定向培育的作用。目前在农业上，体细胞突变体筛选技术研究主要集中于抗病、抗盐、抗除草剂、抗低温、抗高温等逆境胁迫的突变体筛选。此外，在提高作物营养物质（如蛋白质、赖氨酸等）改变作物品质方面也取得了一定的进展。

利用现代生物学技术，通过植物组织培养及理化诱变均可获得多种植物细胞突变体，这些突变体可当作遗传工程材料，也可应用于农作物的改良。植物体细胞在离体培养时自发突发频率低，但利用化学诱变或辐射处理可大大提高突变频率和筛选效率。诱变技术与组织培养技术相结合，已在水稻抗铝、抗白叶枯病、耐盐及筛选高蛋白含量等

方面应用。这些工作均以一定物质作为压力选择剂，通过定向选择而获得突变体或抗性细胞无性变异系。

二、植物抗病细胞突变体筛选的一般程序

（一）材料的选择

在分离突变体时，植物细胞起始材料的选择是非常重要的。首先，应该用优良的、仅存在个别缺点需要改进的基因型；其次，应该避免采用不能再生或难以再生的材料；第三，选用染色体数稳定的细胞系。

在许多情况下，所用材料的倍性水平也是研究者考虑的一个方面。从理论上讲，单倍体材料是较理想的。它不仅对筛选隐性突变体有利，而且对显性突变体的选择也具有意义。另外，单倍性材料还能通过加倍形成纯合二倍体，但其遗传不稳定性影响了它的使用。对于某些性状的选择，倍性不平就显得不重要。对只在细胞水平上表达的遗传变异表型，若为显性时，单倍性就没有什么意义，甚至多倍性培养物更为有利，因为它几乎可以通过每个细胞相对基因扩增来提高筛选出突变性状的机会。此外，在离体条件下，比单倍体倍性高的细胞培养物具有更大的遗传稳定性，因此实际上用这样的细胞系更为方便。

目前用于分离突变体的细胞材料有：愈伤组织培养物、细胞培养物、原生质体培养物等，它们各有优缺点。

愈伤组织是分离突变体的最简单的细胞材料，但具有许多不利因素，如培养物相对生长速率较慢；由于处于表面的少部分细胞材料能够直接接触到培养基中的选择压力，从而使大部分细胞可能逃避选择压力的作用；已死的或将死的组织块中的个别抗性细胞，可能由于周围生理生化障碍，限制了它分裂产生新细胞团的能力；由于交叉饲养作用（cross feeding），有可能出现抗性表型的假象；物理或化学诱变剂的作用同样也不可能达到均一。因此，用愈伤组织培养物进行筛选并不是一种适宜的细胞材料。但从育种实践角度看，采用最初的新鲜愈伤组织，与培养周期较长的细胞培养物和原生质体培养物相比，也有其独特的优势。由于培养周期短，可减少染色体遗传不稳定性及发生遗传变异的频率。对于育种计划中改良个别不利性状，保持其他优良性状的筛选是十分有益的。另外，可以减轻或者避免由培养时间延长引起的许多不良后果，如丧失分化能力、不形成胚状体、育性丧失等。

细胞培养物在离体选择中也是十分有用的，因为它由少数细胞集合而成，而且在液体培养中常以单个细胞存在。因此，可以部分或基本弥补愈伤组织材料的不足。

从理论上讲，原生质体培养物是用于筛选的最理想的细胞材料。其优点是：它们为严格的微生物体系，每个原生质体可以形成一个可供选择的克隆，而这些原生质体中产生的克隆是非嵌合的，它克服了愈伤组织和细胞培养物的不利因素。但对于需要大量细胞的选择性状，原生质体可能不适用。另外，对于大多数物种来说，原生质体分离和培养技术尚不完善，不能普遍采用。

因此，愈伤组织是目前普遍采用的分离突变体的细胞材料。

（二）变异来源

20世纪80年代以来，日益增多的资料表明，在植物组织与细胞培养过程中，再生植株及后代存在广泛的变异，有时变异频率可达30%～70%。特别是经过较长时间培养的愈伤组织，常常会分化出变异植株。近年来的观察与实验已经证明，这种变异是由多种原因引起的，包括单基因突变、染色体数目和结构的改变，以及转座子的激活。因此，许多研究者认为，细胞组织培养物不必进行诱变处理，它本来就存在需要的突变，关键是突变体的选择。为了尽可能减少整株上的不理想特性，更应该避免诱变处理。

然而，诱变处理将大大丰富培养物中可供选择的突变类型和提高突变频率。在植物细胞培养中，自发突变的频率约为10^{-8}～10^{-5}，使用诱变处理可提高到10^{-3}。此外，通过诱变处理，还能获得在自发突变中极难产生的新突变。

大多数诱变实验的结果表明，在一定范围内，突变率随着诱变剂剂量的增加而提高。从培养的细胞材料中筛选突变体时，诱变剂最适剂量的选择，不仅要考虑突变率的高低，而且还要考虑次级损伤效应的大小，尤其是对再生能力影响的大小。一般认为，适宜的诱变剂的剂量是处理后存活率在一半以上的剂量。关于诱变时期，一般认为在细胞快速增殖的时期（指数生长期）进行诱变处理突变率最高。诱变处理通常在25℃左右，在培养基中进行。中止处理以后，培养几个细胞周期的时间，以便表现型表达。然后，按所希望的表现型来筛选培养物。

（三）选择压力

突变体筛选就是在培养基中加入某种化合物作为选择压力，杀死或淘汰正常细胞，保留突变细胞。选择压力种类因所需突变体种类不同而不同。病菌粗毒素是抗病性突变体离体筛选最常用的选择压力。NaCl是抗盐性突变体离体筛选中最常用的选择压力，此外，用海水代替NaCl进行抗盐性突变体选择也有成功的报道。选择剂量因物种和培养物类型等的不同而异。

（四）突变体的分离

从发生突变的材料中分离所需要的突变体，通常有两种主要的选择方法：①负选择法，也称富集法，即采用某一非允许条件的培养基，使突变的细胞不能生长，而野生型的细胞能生长。然后加一负选择剂，它只杀死生长分裂的细胞，而使不能生长的突变细胞保留下来。营养缺陷型、温度敏感型突变体多用此法；②正选择法，也称直接选择法，其原理是把大量的细胞置于有害的（如低温）或有毒的（如抗代谢物）的培养基上，使野生型的细胞不能生长，而各种抗选择条件的突变细胞能够生长，从而达到直接选择突变体的目的。各种抗性突变体是按这一程序选择的。

一般在抗盐性突变体筛选时采用的是典型的直接选择法，即将大量细胞或愈伤组织块置于一定浓度的含盐培养基上，抗性细胞团因能继续生长而被检出。选择程序有一步选择和多步选择两种。Meredith（1984）认为，抗性突变体的多步筛选程序有利于筛选有机体基因组或基因扩增突变引起的基因型变异，但一步筛选程序又具有世代短的优点。不管是一步法还是多步法，分离抗性突变体一般有如下步骤：

（1）在抑制培养基中分离出抗性细胞系。经诱变处理（或供选择自发突变）后的细胞群，通过一步法或多步法从中分离出能够存活的或相对不受抑制影响的抗性细胞系作为假定的突变体。

（2）消除漏网的野生型细胞。假定的突变体细胞系，在含抑制生长浓度选择剂的培养基中生长，转培几代，以消除可能逃脱选择剂抑制而漏网的野生型细胞。然后，转到不含选择剂的培养基中生长，转培几代以消除可能有对选择剂上瘾的野生型细胞。

（3）在组织培养中表现型的表达。假定的突变体愈伤组织，在含抑制生长的不同浓度选择剂的培养基中生长，比较各样假定的突变体，以发现是否那些愈伤组织无性系都有同样水平的抗性。

（4）从抗性细胞系到再生植株。在抗性细胞系失去分化能力和生成再生植株能力之前，尽快使它们再生出小植株。

（五）突变体的鉴定

组织培养过程中产生的变异称为体细胞变异。一般来说，体细胞变异有外遗传变异、遗传变异或两者兼有。外遗传变异是离体培养过程中除遗传变异以外的表型变异的统称。其机制目前尚不十分清楚，有人认为可能涉及特定条件下基因的选择表达，不是遗传物质本身改变的结果。因此，外遗传变异的基本特征是离开选择压力后，丧失变异性状。遗传变异是DNA一级结构上发生的永久的、能够遗传的变异，这种变异不是由于遗传物质的分离或者基因重组引起的，而是在组织培养过程中产生的。

因此，根据培养物表型变异筛选出的变异体是否为真正遗传突变尚需进一步鉴定。Maliga认为，如果能证明变异的表现型再生成能育的植株，并把其变异的特性传递给子代，那么，该变异的表现型才一定是突变的结果。若从变异的细胞不能再生植株或再生植株不育，可先实行体细胞杂交使其能再生或可育；或者是能证明在变异的细胞中有变化了的基因产物。例如，有与野生型不同的氨基酸顺序的酶，这也是突变的证据。把不具备遗传证据或分子证据的变异细胞系，称为变异体（variant）。Flick提出了4个特征来给突变体下定义：①突变体以低频率发生；②离开选择压力后，突变体应当是稳定的；③植株再生以后，突变细胞系应当保持稳定，从再生植株发生的愈伤组织，应当表达其被选择出的表现型；④一种选择出的表现型能通过有性传递保证它是突变的。

目前，关于鉴定突变体的标准，国际上未能统一定论。加上生物界的多样性，也不应当抱住任何绝对标准不放。例如，体细胞突变中，高频率的突变常有发生；非整倍性不通过配子传递；有些被挑选出来的变异特征仅在细胞水平表达，而在其植株水平不表达等。因此，采用多种判断方法进行综合评定，不失为一条可行途径。

（六）突变体的保持和利用

植物细胞培养物的染色体组在连续继代培养历程中会变化。最简单的保持稳定的突变体的方法是储藏再生植株的种子，或者是将突变细胞系再生成植株，取其茎尖无菌无性系；不能再生植株的细胞系可以放在液氮中低温储藏。

高等植物突变细胞系的利用主要有三个方面：①作为植物细胞遗传操作中的选择标志；②研究细胞生理，了解代谢和发育过程及其调节；③筛选有益突变，获得有实用价值的新品系。

三、植物抗病细胞突变体筛选的实例

（一）筛选技术实例——芦笋抗茎枯病细胞突变体筛选（郑元梅等，1996）

1. 精提毒素的制备

选用强致病毒菌株 F_1，在 PSA 培养基上培养菌丝体，然后取一小块新鲜的菌丝体移入 PSA 液体培养基中，25～27℃条件下，振荡培养 7d，将培养液以 2000r/min 离心 10min，沉淀后滤去菌体，吸取上清液，经无菌真空抽提过滤（0.45μm），获得无菌的粗提毒素液。

2. 毒力测定

取 UC157 的 F_2 种子，在常温下浸种催芽，待露出胚芽后取出。毒素液浓度分原液、稀释 2 倍液和稀释 5 倍液 3 种。每个浓度中浸泡发芽种子 300～400 粒，以清水对照，3 次重复，处理 1d、2d 后分别检查成活率。

3. 胚芽愈伤组织的诱导及分化

用自来水冲洗种子后，在 0.1%的升汞液中浸 3min，然后在 75%乙醇中浸 10s，再以无菌水冲洗 3 遍，最后置于培养皿的 PSA 培养基上催芽。当胚芽露出后，切取胚芽，置于含不同激素组合的 MS 培养基上，25～28℃条件下，光照强度 2000lx，光照时间 12h，诱导愈伤组织产生及分化。

4. 愈伤组织抗病突变体的筛选

愈伤组织经继代增殖后，切取 2mm 左右小方块的愈伤组织，分别在不同浓度的毒素液中浸泡 3h，然后移置含相同浓度的 MS 培养基上培养（毒素液直接注在培养基上，以包埋愈伤组织块为准），培养 5d 后，将不变色的愈伤组织用无菌水冲洗后，移在无毒素的 MS 培养基上继代培养，然后在分化培养基上诱导分化植株。

5. 抗病性鉴定

获得的植株经炼苗假植后，移植于盆钵中栽培，培育成苗。当植株开始分蘖时，对分蘖植株喷雾接种病菌，孢子悬浮液浓度为 50 个/100 倍目。接种后，用塑料袋罩住，并置吸水棉花团，保温 24h，观察发病情况。

（二）几种常见作物抗病细胞突变体筛选的研究概况

1. 魔芋抗软腐病

天南星科魔芋属（*Amorphophallus*）为多年生草本植物，在中国主要分布于湖北、云南、四川等长江流域。因魔芋地下球茎中富含葡萄糖甘露聚糖，目前广泛用于食品、纺织印染、石油钻探、制药、日用化工等领域，具有广阔的市场前景。然而，随着近年来魔芋规模化种植面积的不断增加，魔芋抗软腐病也呈不断蔓延的趋势，其发病后产量损失一般为 30%～50%，重者甚至酿成绝收。魔芋抗软腐病的危害已成为制约魔芋种植和相关产业发展的重要因素之一。植物离体培养技术在作物育种工作中已被广泛应用。利用该技术筛选出的抗病突变体具有重要的理论意义和潜在的应用价值。

2000 年，吴金平、顾玉成等以魔芋愈伤组织为材料，应用甲基磺酸乙酯（EMS）化学诱变获得抗软腐病的材料。该实验采用魔芋抗软腐病标本，经组织分离，在马铃薯蔗糖培养基（PSA）上培养纯化，并经致病性鉴定，然后再分离得到菌种并配成悬浊液，并将悬浊液用针刺法接种到经 EMS 诱变处理的愈伤组织上，继续培养筛选出抗病品种。在该试验中，活体病原菌起着复杂而十分重要的作用。迅速大量繁殖的菌体和其分泌物覆盖愈伤组织，使其褐化、腐烂，只有部分抗性或耐性的细胞能正常增殖，通过这样的层层筛选，能有效地筛选出所希望的抗性材料。抗病突变体常伴随作物有益性状的改变，因此通过接菌筛选得到的抗软腐剂愈伤组织，其形成再生植株的抗菌性能否稳定遗传，本筛选体是否对魔芋的品质、农艺性状产生不良影响，尚待进一步研究。

2. 果树抗病

随着公众对化学药剂的安全性及污染环境的关注，迫切要求采用非化学药剂方法控制病虫害。筛选抗性果树资源，可以为生产提供经济适用的品种，为育种提供抗性基因。果树和植保工作者对果树的抗病性进行了深入研究，并取得了一定进展。

20 世纪 70 年代以来，中国各大苹果产区普遍发生了严重的斑点落叶病，病原菌为 *Alternaria mali* 的强毒菌株 A。其孢子可分泌一种寄主专化性毒素，即 AM-毒素。1992 年，彭明生等以 AM-毒素为选择因子，以苹果感病品种愈伤组织为材料，从中筛选抗病突变体，以便探讨果树细胞水平上筛选抗病突变体的原理、方法及操作技术。其方法为：利用 PDA 培养基培养致病菌得到孢子和 AM-毒素，然后将不同浓度的毒素滴加到愈伤组织上进行多步筛选，最后进行所得突变体抗病的鉴定。结果表明，AM-毒素是寄主专化性毒素，是病原苗侵染寄主时不可缺少的物质，侵染寄主细胞膜，较适合于筛选。筛选过程中，感病愈伤组织褐化死亡后表面冒出愈伤组织小点，生长缓慢，此即为抗病细胞系。第一条筛选途径中，第一轮筛选各品种筛选频率都低于 10%，第二轮筛选各品种筛选频率都在 15%以上；第二条筛选途径中，虽然 AM-毒素浓度逐步增加，但岩富 10 存活率较稳定，为 17%左右。离开选择因子两个月后，抗病细胞系在选择培养基上生长良好，成活率高，为原始型的 3～5 倍，鲜重增长率是原始型的 3～9

倍，接种原菌孢子后，抗病系较原始型发病晚 2d 以上，病情明显较轻。经测定，抗病细胞系离开选择因子两个月仍保持它获得的抗性，而且抗病原菌孢子及 AM-毒素侵染的能力明显较原始型强。抗病细胞系的抗病机制可能与其 PAL 活性增强、POX 同工酶变化及细胞膜抗 AM-毒素侵染的能力增强有关。

此外，中国农业科学院果树所育成的锦香新品种能够抗梨腐烂病；河北省石家庄果树所育成的黄冠梨，对梨黑星病表现抗病。

3. 水稻抗稻瘟病

稻瘟病（*Pyricularia oryzae*）是水稻的主要病害，选育和利用抗病品种是有效的防治途径。传统的育种方法周期长、工作量大，不能满足生产要求。而采用致病菌毒素进行细胞突变体筛选，方法简便、快捷，是抗病育种的一种新方法。

2000 年，于翠梅等在以致病菌毒素为选择压进行抗性细胞筛选的基础上，结合生理生化指标检测，实现了愈伤组织的早期抗性鉴定。该实验既为变异体的选择提供更为可知的参考指标，也为水稻抗病机制研究与筛选技术体系的建立提供了理论依据。其方法为：将供试的病原菌的菌丝块接入山口富夫液体培养基中培养，并去菌丝体，将其制成不同浓度的粗毒液，经毒素处理的幼苗均出现不同程度的叶尖失绿，叶片卷合、萎蔫，根系发育不良，个别植株在茎及下部叶片上出现深褐色斑，同时随着毒素稀液浓度的提高，细菌受害程度加重。这说明，粗毒素提取液对稻株产生毒害，可以作为外源选择因素进行离体培养筛选抗病突变体。该试验设立了 3 个处理、4 种毒浓度进行筛选。结果表明，处理Ⅰ（诱导与分化筛选）优于处理Ⅱ（继代筛选）。而处理Ⅲ，即细胞悬浮和单细胞培养筛选，未获愈伤组织，其原因是游离单细胞生长增殖对外界环境条件的需求更高。如何改善细胞生长环境，调控细胞生长状态，以便由单细胞获得再生植株，有待于更深入的研究。

2005 年，赵虔华等以稻瘟病致病毒素为选择压，在胚离体培养过程中筛选抗病突变体，探讨其在水稻抗稻瘟病遗传与育种上应用的可能性。其方法与于翠梅（2000）的差不多。他们认为以成熟种胚为外植体进行组织培养，易于诱导愈伤组织，取材不受生长季节的影响，是筛选抗性突变体的理想材料。稻瘟病毒素是稻瘟病侵染并致使寄主发病的一个决定性因素，与稻瘟病原菌具有相似的致病性。同时，粗毒素提取方法简便易行并且可消除病原菌间的干扰和污染等。该试验在得到了具有高抗病性的突变株之后，继续研究了解其田间的抗性遗传表现，以获得新的抗病种质资源和粳稻栽培品种抗性系，实现其在生产中的应用价值。

4. 水稻抗白叶枯病

2003 年，高登迎等对水稻细胞突变体 HX-3 在细胞水平上对白叶枯病的抗性进行了研究。HX-3 是通过细胞突变体离体筛选技术，从中国高感白叶枯病杂交恢复系明恢 63 中获得的抗病突变体，具有一个水稻抗白叶枯病新基因 *Xa-25*。该试验选用 HX-3 及其供体明恢 63 为研究试材，以了解水稻在细胞水平上对白叶枯病的抗性表现，从而丰富抗病细胞突变体离体筛选相关的理论，并为在细胞水平上认识 Xa-25 的抗性机制打好基础。其过程也是通过对愈伤组织接种病原菌后进行培养观察及相关的测定。该研究发现，接种白叶枯病菌后明恢63的愈伤组织蛋白质含量迅速下降，愈伤组织生长量显著减小，而抗病细胞突变体HX-3的愈伤组织蛋白质含量也有所下降，但愈伤组织生长量减小不明显，可见HX-3的愈伤组织对水稻白叶枯病菌的危害具有较强抗性，这说明HX-3在细胞水平上与水稻白叶枯病的互作与在植株水平上的互作是一致的，从而进一步证实已建立的抗水稻白叶枯病细胞突变体离体筛选技术的可行性。在植株水平上，水稻对白叶枯病的抗性与活性氧有关，在不亲和反应（抗病）中保护酶活性下降，活性氧升高，发生类似于过敏反应（HR）的细胞快速解体崩解，引发系统或局部抗性；而亲和性互作中不发生活性氧伤害和HR样细胞坏死，局部抗性不能形成，从而发生感病反应。该研究中接菌后明恢63愈伤组织O_2升高，SOD和POD活性也大幅上升，而HX-3的接菌和未接菌愈伤组织代谢十分相似。对白叶枯病菌的应答十分“迟钝”，这与前面植株水平上活性氧反应有较大差异，其原因可能有两点：①选用水稻材料的基因和材料类型不同，在细胞水平上水稻对白叶枯病菌的反应机制与在植株水平的反应机制可能有所不同；②接种白叶枯病菌强度不同，该研究中水稻愈伤组织白叶枯病菌接种强度要远远高于植株水平上白叶枯病菌的接种强度。他们认为，接种白叶枯病菌后HX-3愈伤组织对活性氧反应的“迟钝”，可能正是其细胞水平抗性的表现，这可能与其细胞有较强的抗病菌侵入性有关，也可能是其细胞内能够合成某种物质（如解毒素）减轻或抑制病原菌毒害，所有这一切都使得细胞具有较强的抗性。值得注意的是，在未接菌的情况下，细胞突变体HX-3与供体亲本明恢63的愈伤组织O_2产生速率存在显著差异，说明HX-3在O_2产生速率方面发生突变，提高了细胞O_2产生速率。这一现象是否与细胞水平抗性有关尚待进一步的研究。

5. 茄子抗黄萎病

茄子起源于亚洲东南部的印度、缅甸及其临近的热带地区，其作为蔬菜深受人们的喜爱。我国茄子栽培极其普遍，茄子黄萎病是茄子三大病害之一。因缺乏黄萎病抗性强、农艺性状优良的品种，使生产上所用的品种对茄子黄萎病的抗性不理想。因此，培育新的抗病材料，为育种奠定基础，是当前我国茄子育种工作的重点和难点。

刘君绍等于1998年起开展了茄子抗黄萎病突变体离体筛选技术研究，为加速茄子抗病育种奠定了基础。将切下的茎尖在恢复培养基上培养一周后，进行诱变处理（物理、化学、复合诱变），再用毒素对突变体进行筛选，然后对筛选体进行抗性鉴定。实验显示，经理化诱变处理和粗毒素筛选，从大量的诱变芽中获得抗病性强的变异体苗期接种，其病情指数为23.0，属于中抗；三月茄组培苗和实生苗的病情指数均高于80.0，属于高感，说明所得突变体对黄萎病的抗病明显高于三月茄，田间抗病性结果表明，所得变异体发病率仅为39%，病情指数为22.9，属中抗；对照三月茄的发病率达100%，病情指数高达75.7，属高感，与苗期接种鉴定结果相符。研究获得抗黄萎病的三月茄抗病突变体，膜透性、POD酶活性、SOD酶活性及酯酶同工酶活性亦表明突变体的抗病力比对照三月茄有所提高。突变体的主要性状与对照三月茄基本一致，其核型和对照一样，属StebbinsR“2A”类型，表明该诱变体产生后代的遗传性稳定。此外，该研究建立了一套实用的茄子抗黄萎病突变体离体诱变筛选体系。

6. 甘蔗抗黑穗病

甘蔗黑穗病（*Ustilago scitaminea* Syd）在世界上许多植蔗国家和地区都普遍发生，是重要的甘蔗病害之一，发病率一般为 10%～20%。我国一些蔗区的感病品种发病率高达 70%，造成严重的产量损失，抗病性育种已成为有效的控制措施之一。

2000 年，游建华等利用精毒素筛选细胞突变体法对甘蔗抗黑穗病进行了研究。其方法为：取小块组织接入诱导培养基中诱导产生愈伤组织，产生的细胞团经 ^{60}Co γ 射线 3500 拉德剂量照射后存活下来的细胞转入到致病粗毒素选择压力的培养基上进行选择→继代→选择，挑选存活细胞再分化成苗，然后进行抗病筛选。实验显示：20 个入选株系中，发病率为 12.1%～24.3%，对照种桂糖 11 号为 22.2%，表现较好的是 98/8、98/9、98/19 这 3 个株系的发病率分别是 12.1%、14.3%、14.5%，表现为中抗。利用感病品种桂糖 11 号为材料，通过离体组织培养结合辐射诱变处理，以黑穗病菌粗毒素为抗源来选择抗黑穗病突变细胞，从再生植株筛选获得了 98/8、98/9、98/19 这 3 个抗病株系，它们的抗性分别通过了种茎黑穗病孢于接种田间试验鉴定，以及愈伤组织受侵染后生长量和电导率测定验证。试验也证明甘蔗黑穗病粗毒素具有与黑穗病孢子相同的致病性，可代替孢子用于甘蔗抗黑穗病突变体的筛选与鉴定。

7. 烟草抗病

烟草黑胫病是中国产烟区的严重病害之一。1990 年，周嘉平等采用 γ 射线照射烟草优质感病品种的花药作为诱变手段，用烟草黑胫病疫霉菌粗毒素为筛选剂，对烟草花粉植株叶片的愈伤组织进行抗病突变体细胞的筛选。他们的试验表明：毒素对烟草愈伤组织的存活和增殖有明显的抑制作用，抑制程度随毒素浓度提高而加强。同一浓度对不同品种也存在差异。综合考虑毒素浓度对烟草愈伤组织抑制、增殖程度及筛选的有效性，初步认为，筛选供试品种抗黑胫病突变体细胞的最适粗毒素浓度分别为 30% 和 45%。所筛选出的抗病突变体细胞，其细胞水平的抗性与再生植株的抗病性鉴定相吻合。接着他们对所筛选出来的愈伤组织的再生植株及其 M_2 代进行抗病性鉴定、选育，已获得 6 个高抗黑胫病的细胞突变株系，且抗病性状表现稳定，从而建立了一套烤烟抗黑胫病突变体的筛选和鉴定体系。

黄瓜花叶病毒（CMV）有植物界“流感”与“癌症”之称，迄今仍无有效防治方法。1995 年，陈廷俊开展了烟草抗 CMV 细胞突变体筛选的研究并取得初步结果。他根据 Carison（1983）的设想——将植物的叶片比作培养皿，则经诱变处理过的叶片上的亿万个叶肉细胞及其克隆就是该器皿中的选择培养基，一定条件下病原物可以在上面侵染为害或遭到抵抗而呈现“绿岛”（正常深绿色区域），截取绿岛进行组织培养并再生成完整植株，很可能就是我们所需要的抗性突变。以 EMS 溶液诱导烟叶突变，然后用“绿岛”法培养，接着接种 CMV 病毒并鉴定突变体的抗性。

近年来，烟草赤星病在中国一些烟草种植区大面积发生，危害甚大。为迅速改良烟草当家品种的抗赤星病性状，吴中心等广泛开展了利用细胞工程技术筛选烟草赤星病突变体的研究。他们建立了选择压力较毒素培养基更强的双层培养基筛选系统，并利用该筛选系统，从高感赤星病烟草品种 NC89 的花培苗中筛选高抗赤星病突变体。在接有赤星病菌的双层培养基上，感病品种 NC89 的花药出苗率及单个花药平均出苗数均显著降低，这表明下层赤星病菌确实可以对上层培养的花药起到强有力的筛选作用，即充分淘汰感病材料，保留抗病材料。他们认为这种筛选作用的原理为：①下层赤星病菌在生长过程中不断分泌毒素，毒素可以通过琼脂向上层培养基中转移；②赤星病菌在上层培养基中也有部分生长并分泌毒素。与直接添加毒素的选择培养基相比，双层培养基筛选作用具有如下特点：①不需要制备病原菌毒素；②病原菌在培养过程中一直处于生长状态，其毒素分泌量随培养时间的延长而逐渐增加，选择压力也逐渐加强。因此，当某一病原菌的毒素不易制备或其毒素在长时间培养过程中易失活时，则可以利用双层培养基进行抗病突变体的筛选。在研究中，他们也提出了如果考虑突变体材料的来源，那么来源于同一个花药的 1～7 号植株中，有 6 株表现抗性，占 86%，其中 2 株表现高抗，占 28.6%；而来源于另一个花药的 8～18 号植株中，6 株表现抗性，占 55%，其中 1 株高抗，占 9.1%。这种差别是否说明突变体的突变机制与其花药来源有一定关系，还有待进一步了解。

第三节　抗病虫细胞工程育种

细胞工程（cell engineering）是应用细胞生物学和分子生物学方法，借助于工程学的实验技术，在细胞水平上研究改造生物的遗传特性和生物学特性，以获得特定的细胞产品或新型生物的一门综合性科学技术。抗病虫细胞工程育种是采用细胞工程技术有目的地改造植物的抗性，以获得抗病虫的新品种或新物种。目前，植物抗病虫细胞工程育种主要有三条途径：①利用无性系变异离体筛选抗病突变体；②通过花药或花粉离体培养选育出抗病虫植物品种；③采用体细胞杂交将远缘的抗病虫性状引入栽培种。第一条途径在本章的第二节已叙述，下面介绍第二和第三途径的基本原理、一般程序及一些实例。

一、抗病虫花培单倍体育种

植物的单倍体（haploid）是指具有配子染色体数的植物个体，可通过多种途径（如花药、子房培养等）诱导而成。抗病虫花培单倍体育种是指通过花药或花粉离体培养再生单倍体植株，然后经染色体加倍和常规选育而获得抗病虫植物品种的育种方法。

（一）抗病虫花培单倍体育种的基本原理

高等植物一般都是二倍体（$2n$），其细胞内含有来自父母双亲的两套染色体。高等植物的花粉是由小孢子母细胞通过减数分裂形成的，其细胞内的染色体数目减半，只有一套完整的染色体。通过花培（花药或花粉离体培养）诱导花粉再生的花粉植株一般为单倍体（n）。与正常的二倍体相比，单倍体植株细胞内染色体上由原来成对的基因变成了成单存在，从而使隐性的抗病虫基因得以表现。然后经染色体加倍即可获得遗传上纯合的二倍体，再结合常规选育便能培育出在农业生产上有应用价值的抗病虫植物品种。另外，用化学药物或辐射等物理方法处理花粉使其发生基因突变，由于突变的性状在当代花粉植株上即能表现出来，因此通过离体培养并结合抗病离体筛选（见本章第二节），也可以获得抗病花粉植株。

（二）抗病虫花培单倍体育种的一般程序

抗病虫花培单倍体育种的一般程序见图 2-1，下面就亲本的选择、花药培养及花粉单倍体植株的染色体加倍进行较详细的介绍。

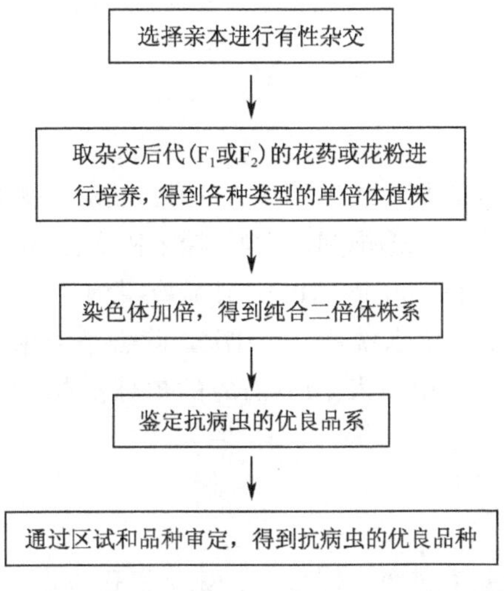

图 2-1　抗病虫花培单倍体育种的一般程序

1. 杂交亲本的选择

为了获得抗病虫的优良品种，选择的亲本最好具有不同的抗性（如抗病、抗虫或抗不同的病、虫）。同时，至少亲本之一具有优良的经济性状（如产量、品质等），或者两个亲本为抗性与优良性状互补。另外，还要考虑这些植物能否容易通过花药培养再生植株。

2. 花药或花粉培养

取杂交后代（F_1或 F_2）的花药或花粉进行离体培养，使其再生而形成各种类型的单倍体植株。花药培养（anther culture）是指将发育到一定阶段的花药接种在培养基上，使其再生植株的过程。而花粉培养（pollen culture）是从花药中分离出花粉粒，使其成为分散或游离的状态，然后经培养再生植株的过程。在花药培养中，花药内的花粉粒通过雄核发育（androgenesis）形成花粉胚（pollen embryo）或花愈伤组织（pollen callus），然后分化为花粉植株（pollen plant）。因此花药培养的实质和目的与花粉培养相同，都是通过花粉粒脱分化而得到单倍体植株。由于花药培养技术相对较容易，所以在实际应用中多采用花药培养诱导单倍体。花药培养的一般步骤包括：外植体的选择与预处理、材料的表面消毒、接种和预培养、培养与植株再生、生根壮苗与移栽。

1）外植体的选择与预处理

花药外植体选择是否适宜，直接关系到培养能否成功，在选择外植体时主要考虑供试材料的生理状态及花粉发育时期等。对于多年生的植物，应选择幼年植株的花药；而对于草本植物，选择生长健壮且处于生殖生长高峰期的花药较好。就花粉发育时期而言，对于大多数植物，适宜培养的时期是单核中晚期到双核早期。

适宜培养的花药一般包被在花蕾或幼穗中，取材时从植株上采摘下来花蕾或幼穗，然后在保湿条件下进行低温预处理，可提高花药培养的成功率，但不同的植物对温度和处理时间有一定的差异，如烟草为7～9℃、7～14d；水稻为10℃、2～7d；小麦、黑麦和杨树为1～3℃、2～7d。

2）材料的表面消毒

一般先将低温预处理后的花蕾或幼穗放入70%乙醇中浸泡1min，然后选用下面任一种方法对材料进行表面消毒：①饱和漂白粉溶液中浸泡10～15min；②15%次氯酸钠溶液浸泡15～20min；③稀释100倍的巴氏消毒液浸泡15～20min；④0.1%氯化汞溶液浸泡3～5min。消毒后用无菌水洗涤3～5次，除去消毒液。如果花蕾或叶鞘包裹严密，内部一般是无菌的，此时用浸入70%乙醇的棉球擦拭叶鞘或花蕾的表面即可达到消毒的目的。

3）接种和预培养

将表面已消毒的材料置于超净工作台上，无菌操作剥取花药，然后将花药水平放在培养基上进行培养。在剥取花药和接种过程中应尽可能地避免损伤花药，否则会刺激花药壁形成愈伤组织。接种的花药要求有一定的密度，若为固体培养基，50～100mL的三角瓶每瓶接种10～20个花药；9cm的平皿接种20～40个花药；若为液体培养基，一般10mL液体培养基中接种50个左右的花药。

研究发现，将花药进行短时间的预培养能提高花粉植株的诱导率。例如，在油菜、甜椒和小麦的花药培养中，先将花药在高温下预培养一段时间，再置于常温下培养可显著提高花粉植株的诱导率。不同植物的花药高温预培养的温度和时间有差异，如小麦为30～32℃、2～3d，而甜椒为30℃、5～8d。此外，在甘露醇溶液中预培养也能促进花粉植株的诱导率，如在大麦的花药培养中，用过滤灭菌的甘露醇溶液（0.3mol/L）预培养3～5d，再转入花药培养基上培养可获得大量的花粉胚。

4）培养与植株再生

花药培养采用固体培养、液体培养、双层培养或分步培养等多种培养方式，培养温度一般为24～28℃，每天光照时间为14h左右，光照强度为1000～2000lx。双层培养基的制作方法是：先在35mm×10mm的小培养皿中加入1～1.5mL琼脂培养基，固化后在其表面再加入0.5mL液体培养基。分步培养是指先将花药接种在液体培养基上培养，当花药中的花粉自然释放出来落在液体培养基中时，用吸管取出花粉，转入琼脂培养基上进行固体培养。

适宜花药培养的培养基一般随植物种类不同而异，如茄属植物用 MS（Marashige and Skoog，1962）、White（White，1963）、Nitsch（Nitsch，1969）和 N_6（朱至清等，1975）培养基都可得到较好的效果；而芸薹属及豆科植物用 B_5（Gamborg et al.，1968）培养基较好；对于禾谷类植物适宜用 B_5、N_6 和马铃薯-2（Chuang et al.,1978）培养基。不同植物的花药培养对外源激素的要求差异较大，对于大多数禾谷类植物，外源生长素尤其是 2,4-D 能促进花粉愈伤组织的形成，2,4-D 的浓度一般为 1～3mg/L，同时加入低浓度的 KT（0.5mg/L）有利于以后愈伤组织的分化。细胞分裂素如 KT、6-BA 可促进茄科植物形成花粉胚和花粉植株，在禾谷类花粉愈伤组织的分化培养基中通常加入高浓度的细胞分裂素 KT 和低浓度的生长素 NAA、IAA，可明显提高分化率。

花粉植株可通过两种途径再生：一是花粉胚状体途径，二是花粉愈伤组织途径。花药在培养基上培养一段时间后，其颜色逐渐变褐，培养 3～8 周后，从破裂的药壁处可见花粉愈伤组织或花粉小植株。当愈伤组织长到直径 2～3mm 时，将其转移到分化培养基上进行分化培养。对于大多数植物，在分化培养基上培养 10～20d 后即可分化出芽，然后在芽的基部长出不定根，但有时在芽的基部不能分化出不定根。

5）生根壮苗与移栽

由花药培养再生的花粉植株，往往茎叶细弱、根系不发达，甚至没有分化出不定根，因此很难直接移栽成活。一般花粉植株长到 3～5cm 高时，将其转移到生根壮苗培养基，促进根系的发育和壮苗。双子叶植物的生根壮苗培养基一般为添加 0.1～0.5mg/L IBA 的 MS 培养基，而禾谷类作物的生根壮苗培养基一般为含 0.2～0.5mg/L IAA 的 N_6 培养基。

在花粉植株移栽前，先打开试管盖炼苗几天，再从试管中取出植株，用水轻轻地洗掉沾在根上的琼脂培养基，然后移栽到盆中或苗床上，盖上塑料杯或塑料薄膜进行保湿，并在塑料罩上打些小孔，用于气体交换。10～15d 后，除去塑料罩，进行正常的栽培管理。

3. 花粉植株倍性的鉴定与染色体加倍

在花粉培养过程中，由于各种因素的影响，染色体可能会发生不同程度的自然加倍，因此形成的花粉植株不完全是单倍体，其中不但有二倍体，还有多倍体和非整倍体。例如，在小麦花粉植株中，单倍体约占 70%，其次是二倍体，同时还有少数的多倍体和非整倍体。

鉴定花粉植株倍性的常用方法是取花粉植株的茎尖或根尖组织，制成临时装片，在显微镜下对细胞进行染色体计数。如果为单倍体植株，则要通过人工方法处理，使其染色体加倍而成为纯合二倍体。染色体人工加倍最有效的方法是用 0.02%～0.4%的秋水仙碱处理单倍体植株，处理方式和部位随植物种类而异。对于双子叶植物，可处理花粉试管苗或移栽到田间生长的花粉植株。处理花粉试管苗时，将具有 3 或 4 片真叶的花粉试管苗置于 0.4%过滤灭菌的秋水仙碱溶液中浸泡 24～48h，然后用无菌水洗涤数次除去秋水仙碱，再接种到新鲜培养基上生长；而处理田间生长的花粉植株时，用含有秋水仙碱的羊毛脂处理顶芽、腋芽或花芽。对于禾本科植物，在分蘖盛期，将花粉单倍体植株从土壤中挖出，洗净根部泥土，把分蘖节浸泡在用含1%～2%二甲基亚砜的秋水仙碱溶液中，处理时间和秋水仙碱的浓度因植物种类而异。例如，小麦采用0.04%的秋水仙碱处理8h，而水稻用0.2%秋水仙碱处理24h。处理后，用流水冲洗数小时，彻底洗去药液，然后再移入土壤中。

（三）抗病虫花培单倍体育种的实例

利用花药或花粉培养技术进行抗病虫单倍体育种在水稻、小麦、油菜、大麦和甜椒等作物中均有报道，特别是我国科学家采用花药培养技术在水稻、小麦等作物上培育出许多抗病虫的优良新品种（系），其中某些品种得到了大面积的推广。例如，在水稻方面，中国农科院作物所用（京丰5号/特特普）/福锦复合杂交的F_2花药培养育成的“中花11号”抗稻瘟病和白叶枯病；上海农科院作物所用花寒早/96319 F_1花药培养选育出的“花培528”抗稻瘟病，用籼粳稻杂交后代的花药培养选育出的花培系“SH56”、“8826”和“96767”抗白叶枯病和褐稻飞虱；广西农科院用籼R6/粳5025 F_1花药培养选育的“南抗一号”抗白叶枯病、稻飞虱和稻纵卷叶螟。在小麦方面，北京市植物细胞工程实验室用［（蚰包-105)/(京双6号-山前)］/(有7-洛10)^{5191}复合杂交的F_1花药培养选育出的“京花3号”抗条锈和白粉病，用（有4-L_{10}/早洋-东3)/(京作348/230）复合杂交后代的花药培养选育出的“京单84-1685”高抗条锈病；河南省农科院小麦所用郑州742/阿夫乐尔F_1的花药培养育成的“花培28”抗条锈、叶锈、白粉病和赤霉病，用80（6)/豫麦2号F_1的花药培养选育的“花76”抗条锈和叶锈病；中国农科院作物所采用［(Alondra “s”/中7902) F_1/(京772/S301) F_5］F_1复交一代花药培育出的“中8606”抗叶锈、条锈和秆锈病。

二、抗病虫体细胞杂交育种

植株体细胞杂交是指将植物不同种、属或科间的体细胞原生质体通过人工方法诱导融合形成杂种细胞，然后进行离体培养使其再生成植株的技术。抗病虫体细胞杂交育种是指利用植物体细胞杂交技术并结合常规育种培育出抗病虫植物品种（或新物种）的育种方法。

（一）抗病虫体细胞杂交育种的基本原理

植物远缘有性杂交的不亲和性限制了利用野生种或近缘种的抗病虫基因，而通过体细胞杂交技术可以使两个有性杂交不亲和的种间亲本的遗传物质组合在一起，形成体细胞杂种植株。这种植株不但具有双亲染色体上的基因，而且含有双亲的细胞质基因，通过选择并结合常规育种方法可以将野生种或近缘种中控制抗病虫性状的基因转移到栽培种，从而获得优良的抗病虫新品种或新物种。

（二）抗病虫体细胞杂交育种的一般程序

抗病虫体细胞杂交育种的一般程序见图 2-2，下面对各个环节进行简要的介绍，并重点叙述体细胞杂交技术中的原生质体制备、原生质体融合及杂种体细胞的植株再生。

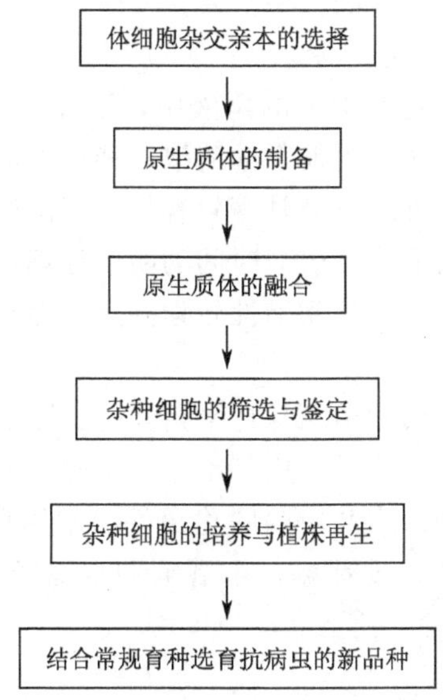

图 2-2　抗病虫体细胞杂交育种的一般程序

1. 体细胞杂交亲本的选择

亲本一般选用两个无法进行有性杂交的栽培种和野生种（或近缘栽培种），栽培种一般为具有优良经济性状的不抗病（虫）品种，而野生种或近缘栽培种具有抗病（虫）特性。同时，在选择亲本时要考虑这些植物能否通过原生质体培养再生植株。

2. 原生质体的制备

植物原生质体是指除去了细胞壁后被质膜所包围的裸露细胞。原生质体的制备过程包括：材料的选择、酶解分离原生质体及原生质体的纯化。

1）材料的选择

虽然植物的各个器官（如根、茎、叶、花、果实、种子、子叶和下胚轴等）、离体培养的愈伤组织和悬浮细胞等都可以作为制备原生质体的材料，但是不同的植物适宜制备原生质体的材料差异较大。对于双子叶植物，一般用无菌苗的叶肉细胞或下胚轴细胞制备原生质体；而对于单子叶植物（如禾本科植物），常选用从幼胚、幼穗或成熟胚建立的胚性愈伤组织或胚性悬浮细胞系制备原生质体。

2）酶解分离原生质体

植物细胞壁主要由纤维素、半纤维素和果胶质等组成，纤维素和半纤维素主要组成细胞壁的初生结构和次生结构，果胶质为细胞间中胶层的主要成分。制备植物原生质体所用的酶根据其作用可分为纤维素酶、半纤维素酶和果胶酶等，分别降解细胞壁的纤维素、半纤维素和中胶层等。但是，酶液中只要含有一定浓度的纤维素酶和果胶酶即可分离出原生质体。

在无菌条件下将材料置于过滤消毒的酶液中，于 24～28℃黑暗或弱光条件进行酶解处理。酶解处理的原则是利用尽可能低的酶浓度和尽可能短的酶解时间获得大量有活力的原生质体。对于叶片、子叶或下胚轴等较容易分离出原生质体的材料，常选用中等活性的酶，并且用低浓度的酶液进行较短时间的酶解处理；而对于愈伤组织和悬浮细胞等较难分离原生质体的材料，一般选用活性较强的酶，而且采用较高浓度的酶液进行较长时间的酶解处理。

酶液的渗透压应与细胞内的渗透压保持平衡，防止除去细胞壁后游离的原生质体失水皱缩或吸水涨破。一般酶液的渗透压应基本上与细胞内的渗透压相同或略高于细胞内的渗透压，以保持原生质体的活力和质膜的稳定性。常用调节渗透压的试剂有甘露醇、山梨醇、蔗糖、葡萄糖、果糖、麦芽糖、半乳糖和木糖醇等，使用浓度因材料不同而异，一般为 0.2～0.8mol/L。

3）原生质体的纯化

酶解处理后的混合物中除了有完整无损伤的原生质体外，还有酶解过度的细胞碎片、叶绿体、微管成分以及未消化的细胞、细胞团或组织块等。在进行原生质体融合之前要把这些杂质和酶液除去，一般是先用孔径为 40～100μm 的筛网过滤酶解混合物，除去未消化的细胞团和组织块，收集滤液于离心管中，然后可采用沉降法、漂浮法或梯度离心法纯化原生质体。

沉降法是采用低速离心的方法，将原生质体沉淀而将细胞碎片等杂质悬浮在上清液中。经过反复多次的离心、去上清液、加入洗涤液重悬原生质体，使原生质体纯化。沉降法纯化原生质体的优点是方法简单，原生质体丢失少；但由于原生质体沉积在离心管的底部，造成相互间的挤压而使原生质体容易受损，同时纯度不高，常存在少量破损的原生质体和没有完全脱壁的细胞。

漂浮法与沉降法正好相反，离心后使原生质体漂浮于溶液的表面，而沉淀细胞碎片等杂质。该方法的优点是可以得到较为纯净、完整的原生质体；但原生质体丢失的较多。

梯度离心法是利用比重不同的溶液，经离心后使完整无损的原生质体处在两液相的界面之间，而细胞碎片等杂质沉于管底。此法可以克服上述两种方法的缺点，得到较多的纯净、完整的原生质体；但操作复杂，成本也较高。

3. 原生质体的融合

将拟进行体细胞杂交的两个亲本的原生质体混合，并采用一定的方法诱导原生质体融合，使之产生杂种细胞。诱导原生质体融合的方法很多，可归纳为化学诱导融合法和物理诱导融合法两大类。目前广泛应用的化学诱导融合法是 PEG 诱导融合法，而物理诱导融合法主要是电融合法。

1）PEG 诱导融合法

PEG 诱导融合法又称聚乙二醇法，是用化学试剂聚乙二醇（polyethylene glycol，PEG）作诱导剂促使原生质体融合的方法。PEG 的分子式为 $HOCH_2(CH_2\text{-}O\text{-}CH_2)_n CH_2OH$，根据聚合程度不同，分子质量差别较大。在诱导原生质体融合时，PEG 的相对分子质量一般为 1500～7500，而应用较多的是 6000。PEG 诱导融合法的实验操作如下。

（1）配制诱导融合的试剂

A 液：	$CaCl_2 \cdot 2H_2O$	2～8mmol/L
	KH_2PO_4	0.5～0.7mmol/L
	甘露醇或山梨醇	0.1～0.2mol/L
B 液（融合液）：		A 液＋25%～30% PEG
C 液：	$CaCl_2 \cdot 2H_2O$	10～100mmol/L
	KH_2PO_4	0.5～0.7mmol/L
	甘露醇或山梨醇	低渗或不加

A 液和 B 液的 pH 调至 5.8，C 液的 pH 调至 7.0～10，然后进行高温灭菌。由于高温可分解 PEG 的氢过氧化物而产生醛或酮，进而氧化成酸，对原生质体造成伤害，因此融合液（B 液）最好采用过滤灭菌。

（2）调节原生质体的密度和比例

先用 A 液洗涤原生质体一次，然后将密度调至约 1×10^5 原生质体/mL，再将两亲本原生质体按 1∶1 混合，静置 2min 后即可进行融合诱导操作。

（3）加入融合液诱导原生质体融合

先将混合的原生质体悬浮液均匀滴于培养皿底部，静置 3～5min；然后在原生质体悬浮液滴顶部缓慢加一滴 B 液，处理 15～20min；再在原生质体悬浮液滴顶部加一滴 C 液，静置 10～20min；随后，用原生质体培养液洗涤，500r/min 离心 3～5min 去除融合液。

2）电融合法

电融合法是借助于电场和电脉冲的作用使原生质体融合。与 PEG 诱导融合法相比，电融合法有三大优点：①对细胞无化学物质毒害；②融合效率高；③操作简单。但电融合仪的价格比较昂贵，其应用受到一定的限制。电融合参数（如交流电压、交变电场的振幅频率、交变电场的处理时间、直流高频电压、脉冲宽度和脉冲次数等）对原生质体的融合效率及融合产物的培养都有较大的影响，而且因植物种类而异。在实验之前，应对融合参数进行反复测试。

4. 杂种细胞的筛选与鉴定

一般采用互补选择法或机械选择法等对杂种细胞进行筛选与鉴定。互补选择法是根据两个具有不同生理或遗传特性的亲本，在形成杂种细胞时能产生互补作用，从而筛选出杂种细胞的方法。机械选择法是利用两亲本原生质体的某些可见标志（如形态色泽上的差异等）来鉴别融合产物，并在其可见特征消失之前，挑出杂种细胞进行单独培养。

5. 杂种细胞的培养与植株再生

将融合后的原生质体悬浮于培养液中，然后通过培养即可再生出新的细胞壁，进而进行细胞分裂形成细胞团，再形成愈伤组织或胚状体，最终分化或发育成完整植株。在培养环节中，培养基、培养方法和培养条件等对杂种细胞能否顺利再生植株影响较大。

1）培养基

杂种细胞的培养采用相应的原生质体培养基。虽然适宜原生质体的培养基因植物种类而异，但总的来说，在设计原生质体培养基时应考虑培养基中的无机盐、渗透压、有机成分、激素和 pH 等。

高浓度的铵离子对原生质体有毒害作用，因此培养基中无机盐的铵离子浓度应大幅度降低。相反，适当增加无机盐的钙离子浓度，有助于提高原生质体膜的稳定性。培养基的渗透压应与细胞内的渗透压相同或稍低，如果培养基中的渗透压过高，往往会抑制细胞分裂。

原生质体的培养需要各种有机成分，其中有的物质，如硫胺素、吡哆素和烟酸是必需的；有些物质是非必需的，如肌醇、叶酸、生物素、有机酸、水解酪蛋白和椰子乳等，它们对原生质体的分裂及细胞团或胚状体的形成有促进作用。

培养基中激素的种类和浓度因植物种类、材料来源、培养阶段的不同而有差异。一般来说，从原生质体的起始培养到诱导形成愈伤组织，大多使用 2,4-D，也有将 2,4-D 与 NAA、BA 或 ZT 等配合使用的。而在分化培养基中，需降低或除去 2,4-D，同时降低 NAA 浓度或用 IAA 代替，适量增加 BA、KT 或 ZT。

原生质体培养基的 pH 一般为 5.5～5.9，pH 过高或过低都会对原生质体的活力及其分裂产生不利的影响。

2）培养方法

对于容易再生植株的植物，通常采用液体浅层培养和液体浅层-固体双层培养；而对于难以再生的植物，一般采用琼脂糖包埋法、液体浅层-固体双层培养或看护培养。

液体浅层培养法是将原生质体悬浮培养液转移到培养皿或三角瓶中，使成一薄层，然后用 Parafilm 密封，置于人工气候箱中，静止培养。液体浅层-固体双层培养法是先在培养皿底部铺一薄层含琼脂或琼脂糖的固体培养基，再将原生质体悬浮培养液加于固体培养基的表面进行液体浅层培养。琼脂糖包埋法是先将原生质体悬浮培养液与热融并冷却至 45℃的含琼脂糖的培养基等量混合（琼脂糖的终浓度为 0.6%左右），冷却凝固后，原生质体均匀地包埋在琼脂糖培养基中，然后将其切成小块放入大体积的液体培养基中，进行振荡培养。看护培养法又称滋养培养法，是利用能够分泌生物活性物质的细胞或组织培养物作为滋养者，促进原生质体的分裂。

3）培养条件

培养条件主要指培养温度和光照。原生质体的培养温度一般为25～30℃。光照条件因原生质体的来源以及培养阶段不同而异，一般对于叶肉、子叶和下胚轴等带有叶绿体的原生质体，在培养初期置于弱光或散射光下；而由愈伤组织和悬浮细胞制备的原生质体置于黑暗中培养。在诱导分化阶段，需要光照培养，每天光照10～16h，光照强度为1000～3000lx。

6. 结合常规育种选育抗病虫的新品种

将具有抗性的野生种或近缘种与有性杂交不亲和的栽培种进行体细胞杂交，经培养形成的杂种植株，虽然具有野生种的抗性，但同样表现出野生种的不良性状，如产量低、品质劣等。因此，应结合常规育种的方法，将杂种植株与栽培种反复回交，淘汰不良性状的基因，再从后代中选育出抗病虫的新品种。

（三）抗病虫体细胞杂交育种的实例

早在20世纪80年代初，Butenko等（1980）为了利用马铃薯家族中野生种所具有的优良抗性基因，将栽培种与野生种*S. chacoense*进行体细胞杂交，获得了抗马铃薯Y病毒（PVY）的杂种植株。后来，一些研究者选用对马铃薯卷叶病毒（PLRV）、Y病毒（PVY）和晚疫病都具有明显抗性的野生种*S. brevidens*与栽培种进行体细胞杂交，得到抗多种病害的杂种植株。此外，将马铃薯栽培种与对晚疫病有抗性的野生种*S. pinnatisectum*、*S. bulbocastanum*或*S. circaeifolium*进行体细胞杂交也获得了抗病的体细胞杂种植株。在烟草体细胞杂交抗病育种方面，龚明良等（1995）将普通烟草与奈索菲拉烟草（*N. nesophilla*）、光烟草（*N. glauca*）及黄花烟草（*N. rustica*）进行体细胞杂交，获得了种间杂种植株，通过对杂种植株进行多代自交和回交，从中选育出了品质优良、兼抗多种病害的烟草新品系。另外，通过体细胞杂交技术进行抗病虫育种研究在茄子、番茄、油菜等其他植物中也获得了成功。表2-2列举了部分植物经体细胞杂交技术而转移的抗病虫性状。

表2-2　通过体细胞杂交而转移的抗病虫性状

体细胞杂种			抗病虫性状
植物1		植物2	
普通烟	+	奈索菲拉烟（*N. nesophilla*）	烟草花叶病毒
马铃薯	+	恰柯薯（*S. chacoense*）	马铃薯X病毒
普通烟	+	岛叶烟	烟草天蛾
马铃薯	+	短齿叶薯（*S. brevidens*）	马铃薯卷叶病毒和Y病毒、晚疫病
S. circalifolium	+	马铃薯	疫霉菌
茄	+	*S. sanitwongsei*	茄科青枯菌
甘蓝型油菜	+	黑芥（*B. nigra*）	油菜黑胫病菌

续表

体细胞杂种			抗病虫性状
植物 1		植物 2	
甘蓝（*B. oleracea*）	+	白芥（*Sinapis alba*）	白菜黑斑病菌
甘蓝型油菜	+	白芥	白菜黑斑病菌
甜橙	+	枸橘	疫霉菌
番茄	+	秘鲁番茄（*L. peruvianum*）	烟草花叶病毒、斑萎病毒
Solanum ochranthum	+	番茄	番茄病虫害
甘蓝	+	甘蓝型油菜	甘蓝黑腐病
日本萝卜	+	花椰菜	白菜根肿病
花椰菜	+	白芥+埃塞俄比亚芥（*B. carinata*）	白菜黑斑病菌、油菜黑胫病菌
西瓜	+	甜瓜	白菜根肿病
茄	+	*S. sisymbrifolium*	线虫
马铃薯	+	球栗马铃薯（*S. bulbocastanum*）	根结线虫
萝卜	+	甘蓝型油菜	甜菜胞囊线虫
白芥	+	萝卜+白芥	甜菜胞囊线虫

第四节 茎尖脱毒

一、茎尖脱毒的基本原理

（一）茎尖培养脱毒

Morel 等（1952）首先从感染有花叶病毒的大丽菊中分离出茎尖分生组织（0.25mm），培养得到植株，嫁接在大丽菊实生砧木上检验为无病毒植株。从此，茎尖培养就成为解决病毒的一个有效途径，并相继有马铃薯、菊花、兰花、百合、草莓、矮牵牛、鸢尾、葡萄、苹果、香蕉等茎尖培养脱毒的研究获得成功。茎尖培养脱毒可脱除多种病毒、类病毒、植原体，很多不能通过热处理脱除的病毒可以通过茎尖培养而脱掉。茎尖培养脱毒是直接从茎尖培养生长获得的植株，很少有遗传变异，在遗传上是稳定的。

茎尖培养之所以能脱除病毒，是因为感染病毒的植株的幼嫩及未成熟的组织和器官中病毒含量较低，生长点（0.1～0.5mm 区域）则几乎不含病毒或含病毒很少。植物茎尖等分生组织中不含或很少含有病毒可能有多种原因。

（1）植物茎尖分生组织中细胞胞间连丝发育不完全或太细，病毒不能通过胞间连丝扩散进入茎尖幼嫩的分生组织。

（2）病毒复制、运输速度与茎尖细胞生长速度不同，病毒向上运输速度慢，而茎尖幼嫩的分生组织细胞繁殖快，结果茎尖最细嫩的尖端部位的细胞没有病毒。

（3）植物生长点细胞中缺少病毒增殖的感受点，因而病毒复制过程不能进行。

(4) 茎尖等分生组织中存在抑制、钝化病毒的物质。

(5) 茎尖组织在培养过程中病毒被钝化和抑制。

前两条是目前较为公认的原因，后面各条也有一些实验观察的证据。所以，通过茎尖培养可以脱去植物病毒，获得无毒苗。

（二）茎尖微芽嫁接脱毒

茎尖微芽嫁接脱毒是组织培养与嫁接相结合，用以获得无病毒苗木的一种新技术。它是将 0.1～0.2mm 的茎尖作为接穗，嫁接到由试管中培养出来的无毒实生砧木苗上，继而进行试管培养，发育成为完整的植株。

Navarro (1972) 最先应用茎尖微芽嫁接方法进行柑橘脱毒，获得柑橘脱毒苗。以后相继又应用于苹果、葡萄等果树及其他作物的脱毒。茎尖微芽嫁接脱毒法成为目前果树脱毒最通用的方法。

茎尖微芽嫁接脱毒可以解决一些果树茎尖培养成苗难，特别是生根困难的问题。有些果树种类或品种，如格瑞弗斯苹果通过茎尖组织培养，可以获得无病毒新梢，但不能生根，只有通过茎尖微芽嫁接才能获得完整植株。又如，柑橘在茎尖培养过程中可能发生芽变，茎尖培养的植株有可能出现童期过长等返祖现象，而茎尖嫁接则不出现这些现象。此外，柑橘老系植株茎尖培养很难分化成完整植株。这也是柑橘脱毒普遍采用这种方法的原因之一。

二、茎尖脱毒的一般程序

（一）培养基的制备

1. 培养基的基本成分

1) 无机盐

包括大量元素和微量元素。从无机盐中获得的大量元素有 N、P、K、Mg、Ca、S 和 Na。N 素根据不同植物种类的需要可采用硝态 N、氨态 N 或配合使用。P 可采用 KH_2PO_4，也可采用 NaH_2PO_4 或 $NH_4H_2PO_4$。K 是主要的阳离子，Ca、Na、Mg 的需要量少。通常添加的微量元素有 Fe、I、B、Mn、Zn、Mo、Cu、Co。为了保证铁离子的供应，通常以 $FeSO_4$ 与 Na_2EDTA 螯合剂，先行混合。

2) 有机物

除作为碳源的蔗糖外，基本培养基中包含的有机物有肌醇、烟酸、硫胺素、盐酸吡哆素等维生素，以及甘氨酸、天冬酰胺等氨基酸。

2. 常用基本培养基

基本培养基的种类很多，有多种类型。在果树组织培养中最常使用的是 MS 基本培养基，它对许多果树植物种类的培养是适应的。MS 培养基的特点是无机盐（如钾盐、铵盐及硝酸盐等）的含量高，微量元素的种类齐全，浓度也较高。与 MS 培养基类似的有 LS、BL、BM、ER 等培养基。

B_5、N_6、SH 等培养基是硝酸钾含量较高的培养基。B_5 培养基的特眯是含有较低的铵态 N，以及含有较高的盐酸硫胺素。这是葡萄组织培养常采用的一种培养基。

Nitsch 及 Miller 培养基为中等无机盐含量的培养基。Nitsch 的大量元素无机盐约为 MS 培养基的一半，微量元素种类减少而含量较 MS 为高，维生素种类则较 MS 多，且增加了叶酸和生物素。

White、改良 Nitsch 等培养基为低无机盐培养基。植物的种类不同，适用的培养基也不同。专门用于某一植物茎尖培养的基本培养基要通过试验才能确定。

3. 培养基中的激素及其他附加成分

培养基中的激素有两类：一类是生长素，另一类为细胞分裂素。

常用的生长素类物质有：①吲哚乙酸（IAA），适宜浓度为 $10^{-10}\sim10^{-5}$mol/L，以 1～10mg/L 最为通用；②2,4-D，适宜浓度为 $10^{-7}\sim10^{-5}$mol/L；③萘乙酸（NAA），适宜浓度范围比前两者高；④赤霉素（GA）也较为常用。生长素的作用为加速细胞的生长和分裂，浓度必须在适宜范围，浓度过低生长缓慢，浓度过高则生长受到抵制。

细胞分裂素的种类很多，常用的有玉米激动素（6-糠基嘌呤，KT）、6-苄基嘌呤（6-BA），激动素的最适浓度为 $10^{-7}\sim10^{-5}$mol/L。

常在培养基中加入一定量的水解酪蛋白，它是具有多种氨基酸的混合物。还可以加入一些天然成分，如椰汁、酵母提取物等。固体培养基需要加入适量琼脂作为凝固剂，最适浓度为 0.6%～1.0 %。

4. 培养基的配制

培养基各种万分的计量单位有两种表示方法，一种是以 mol/L 来表示，其中大量元素用 mmol/L 为单位；微量元素，有机物及激素用 μmol/L 为单位。另一种方法是以 mg/L 表示。两种单位的换算关系为：培养基各种万分的摩尔质量（g/mol）乘以每升溶液中该成分的物质量浓度（mol/L），即为每升中所含该成分的质量（g/L）。如该万分的浓度的单位分别记以 mmol/L 或 μmol/L，乘以摩尔质量后，则每升中所含该成分的质量分别为毫克（mg）或微克（μg）。

为提高工作效率通常将各种成分先配成母液，母液浓度常为培养基浓度的 10 倍或 100 倍。配好的母液须放入冰箱保存，使用时再按比例稀释。大量元素、微量元素、维生素可分别配制成混合液，铁盐、氨基酸和激素等均应单独配制。母液一般需用重蒸水或蒸馏水配制。

培养基消毒温度须控制在 121℃，保持 15～20min。

（二）茎尖培养一般程序

1. 材料的选择

Hollings 等（1964）研究了康乃馨不同大小茎尖培养与脱除康乃馨斑驳病毒的关

系，试验切取了0.1mm、0.25mm、0.50mm、0.75mm、1.0mm及1.0mm以上等6种不同大小的茎尖，进行培养得到的植株，经鉴定，脱毒率依次分别为67%、40%、23%、11%、0和0。很明显，茎尖越小脱除病毒的机会会越多。要从一种植物中脱除不同的病毒，或从不同植物中脱除一种病毒，所要求的茎尖是不相同的。山家弘士进行苹果脱毒的研究，分别取0.20～0.25mm、0.30～0.50mm、0.80～1.0mm、4.0～5.0mm、9.0～12.0mm的茎尖培养。0.80～1.0mm以下的处理均能100%地脱除苹果褪绿叶斑病毒（ACLSV），但0.20～0.25mm的处理不能完全脱除苹果茎沟病毒（ASGV）。通常茎尖培养或茎尖微芽嫁接脱毒的效果与茎尖的大小呈负相关，而茎尖培养或嫁接成活率则与茎尖大小呈正相关。应用时一方面要考虑到脱毒效果，同时又要提高其成活率，故一般切取0.2mm，带有1或2个叶原基的茎尖作为培养或嫁接的材料。

用于脱毒的茎尖应于生长季节从新抽发的嫩梢切取，各个梢期嫩梢茎尖都可采用，但应注意从生长健壮或旺盛生长时期的新梢取材。

2. 材料消毒

可采取下列措施进行材料消毒：①可在室内或无菌条件下对枝条先进行预培养。将枝条用水冲洗干净后插入无糖的营养液或自来水中，使其抽枝，然后以这种新抽的嫩枝作为外植体。还可将从田间采回的枝条在无菌条件下进行暗培养，待抽出徒长的黄化枝条时采枝。经预培养可明显减少材料的污染；②避免阴雨天在田间采取外植体，最好是在晴天的下午采取材料，因材料经过日晒后可杀死部分细菌和真菌。

用于材料杀菌的药剂有多种：①70%～75%的乙醇，具有较强的穿透力和杀菌力，材料在其中浸30s即可，可作为表面消毒的第一步，具有浸润和杀菌的双重作用，但不能达到彻底灭菌效果；②0.1%升汞（$HgCl_2$），处理时间2～3min，有较好的灭菌效果，但处理过的材料要用灭菌水冲洗3或4次；③次氯酸钠，通常用市售的“安替福民”配制2%～10%次氯酸钠，处理时间5～10min，处理后须用灭菌水冲洗3或4次；④含10%～20%次氯酸钙的漂白粉上清液，处理时间20～30min，处理后亦须用灭菌水冲洗多次。后两种药剂对植物较为安全。过氧化氢和溴水等也可用于材料的消毒。为了能使杀菌剂润湿整个组织，需要在药液中加入湿润剂。常用的湿润剂有吐温（Tween）80或吐温20，可加入数滴或直至0.1%的浓度，对组织的润湿有良好的效果。

为使材料灭菌彻底，可采用接种材料的多次消毒法，或多种药液交替浸泡法。最常见的是先用70%～75%的乙醇浸30s左右，然后用升汞或次氯酸钠处理。

3. 剥取茎尖和接种

从消毒容器中取出2～4个梢尖，放入事先经过高压灭菌并盛有滤纸的培养皿中，置双目解剖镜下仔细剥离幼叶和叶原基，仅留1或2个叶原基。再根据解剖镜内测微尺的指示，切取0.1～0.2mm大小的茎尖分生组织，立即用解剖针挑入培养皿内，以免吹干影响成活。若采用预先热处理的材料，切取茎尖分生组织0.5mm左右，可保留4或5叶原基。操作时解剖针要细，解剖刀要小而薄，一般需自制，否则在切取时无法测量其切取的大小。

4. 诱导芽的分化

此阶段的培养目的是使茎尖增大，并分化产生芽。其效果依植物种类、培养基的成分而异，可形成一个芽或多个芽，也可形成带根植株或形成愈伤组织再分化成芽。多采用 MS 作为基本培养基。在所用的生长调节剂中，细胞分裂素以 BA 效果最好，其次是 KIN，在少数情况下用 ZEA 和 Zip，也有极少数情况在这一阶段不用细胞分裂素及其他激素。生长素以用 2,4-D 或 NAA 者较多，也有时用 IAA。在 BA 和生长素配合使用时，外植体往往会分化，或腋芽萌动而增殖。

在这一阶段必须防止外植体褐变。

培养温度依植物种类而不同，一般为 20～28℃。光照 12～16h，黑暗 8～12h，光照强度 1500～2000 lx。

5. 芽的增殖

直接通过组织培养进行无病毒苗工厂化生产时必须繁殖大量有效的芽和苗。用芽增殖的方法而不通过愈伤组织再分化途径，有利于保持遗传的稳定性，每年可增殖 10 万株，乃至 100 万株。

在芽增殖培养基中，细胞分裂素仍是不可缺少的，而且以 BA 对芽的大量增殖最为有效。生长素在多数情况下用 NAA 或 IAA，但浓度不可过高，否则对芽的增殖有抑制作用，并容易形成愈伤组织。除用 NAA 外，有时还加入低浓度的 GA，以促进芽的伸长。

芽的增殖速度是快速繁殖中最为重要的一个问题。只有芽增殖快，在生产实践中才有应用价值。决定繁殖速度的因子最主要的是材料本身的生理生化状态、基本培养基及其附加成分的相互作用。外植体之间在繁殖速度方面差别很大，有时可以相差许多倍。通过适当的处理可以改善某一外植体的生理状态，如改变培养温度和及时进行继代培养可提高繁殖效率。

6. 生根培养

在这一阶段，培养的目的是使第一和第二阶段培养的苗发出不定根，并使苗继续生长。一般 10mm 长的苗即可转入生根培养基。由于在前一阶段的培养中，芽的生长往往受到较高浓度的细胞分裂素的抑制，而在生根培养基中则一般除去细胞分裂素，因此芽便进一步长大。木本植物生根比较困难。另外值得注意的是，试管苗的基部往往形成愈伤组织，发出的根与茎之间并无维管束组织的直接联系，以致移栽后不能成活。解决生根问题较为理想的方法是采用试管外发根技术，即将苗直接插到温室的苗圃当中，或经预处理（50～100mg/L IBA 处理茎基部数秒乃至更长时间）后扦插。

（三）微芽茎尖嫁接的一般程序

1. 试管砧木的准备

首先要选择适宜的砧木类型或品种，砧木应与接穗有良好的亲和性，并且要能从形态上与接穗相区别，能在试管中培养基上健壮生长。砧木种子应不带病毒。砧木种子经表面消毒，剥除种皮后播种于含1%琼脂的MS基本培养基上进行培养发芽。通常在无光照的条件下培养两周的幼嫩黄化实生苗即可作为试管砧木。

2. 取材与消毒

同茎尖培养。

3. 嫁接及嫁接苗的培养

嫁接前，将砧木切去顶部，留下一段上胚轴，长度以1～1.5cm为好，将子叶和腋芽抹去，把根切短至4～6cm。在解剖镜下从经消毒处理的梢顶端切取一定大小的茎尖，一般是带1或2个叶原基，约0.2mm大小。在砧木上胚轴靠顶端或其他适当位置开口。开口方式有多种，见得最多的是倒"T"字形的开口方法，从上胚轴的顶端向下平行两刀，再在其切口末端横一刀，挑去中间的皮层，即成一嫁接口。切口沿茎下伸约1mm，宽亦大致1mm，深至形成层，将茎尖放置到砧木切口时要将茎尖切面紧贴砧木的倒"T"字形的水平切口。在柑橘上还试验过"三角形切口"、"三角形压口"和"侧面三角形"开口。开口方式对嫁接成活有一定的影响，但其成活率随研究者及其他条件而变化。嫁接苗置MS液体培养基中，用滤纸桥固定，在一定的温度及光照条件下培养。影响嫁接成活的因素是多方面的，如砧木苗龄、砧穗亲和性、培养基成分、嫁接开口方式等。

4. 试管苗的移栽或再嫁接

茎尖嫁接苗培养3～6周至少长出2片叶后即可移栽。移栽前可在强光下炼苗两周，使植株健壮。移栽用土要适于该果树生长并经高温消毒。移栽后要在适宜温度下培育，最初时期要避免强光和注意保湿。因此，多用聚乙稀薄膜套袋保湿，两周后去袋。为克服移栽小苗因污染死亡及生长缓慢，亦可直接将试管内的茎尖苗再嫁接到盆栽的无毒实生砧木上。目前国内柑橘茎尖苗多采用这一方法处理。

三、茎尖脱毒的实例

（一）柑橘病毒类病害的种类及其危害

柑橘病毒类病害包括由病毒、类病毒和植原体引起的柑橘病害。柑橘受这类病原物感染后往往引起树势衰退，生长不良，少结果、不结果或结畸形果，甚至全株死亡，给柑橘生产造成严重危害。柑橘在长期的无性繁殖中，母树所感染的病毒类病原物，由接穗传到苗木，代代相传，累积感染；又加上现代交通便利，接穗、苗木远距离交流十分频繁，加剧了病害的扩展蔓延。因此，一般老系柑橘树都受一种或多种病毒或类似病毒病原物的感染。到目前为止，世界各地报道的柑橘病毒类病害已有20多种。主要种类见表2-3。

表 2-3 主要柑橘病毒及类似病毒病害

病名	症状	病原类型	传播途径
衰退病和苗黄病 (tristeza and seedling yellow)	嫩叶脉明、茎陷点，苗黄，树势衰退，矮化	病毒	嫁接、虫媒
碎叶病 (tatter leaf)	嫩叶上呈褪绿黄斑，叶扭曲，畸形，嫁接口“皱折、黄环”，易折断	病毒	嫁接、汁液
环斑病 (ringspot)	成熟叶，果实上表面黄斑或“绿色环斑”，春梢不齐，嫩叶有水疱	病毒	嫁接、种子、汁液
脉突病（木瘤病） (veinenation，woodygall)	幼龄树叶背面叶脉微肿，明显突出呈耳状或瘤状，粗柠檬砧易产生木瘤	病毒	嫁接、虫媒
温州蜜柑萎缩病 (satsuma dwarf)	新叶变小，叶片反卷，呈现船形或匙形，果皮增厚变粗，枝叶丛生，树矮化	病 毒	嫁接、汁液、土传
侵染性杂色花叶病 (infectious variegation)	叶片畸形，皱缩或有泡斑，时有杂色花叶	病毒	嫁接、汁液
皱叶病 (crinkly leaf)	嫩叶上污斑，成熟叶有时皱缩，叶片扭曲，畸形	病毒	嫁接、汁液
鳞皮病 (psorosis)	树皮鳞皮状，木质部变色，成熟叶上有时有斑纹	病毒	嫁接、种传、汁液
囊胶病 (concare gum)	嫩叶上有橡叶线条花纹，树干上存在明显凹陷，大枝，枝干的横切面有同心胶环	可能病毒	嫁接
石果病 (impiertatura)	嫩叶上有橡叶花纹，果小，果皮充胶变坚硬	可能病毒	嫁接
鸡冠皮病 (cristacortis)	嫩叶有“橡叶”症状，木质部陷孔深而明显，内皮表面有鸡冠状刺突	可能病毒	嫁接
黄脉病 (yellow vein)	叶脉黄化，茎有黄斑	可能病毒	嫁接
叶卷病 (leaf curl)	枝梢枯死，叶卷似蚜虫危害状，多花，果少而小，木质部充胶	可能病毒	嫁接
黄龙病 (huang long bing，HLB)	新梢叶片黄化或褪绿斑驳，果小而畸形，果顶青色，后期枯枝，死树	难养细菌	嫁接、虫媒
顽固病 (stubborn)	树梢直立、丛生，叶小，果小，果畸形或橡实果，种子败育	螺原体	嫁接、虫媒
丛枝病 (witch's broom)	丛枝、果实失水，病树最终死亡	植原体	嫁接、可能虫媒
裂皮病 (ecocortis)	以枳、枳橙、兰普来檬作砧木的柑橘砧木树皮呈鳞片状开裂，树势衰弱	类病毒	嫁接、汁液
木质陷孔病 (cachexia)	韧皮部组织充胶水，木质部有陷点，树皮坏死，叶子稀少失绿，生长缓慢	类病毒	嫁接、汁液
枯萎病 (blight)	叶小，时有缺锌状，枝梢萎蔫，树冠稀疏，后期嫩枝枯死	未知	嫁接
胶皮病 (gummy bark)	嫁接口有红褐色条纹，书皮充胶变色，田橙木质部有沟槽或陷点，对应的皮层内有木钉突出，树势矮化	未知	嫁接

柑橘病毒类病害种类多，世界各国均有发生，但各地的主要病害种类和危害程度不一。如热带、亚热带柑橘产区柑橘衰退病发生普遍；亚洲、非洲柑橘产区黄龙病危害严重；而美国和澳大利亚则发生较少。

（二）茎类培养脱毒

一般病毒在植株体内分布不均匀，顶端生长点的分生组织不带毒或检查不到病毒，曾尝试通过茎尖培养获得无毒苗，即从优良单株取生长旺盛的新梢，去叶，经消毒处理后，在体视显微镜下，切取0.14～0.18mm的茎尖，放在补加了多种生长素的MS培养基上培养，并进一步促发培育成植株。但柑橘老系植株的茎尖培养很难分化成完整植株。

（三）茎尖嫁接脱毒

自美国加利福尼亚州20世纪30年代利用目测法从田间寻找无鳞皮病的老系母本树至今，人们为获得柑橘无毒繁殖材料，经历了约半个世纪的苦苦寻求，进行了多方面的探索，并卓有成效，获得了一批有实用价值的无病毒繁殖材料。但各种方法都有局限性，直到1972年Murashige等改用微芽茎尖嫁接的方法，得到少数植株，经鉴定其中部分植株已脱除裂皮病，而且能保留老系品种的优良性状。1975年，Navarro等详细研究了诸多因子对茎尖嫁接成活率及脱毒率的影响，建立了成熟的茎尖嫁接操作方法。

经研究证明，茎尖嫁接方法可脱去柑橘裂皮病、黄龙病、衰退病、顽固病、木质陷孔病、脉突病等柑橘大多数病毒类病害。目前，此方法已被世界各国普遍采用，成为获得柑橘良种无毒植株的主要技术手段。后来又发现柑橘碎叶病单用茎尖嫁接还不能保证完全脱去。碎叶病脱毒试验证明，母本树在茎尖嫁接前经过一段时间热处理，再采嫩梢茎尖嫁接，能完全脱去碎叶病毒。将热处理与茎尖嫁接结合使用，使茎尖嫁接法更加成熟。下面介绍预热处理/茎尖嫁接脱毒基本程序。

1. 预热处理

从待脱毒的优良选种单株上取接穗芽条，经系列消毒处理后，嫁接在枳壳或枳橙砧木上，在温室或防虫网室培育成苗。然后将容器苗去掉叶片，置人工气候室或温室白天40℃，16h光照；晚上30℃，8h黑暗，处理25～30d，促其长出嫩梢。江南夏季，玻璃温室内自然高温足以达到要求，只要稍做调整，就可以进行预热处理。

2. 试管砧木苗的准备

砧木种子可用枳橙、粗柠檬、酸橙或枳壳，以枳橙种子最好。鲜果经75%的乙醇消毒后，取出砧木种子，去内、外种皮，用0.5 %次氯酸钠溶液（加0.1 %吐温20）浸泡消毒10min。或用10%商品漂白粉稀释液消毒10min，用灭菌水洗3或4次，放入装有MS琼脂培养基的试管中，每管3粒，置27℃恒温下暗培养14d左右。

试管砧木苗种子以鲜果保存最好。例如，枳橙等难于保存鲜果的品种，可及时取出种子，用1% 8-羟基喹啉硫酸盐水溶液浸泡，晾干后置4℃下保存。

3. 茎尖消毒处理

采集经热处理促发的嫩梢茎尖，去叶片，取 1cm 左右的梢尖，置培养皿内用 0.25%次氯酸钠溶液（加 0.1%吐温 20）溶液消毒 5min，倒去消毒液，用灭菌水洗 3 或 4 次待用。

4. 茎尖嫁接

在超净工作台上，将砧木苗从试管中取出。切去一部分根、子叶、腋芽和上胚轴上端，留根约 4cm，上胚轴 2cm，在离上胚轴顶端约 0.5cm 处开“∠”形切口，即从离上胚轴顶端截面约 0.5cm 处向下缓斜一刀，深至木质部，斜面长约 2～3cm，再于斜口末端横切一刀。从侧旁用刀挑去切下部分。在体视显微镜下，从已消毒的嫩梢上切下 0.14～0.2mm 的茎尖，小心放置于“∠”形切口的水平面上，切面朝下与砧木苗的横切面紧贴。嫁接后轻轻放入装有 MS 液体培养基的试管中，MS 培养基用 25mm×150mm 试管分装，每管约 20mL，高压灭菌 20min。管内事先放入支撑苗的折叠滤纸，滤纸中央扎孔，以便砧木苗根插入。嫁接好的试管苗置光照培养箱或组织培养室 27℃下恒温培养。每天以 1000～1500 lx 光照 16h。

5. 二次嫁接

待茎尖嫁接苗培养 4～6 周，长出 2 或 3 片叶后，将茎尖苗从试管中取出，切除根部，留 1～1.5cm 的砧木苗上胚轴及茎尖芽，削去一边的皮层，贴接到 1～2 年生的枳橙或粗柠檬实生苗上，置阴凉处，用聚乙烯塑料袋套住保湿 7～10d 后，去塑料袋，移到温室培育，促使茎尖苗加速生长。

影响茎尖苗成活因素是多方面的。污染是影响茎尖苗成活的主要因素，通常碰到的污染有砧木苗污染，茎尖嫁接后 3～4d，MS 培养液长霉或变为混浊，污染试管中砧木茎干不能转绿，茎尖芽很快死亡。造成的原因大多是砧木种子带菌，有的甚至在茎尖嫁接前砧木苗已可看到明显的种子污染。为避免这种情况，最好的方法是从健康鲜果中取出砧木种子，经消毒后播种。经试验，种子消毒用 0.5%次氯酸钠外，0.1%升汞消毒 1～3min，效果也很好。剥出种皮后，用扩大镜检查，严格剔去有变色斑点和伤痕的种子，再消毒播种。

茎尖污染情况较少，但如在有大量蚜虫或木虱等害虫的植株上采嫩梢时，茎尖污染的可能性会大大增加。茎尖污染后，一般在嫁接后 3～4d 内茎尖即发黑死亡，用扩大镜可见到茎尖上有稀疏的菌丝。

操作污染来自各个方面：不净的刀具、体视显微镜、操作台面及空气都可能是污染源。所以，整个操作过程应在洁净房间的超净工作台上进行。操作前，房间经空气消毒，操作台面、体视显微镜均用棉花球蘸 75%乙醇清洁一遍。操作台上可垫放一叠经消毒的白纸，每做一株后揭去一张，嫁接刀也是每株一把，不重复使用，以免相互污染。

用适当浓度的激素处理嫩梢，对提高嫁接成活率有帮助。据华中农业大学实验，用 0.52mg/L BA 处理嫩梢 30min，再浸入 MS 培养液中待用，可减缓离体茎尖褐变，提高成活率。又据湖南农业大学试验，用1～2mg/L GA_3浸泡嫩梢30min，100mg/L的2,4-D处理10min，均能明显提高嫁接成活率。

6. 茎尖嫁接苗的检测

茎尖嫁接苗作无毒母本树，必须经指示植物鉴定证明其完全脱除了病毒才能取用。茎尖嫁接苗经二次嫁接，抽出1或2次梢并老熟后，即可取枝段或芽条嫁接于不同的指示植物上，进行裂皮病、黄龙病、碎叶病、衰退病鉴定，并设正、负对照，置防虫温室内培育观察。详细鉴定方法见第二章第四节指示植物鉴定法。

（四）柑橘良种无病毒繁育体系的建立

在发展柑橘商品化生产的过程中，主要应注意两大问题：一是商业品种良种化，二是商业苗木无毒化。20世纪50年代以来，世界各柑橘主产国，如美国、西班牙、巴西、澳大利亚等相继实施的品种改良计划，其实际内容是栽培良种无病毒苗的培育和推广。柑橘良种无毒化，已经成为柑橘栽培现代化的重要标志。

最早实施品种改良计划的是美国，其柑橘单位面积产量和20世纪50年代相比，增加了50%，究其原因是果园普遍栽种了无病毒苗木。美国加利福尼亚州的柑橘良种无病毒繁殖体系几经改进，到1977年定名为柑橘单株系保护计划，其实施的大体步骤如下。

（1）选择园艺性状优良的单株——原始母树。

（2）鉴定原始母树感染衰退病、苗黄病、鳞皮病、囊胶病、脉突病、碎叶病、裂皮病、木质陷孔病等病害的情况。同时，采接穗繁殖苗木。

（3）如果鉴定证明原始母树未受病毒病感染，所繁殖的苗木定植于基础果园和加利福尼亚大学网室保存。如果原始母树已受感染，则通过热处理消毒和茎尖嫁接脱毒后定植于基础果园和网室保存。

（4）在基础果园进行园艺性状鉴定，记录产量和果实大小，每年调查顽固病、品种纯正度和有无衰退树。在此基础上，由州农业部对5年生合格植株给予注册。并且每年对衰退病，每3年对裂皮病和每6年对鳞皮病进行再鉴定，淘汰病树。

（5）基础果园注册母树的芽条供繁殖采穗圃用，采穗圃苗木限用18个月。

（6）采穗圃芽条供注册苗圃繁殖生产果园用苗木。采穗圃的苗木亦用于定植生产果园。

（7）注册苗圃的苗木在生产果园定植后，经加利福尼亚州农业食品部种苗服务局鉴定、注册。

该体系可简略图示如图2-3。

上述美国加利福尼亚州的柑橘单株系保护计划为其他国家建立类似的计划提供了重要的经验。

和美国相比，西班牙柑橘品种改良计划“后来居上”。西班牙计划于1975年开始实施，1979向生产者提供第一批重要栽培品种的无病毒接穗；1982～1983年以来，全国13个苗圃所用的全部芽条都来自无病毒基础果园，建立了全国性柑橘良种无病毒繁育

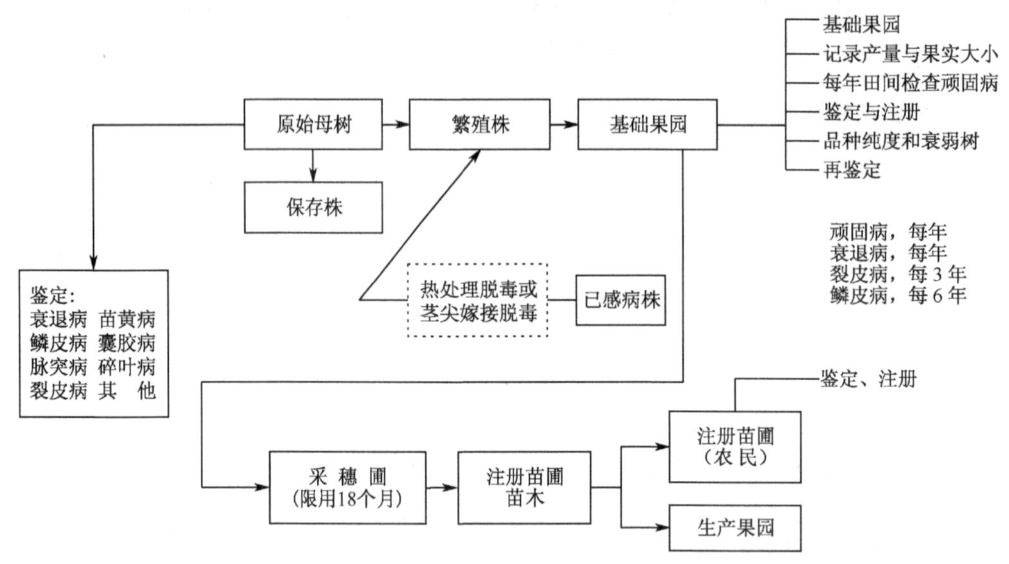

图 2-3 美国加利福尼亚州柑橘单株系保护计划示意图

体系，产量比实施前翻了一番，受到世界瞩目。

西班牙计划对原始选种母树感染衰退病、裂皮病等 10 种病毒类病害的情况进行鉴定。同时，从原始母树取接穗在温室内繁殖成苗，从繁殖苗上取茎尖嫁接，茎尖嫁接苗通过鉴定证明无病毒后再繁殖苗木，用于网室保存、田间定植和在健康成年树上高接，做园艺性状评价，在基础果园定植做母本树和定植于基础果园采穗圃。从基础果园的母本树和采穗圃采集接穗建立苗圃，或从基础果园的母本树和采穗圃采接穗建立采穗圃。从采穗圃采接穗繁殖定植果园用的注册苗木。该计划规定基础果园采穗圃第一年所采接穗可用于建立苗圃采穗圃，第二年采穗只能用于繁殖定植果园用苗木。苗圃采穗圃的使用期限亦为两年。该计划可简略图示如图 2-4。

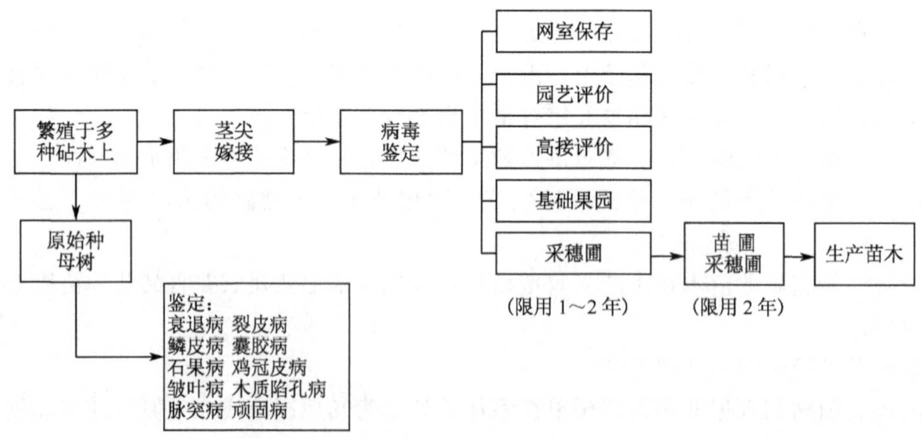

图 2-4 西班牙柑橘品种改良计划示意图

中国 20 世纪 70 年代以来，在广东、福建、广西等省（自治区）建立了一批无黄龙病、无溃疡病的无病苗圃，生产了大量无病苗木。

进入 20 世纪 80 年代以后，各地相继应用茎尖嫁接或热处理——茎尖嫁接技术开展了优良单株的脱毒工作。并从国外引进指示植物进行鉴定，获得了一批优良品种（单株）的无病毒后代。20 世纪 80 年代中期以后，四川、福建、湖南等省先后采用指示植物鉴定和茎尖嫁接脱毒技术，建立了全省性柑橘良种无病毒繁殖体系，取得重要进展。归纳目前我国各省建立的无病毒繁殖体系，大体包括以下几个重要环节：

（1）选择品种纯正的优良单株列入繁殖计划。

（2）鉴定入选优良单株感染病毒和类似病毒病害的情况，明确脱毒的主要对象。

（3）茎尖嫁接法或热处理——茎尖嫁接法脱毒，并利用指示植物鉴定茎尖嫁接苗的脱毒情况，选出优良单株的无病毒后代。

（4）保存无病毒苗优良单株，建立优良单株无毒母本园，对定植于无毒母本园的优良单株评价园艺性状，并定期进行病毒再鉴定，及时淘汰变异株和感病株。

（5）建立良种无病毒苗圃，繁殖无病毒苗。该体系见图 2-5。

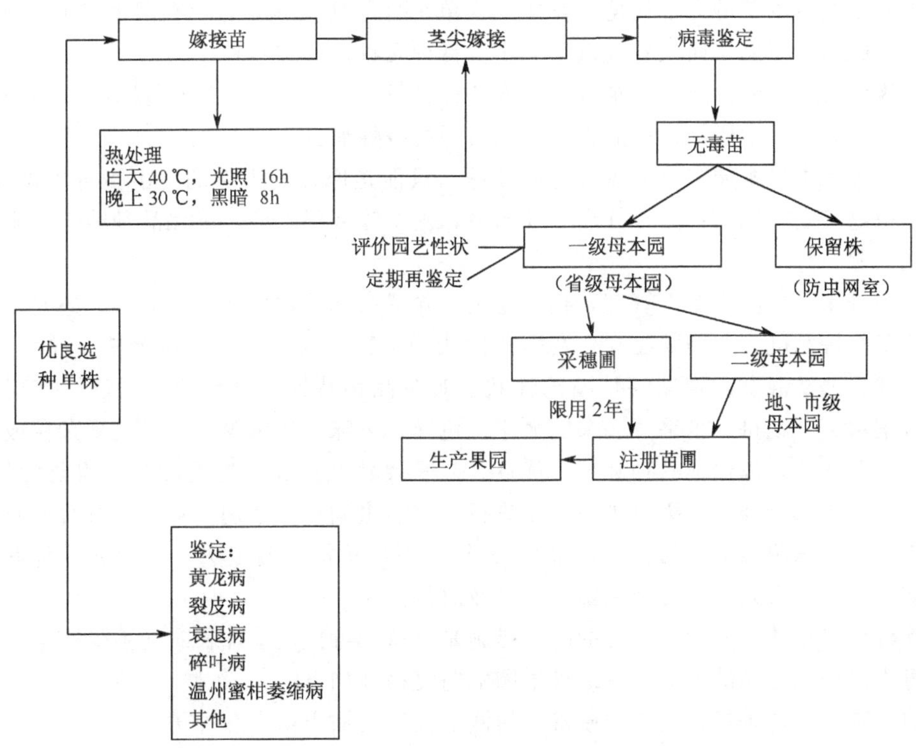

图 2-5　目前我国柑橘良种无病毒苗繁殖体系示意图

以上体系的实施是一项庞大的系统工程，需要各地农业行政、农业科研或高等院校、农业推广及生产单位的密切合作。根据目前在四川、福建、湖南等省实施的经验，整个实施工程最好由省农业行政主管部门牵头，组织有关单位协作，长远规划，统筹安排，分步实施。

体系中的第一项，即选择优良单株，十分重要，涉及全省柑橘发展规划及品种调整问题。所以，应由省农业行政、农业推广部门组织有关农业科研单位及高等院校充分考察论证，确定入选单株。

第 2 项和第 3 项，即鉴定入选单株携带病毒的情况和茎尖嫁接脱毒及脱毒苗的检测。前者是摸底的基础工作，后者是一项技术性强需要有一定设备才能完成的工作，这是整个系统的技术关键。所以，一般由有一定条件和技术力量的科研单位或高等院校承担。

第 4～6 项，即建立无毒苗母本园、采穗圃或二级母本园及无毒苗圃的工作。这是事关全省柑橘业发展的基本建设工作。所以，需要以农业行政及农业推广部门统一规划，组织有关专家具体设计，指导协助承担单位具体实施，保证规范化、标准化建园。

1～3 项前面已经介绍，下面简单介绍 4～6 项的具体工作，并侧重介绍预防感染，保证无毒的措施。

1. 一级无毒母本园的建立

一级无毒母本园又称省级无毒母本园。一般一个省只建立一个，是全省柑橘良种无毒苗、无病接穗及无病砧木种子的供应基地。定植全省脱毒的优良单株，负责供应全省采穗圃或二级母本园的无毒接穗，兼作观察单个株品质及园艺性状的评估果园。同时，建立一个砧木种子园，向全省提供培育柑橘良种无毒苗的砧木种子。

一级无毒母本园的选址要求自然隔离条件良好，周围 2 km 以上范围内无芸香科植物，气候适宜，土地肥沃，排灌方便，无柑橘检疫性病虫害。

在一级无毒母本园定植的脱毒优良单株，只能是原计划入选的，由指定单位脱毒，经指示植物鉴定证明不带病毒并出示证明书，由主管部门复核，确保品种纯正，来源清楚才能入园。

一级母本园要配备专人管理，相对稳定。除了高标准常规栽培管理外，还要建立完整的档案管理制度。一是要建立一套园艺性状的档案，入园后的优良单株要挂牌造册，详细记载，谨防混杂。定期评估园艺性状，观察品种特性，测量记载树高、茎粗、冠径、枝梢数、开花量、坐果数、果实大小、色泽、风味、产量等。一旦发现杂株或品种变异，立即淘汰，以保证品种纯正、优良。二是要建立一套病毒检测和病虫防治档案，除入园证明书入档外，一级母本园每年进行一次病虫调查，特别注意是否有脱毒对象的症状表现。根据脱毒对象的特点，每 2～3 年利用指示植物鉴定法，定期进行脱毒对象的检测，检测结果入档，发现感染病株，及时淘汰。

无毒优良单株入园后，良好的防疫措施是保持无毒优良单株长时间不受感染，尽量延长母本园使用寿命的关键。一级母本园的防疫措施如下：

（1）不准引进未经指定单位脱毒与检测的任何柑橘类苗木和种子。

（2）禁止携带未经消毒的任何柑橘类果实、果皮、种子、接穗芽条进入果园。

（3）本园工作人员入园前要用肥皂洗手，更换工作服及鞋子。母本园一般谢绝参观，外单位人员确因工作关系要进入果园，应穿备用工作服和鞋子，不允许接触苗木枝叶。

（4）母本园工具要新置专用，如进行修剪等农事操作，每株间要更换经 10%漂白粉液或 1%次氯酸钠溶液消毒过的工具。

（5）母本园周围挖隔离壕沟，并种植非芸香科带刺植物作围篱或修建围墙。

（6）严格防除柑橘木虱、橘蚜及脚腐病等病虫害。

（7）砧木母本园的种子应经 56℃热水消毒处理 10min 后播种，其他管理及防疫措施可参照一级母本园。

2. 无毒采穗圃或二级母本园的建立

无毒采穗圃主要是供应注册苗圃的无毒接穗芽条。省级采穗圃一般很难满足全省各地（市）、县苗圃的需要，因此，最好分地区或分区划片建立无毒采穗圃或二级无毒母本园。根据各地的气候特点、土壤条件及发展规划确定入园品种。培育出来的接穗芽条，首先要满足本地区各县苗圃的需要。采穗圃限用2年，地、市级采穗圃采穗后可经修整，培育成品种评估园。由于周期短、范围小，便于调整，可以适应商品市场的变化。

无毒采穗圃或二级母本园同样要求有良好的自然隔离和土壤条件，排灌方便。规模可依据各地需要而定，宜小不宜大，便于管理及更换。

采穗圃或二级母本园所用的砧木苗，一定要用无毒砧木园的种子，经56℃热水消毒处理50min后，在隔离条件下培育出来。

入圃、入园苗木或接穗芽条，必须两证齐全，即优质、无毒两证。优质指品种纯正，来源清楚，确系计划入圃的优良品种，接穗健壮，苗木上乘。无毒指入圃或入园的苗木是指定单位已脱毒、检测证明不带毒的茎尖苗，或是指定单位或省级母本园温室内繁殖的无毒茎尖嫁接苗。接穗芽条还要经下列程序消毒处理后方能嫁接。

（1）用放大镜逐条检查芽条，淘汰带病虫（卵）接穗。

（2）将接穗浸在1%洗衣粉中，用软毛刷顺生长点方向逐条洗刷干净，然后用清水冲洗，以去掉附着在接穗表面的虫体、虫卵和病菌。

（3）用50%多菌灵800倍液或其他杀菌剂浸30min，取出，清水冲洗。

（4）1000单位的四环素液浸2h。

（5）700单位硫酸链霉素液加1%乙醇浸30min。取出，清水冲洗，晾干水分，方可嫁接。

采穗圃或二级母本园也应专人管理，对号挂牌，登记造册。采穗时要对号采穗，按品种打捆，做好标签，标明品种、数量，以防混杂，并及时登记芽条的去向，以备查对。

采穗圃或二级母本园的防疫措施应同一级母本园一样，并特别注意嫁接工具和采穗工具的消毒，嫁接时每接一株应更换一把消毒接刀，采穗时每采完一株应更换一把消毒剪刀。

3. 注册苗圃的建立

注册苗圃是指柑橘良种无毒苗的繁育苗圃，是柑橘良种无病毒繁育体系中最后一个重要环节。注册苗圃出圃的合格苗木，是柑橘生产逐步实现良种化、标准化、无毒化的基础。因此，要求苗圃建立一套完整的工作制度和防疫措施，千方百计地排除人为污染和混杂，培育壮苗。

注册苗圃要求所在地无柑橘检疫性病虫害和危险性病虫害，自然隔离条件良好，周围1 km范围内无芸香科植物。地势平坦，土壤疏松，排灌方便，交通便利。

注册苗圃所用的砧木种子，必须采自无病砧木母本园。如果砧木母本园种子不够，需外购种子，则一定要经过热处理消毒才能播种。可将砧木种子装在纱布袋中，每袋装7～8成满，用保温桶作容器盛热水，把保温桶内的水温调到55～57℃（不能超过57℃）。先把袋装种子在50～52℃温水中预热5min，然后移入保温桶热水中，稍加搅动，使水温保持56℃，每隔10min测定一次水温，低于55℃时，加热水使水温回升到56℃。如此保持恒温56℃，处理50min，取出清水冷却，摊开，晾干，即可播种。

砧木苗出土后，要注意施肥、灌水、治虫、除草，适时移栽。移栽采用宽窄行，宽行40cm，窄行25cm，株距4cm。栽后加强管理，注意防旱。

注册苗圃的接穗必须来自无病采穗圃或二级母本园。采穗前如遇干旱，要提前2～3d对母树灌水，保证母本树枝条含水量足，便于削芽嫁接，提高成活率。一天中以上午8～10时剪取接穗为好，接穗采下后及时除叶，嫁接前按接穗芽条消毒处理程序，严格消毒后方可嫁接。嫁接时，操作人员先用肥皂洗手，所用嫁接工具用10%漂白粉液消毒，每嫁接一枝芽条应换用一把消毒芽接刀。嫁接部位高25cm。

注册苗圃要专人管理，品种要分厢挂牌，详细注明品种、砧木名称、接穗来源、嫁接时间、登记造册。嫁接后细心管理，及时除萌、疏芽。首先留一个主枝生长，其他萌芽、侧枝一律抹掉。到苗高55～60cm时，摘顶整形，留3或4个芽生长，形成分枝幼苗。

严格执行防御措施，注册苗圃的检疫措施应参照一级母本园的防疫措施执行，并由专职植检人员会同有关单位技术人员在苗木夏、秋梢转绿后和出圃前进行产地检疫。记录检查结果，载入苗圃档案卡。

当苗木达到出圃标准时，由植保部门进行产地检疫，并认真查阅无病毒苗木生产繁育全过程的技术档案，验证脱毒合乎要求后，签发产地检验证；再由农业主管部门检疫苗木合格，核实品种来源清楚，签发合格证。只有具备以上两证，方可放行出圃。

（五）柑橘病毒类病害的检测技术

病害检测的目的在于识别病害和确定植株受感染的情况。培育柑橘无病毒苗木，首先要明确入选优良单株是否受到感染病毒类病害，经脱毒处理后，要确定入选优良单株是否完全恢复到无病状态，都必须经过检测鉴定，检测的方法有指示植物鉴定、血清学鉴定、生化检测、电子显微镜观察鉴定及病原物分离培养鉴定等。

1. 指示植物鉴定法

寄主植物受病原物侵染后，如果表现的症状明显而又稳定，具有特征性，这种寄主植物就是指示植物，即寄主自身对病原物的侵染很敏感，这种情况可称为“自我鉴定”。柑橘病毒类病害有的在田间病株上表现许多特征性症状，可作为诊断某种病害的依据之一（表2-4）。当寄主植物的症状缺乏特征性；或耐病的寄主植物受感染后，缺乏明显症状；或一种寄主植物受两种以上病原物复合侵染，所显症状复杂，则有必要另选对病原物敏感的指示植物来鉴定。指示植物鉴定是采用嫁接、昆虫媒介、汁液摩擦及菟丝子桥连等方法，将病原物由原寄主植物传递到敏感的寄主植物（指示植物）上，根据其特征性的症状反应来检测植株受某种病原物的感染。

自从20世纪40年代开始利用甜橙实生苗鉴定鳞皮病以来，指示植物鉴定一直是柑橘病毒类病害常用的鉴定方法。在各国柑橘良种无病毒繁殖计划中，指示植物鉴定也一直是主要的鉴定方法。在指示植物鉴定中，最重要的是选用敏感的表现特征性症状的寄主作指示作物。表2-4是适合于鉴定柑橘病毒类病原物的常用指示植物。

表2-4 应用指示植物鉴定柑橘病毒病的标准参数

病害	致死植物种类（品种）	鉴别症状	适于发病的温度/℃	鉴定一植株所需指示植物株数
裂皮病	Etrog 香橼亚利桑那861或861-S-1选系	嫩叶严重向后卷	27～40	5
碎叶病	Rusk 枳橙	叶部黄斑、叶缘缺损	18～26	5
黄龙病	椪柑或甜橙	叶片斑驳型黄化	27～32	10
柚矮化病	凤凰柚	茎木质部严重陷点	18～26	5
甜橙茎陷点病	Madam Vinous 甜橙	茎木质部严重陷点	18～26	5
温州蜜柑萎缩病	白芝麻	叶部枯斑	18～26	10
鳞皮病	凤梨甜橙、Madam Vinous 甜橙、Dweet 甜橙	叶脉斑纹，有时春季嫩梢迅速枯萎（休克）	18～26	5
顽固病	Madam Vinous 甜橙	新叶小，叶尖黄化	27～38	10
木质陷孔病	用快速生长的砧木嫁接的Parson	嫁接口和第一次重剪后分枝处充胶	27～40	5
石果病	Dweet 甜橙、凤梨甜橙、Madam Vinous 甜橙	橡叶症	18～26	5
来檬丛枝病	墨西哥来檬	芽异常萌发引起的枝叶丛生	27～32	10
杂色褪绿病	伏令夏橙、哈姆林甜橙	叶正面褪绿斑，相应反面褐色胶斑	27～32	10

指示植物一般用1～2年生实生苗，特殊的选系需用接穗繁殖作指示植物。例如，鉴定柑橘裂皮病、木质陷孔病和类似裂皮病的柑橘类病毒的香橼，嫁接的砧木最好选用生长快又抗脚腐病的粗柠檬。一个检测对象所用的指示植物一般为5～10株，对传病率不高的病害，要适量增加。进行大量鉴定，且指示植物不足的情况下，可试用指示植物芽嫁接在被鉴定的植株上。

木本指示植物的接种一般用嫁接接种，接种材料可用芽、枝段、枝皮、叶脉和叶碎片等。其中以芽和枝段为优，草本指示植物用汁液摩擦接种。

每次鉴定实验，以嫁接含已知病原物的材料为正对照，证明指示植物所处环境可诱发病害，决定终止时间和鉴定是否有效。以不接种为负对照，排去其他原因引起的可疑症状。

由于指示植物生长需要隔离，症状的显现需要有一定的温度，所以鉴定工作最好在可控温度的防虫温室中进行。若在网室中，则要根据不同病害在不同季节中进行。在鉴定过程中，加强肥水管理，促使指示植物生长良好，是诱发病害的重要条件。严格消毒，及时喷施农药，防止脚腐病、潜叶蛾及螨类等病虫害发生，也是保证鉴定工作顺利进行所必需的。此外，指示植物的症状表现有的是分阶段的，因此，必须定期观察指示植物的症状反应。

2. 血清学方法检测

应用血清学方法检测，特别是用酶联免疫吸附法（ELISA）大量检测某些病原物，是近年内微生物检测最令人鼓舞的进展之一。这种方法检测柑橘病毒类病原物高效、快速、灵敏，深受人们的欢迎。目前，普遍应用A蛋白酶联免疫吸附法，检测温州蜜柑萎缩病；应用直接斑点免疫法，检测柚矮化病和甜橙茎陷点病；应用双抗体夹心酶联免疫吸附法，检测碎叶病。这些充分显示了其优越性，但在进行无毒苗鉴定时，要严格检测病原物是否存在，不能单用ELISA取代指示植物鉴定。

3. 分子生物学技术

分子生物学技术如聚合酶链反应（PCR）技术已成为检测柑橘病毒类病害的成熟技术。目前应用PCR检测柑橘黄龙病；反转录聚合酶链反应（RT-PCR）检测柑橘裂皮病；半巢式反转录聚合酶链反应（semi-nested RT-PCR）检测碎叶病，已成为常规手段，该技术方便、快捷，深受人们青睐。

4. 双向聚丙烯酰胺凝胶电泳技术

主要用于检测裂皮病等柑橘类病毒病，该方法是依据类病毒分子特异性的构象及其所具有的热力学特征和它的电泳迁移率而设计的。类病毒是一种单链共价闭合环状分子，在天然状态下为伸长的棒状发夹结构，在变性过程中变成松开的环状分子。两种构型在电泳中的迁移率相差甚大。在第一向不变性电泳中，类病毒分子与寄主核酸分子基本上按分子大小在电泳中分开。第二向在变性条件下，类病毒形成的环状分子比相近分子质量的线状分子的电泳迁移率要慢得多，利用这一特征可以将类病毒与寄主核酸区别开来，从而使类病毒检测能够在常规条件下进行，较之指示植物鉴定法则快速得多。

5. 其他检测方法

电子显微镜观察主要是用来直接观察寄主体内有无病原物存在及病原物的形态，据此来鉴定柑橘病毒病、黄龙病及植原体病害。

病原物的分离培养鉴定仅适用于柑橘顽固病鉴定。已能培养顽固病的病原物*Spiroplasma citus*。电子显微镜观察法作为这个病害的主要鉴定方法，也是目前柑橘病毒类病害鉴定中仅此一例的可以用实验方法取代指示植物的鉴定。

迄今为止，在大多数柑橘病毒类病害的鉴定中，指示植物鉴定仍然是主要的方法。即使是发展了其他可靠的鉴定方法，指示植物鉴定也将是对其他方法的一个有价值的补充，特别是进行柑橘无毒苗鉴定时更是如此。

（六）柑橘病毒类病虫害检测实例

1. 柑橘黄龙病的检测

1）田间症状诊断

黄龙病株在果园具有明显的特征，所以，根据田间症状可以诊断黄龙病。“黄梢”和“斑驳”是田间识别黄龙病的主要依据，再结合调查虫媒的存在，即有可靠的诊断性，如遇到果园管理不善、营养不良等因素干扰，田间症状掌握不准，一时无法准确判断时，可将怀疑株重修剪，并加强肥水，注意防治红蜘蛛、潜叶蛾等害虫，促发新梢。如果是黄龙病，这种新梢往往表现明显的症状。

2）指示植物鉴定

（1）指示植物的准备：选用椪柑、甜橙作指示植物，种子经 54℃温水处理 50min 后，在防虫条件下培育出实生苗。

（2）接种方法：每一指示植物实生苗侧接两个鉴定对象芽条或贴接一个长 8～10cm，含 3 或 4 个芽的多芽枝段，然后用聚乙烯带扎紧，多芽枝段嫁接的加套塑料袋，以防过度蒸发，影响成活。每一鉴定对象接 10 株指示植物。同时每批鉴定，将已知带有黄龙病病原的芽条接 5 株指示植物作正对照，设不接指示植物的实生苗作负对照。

（3）指示植物的管理：接种后的指示植物置防虫温、网室内培育，温度以 27～32℃为宜。多芽枝段接种 10～15d 后解开塑料袋下端，约 1 个月后去袋松扎带看植株是否成活，发现未成活株及时补接。如果检测对象的芽萌发，应立即去萌，指示植物要保证生长健康、旺盛，无缺素及缺肥症状，病虫为害状，以免干扰症状的充分表现。

（4）观察结果：正常情况下，8～12 周后即可表现症状。每一鉴定对象只要有一株指示植物症状，则表明该鉴定对象为病株或带病苗。但负对照必须无症状。

由于柑橘大多数品种对黄龙病病原物敏感，所以，在无毒苗的培育过程中，可将检测对象在防虫温室、网室中观察 2 年以上，即“自我检测”，可作检测的补充依据之一。

3）利用聚合酶链反应（PCR）技术检测柑橘黄龙病病原细菌

参见第五章。

4）电子显微镜观察病原物

从待测样品上切取叶片的叶脉，切成 1～3mm 的小段按常规方法用戊二醛和锇酸溶液双固定，系列乙醇和烷氧丙烷脱水，环氧树脂 Epon-812 渗透和包埋，超薄切片机切片，铀盐和铅盐双染色后，在电镜下观察韧皮部筛管细胞内的病原物。

2. 衰退病的检测

1）田间症状诊断

柚矮化病小枝木质部陷点严重，春梢短，叶片扭曲；甜橙茎陷点病小枝木质部陷点严重，小枝基部易折裂，叶片主脉黄化，果实变小。葡萄柚、橘柚、莱檬、甜橙等品种的树干和枝条上可以看到茎陷点；但衰退病的田间症状不十分稳定，并且许多柑橘类品系是耐病的，不表现明显症状，所以必须经过检测。

2）指示植物鉴定

（1）指示植物的准备：检测衰退病的普通株系用墨西哥莱檬实生苗，衰退病苗黄株系用酸橙、葡萄柚实生苗，甜橙茎陷点病用 Madam Vinous 甜橙，柚矮化病用凤凰柚。

（2）接种方法：接种用的芽条要从鉴定树的 4 个方向采集，对于重要的采穗母本树和无毒母本树的常规再鉴定，最好要从每个植株的 8 个方向采集芽条。在每株指示植物的下部（离地面 5～10cm）接种 2 个芽，每一样品至少接种 5 株，负对照不接种。设正对照 2～4 株。

（3）指示植物的管理：指示植物自始至终严格在防虫条件下管理，接种后 2～3 周去包扎，并观察接芽是否成活，若两芽均未成活，应即使补接。接种芽全部成活时将实生苗打顶。墨西哥莱檬实生苗的新抽侧梢应留 3 枝，或在 8 周内勿打侧枝，目的是留下大量叶，以供后来检查茎陷点，鉴定苗黄用的酸橙、葡萄柚实生苗，可育成单枝。

（4）观察结果：在最适温度下，即白天 18～26℃，夜间 17～21℃时，接种 5 周后可表现叶部症状，8～9 周后可表现苗黄症状，16 周或 17 周可表现茎陷点。

大多数衰退病株系在墨西哥莱檬上的特征性症状是叶脉间断性半透明。若温室阳光不足，对叶脉症状表现有影响。强株系可诱发墨西哥莱檬或葡萄柚叶脉木栓化。8 周后用剥皮的方法可观察到茎陷点，茎陷点常与叶片脉明相伴随，检查茎陷点最好的时期是接种 4～6 个月后，当条件不适于叶症状表现时，茎陷点是观察结果的有力证据。茎陷点株系在甜橙上无黄化反应，但有严重陷点，因此，鉴定植株应保留约 1m 高才收枝调查。

3）血清学方法检测

衰退病毒经提纯可用于制备抗血清和单克隆抗体，应用 ELISA 及单克隆抗体检测衰退病毒已形成了一套成熟的技术，将这套技术用于田间调查和大量检测，可很快得到结果。ELISA 检测技术发展很快，测定方法也很多。目前，应用广泛的是双抗体夹心法（DAS-ELISA）。该方法中的多数试剂已有标准的商品市售。目前，检测柚矮化病和甜橙茎陷点病最快速、简便的血清学方法是直接斑点免疫法。

4）应用反转录聚合酶链反应（RT-PCR）方法检测

5）电子显微镜观察

病组织汁液或病毒提纯液直接用浸沾法制备铜网，2 %磷钨酸负染后在电镜下观察病毒粒体的存在，这是检查和诊断的最快方法。但要注意一个问题，即没看到病毒颗粒并不等于该植株不带病毒，因为取样的局限性永远反映不了植株整体。

3. 裂皮病的检测

1）田间症状诊断

以枳、枳橙和兰普莱檬作砧木的柑橘树，明显的症状是砧木树皮表现不同的鳞片状开裂，有的裂皮下还产生流胶，重者裂皮可延伸到根部，使皮层剥落，黑根外露。地上部表现不同程度矮化、衰弱。

2）指示植物鉴定

（1）指示植物的准备：选用敏感的 Etrog 香橼系 Arizona-861 或 Arizona-861-S-1 作指示植物，芽接在粗柠檬或沃尔卡默柠檬上或切接繁殖。Arizona-861-S-1 可鉴定在香橼上反应较弱的柑橘类病毒，每容器 1 株，分单株培育。

（2）接种方法：从鉴定树的 4 方或 8 方取芽条，对基础果园作定期再鉴定时，还要着重取可能经带病工具机械污染部位的芽条。每株指示植物接芽 2 个，或将指示植物芽接在离土表 25cm 处的粗柠檬实生苗上，用塑料袋包扎，露出芽眼，或完全封闭，2～3 周后再松绑，同时在香橼芽以下部位接两个鉴定对象的芽，全包扎。粗柠檬实生苗在香橼芽接位以上弯曲，将顶捆在植物基部，以促香橼萌发。也可将粗柠檬实生苗在高 25cm 处切顶，将香橼芽嵌入顶部切口，包扎，后在下部接两个鉴定对象芽。香橼和粗柠檬的亲和性极好，接种时去顶利于香橼芽萌发。每一鉴定材料接种 5 株指示植物，每次鉴定设 4 株正对照，留 4 株不接种鉴定对象芽作负对照。裂皮病类病毒易经嫁接工具等接触传染。故检测中每接种一株指示植物或取一株的芽条，工具都需经 1%次氯酸钠溶液浸泡消毒。

（3）指示植物的管理：接种 2～3 周后应松包扎检查成活，松包扎用的刀片每株用后经 1%次氯酸钠溶液消毒。发现两个鉴定对象或香橼芽未接活则要另换新株补接。指示植物要放在白天 27～40℃，晚上 27～30℃条件下培育。温度低不表现症状，温度高，如超过 40℃，则叶畸形变小。

（4）结果观察：在温暖条件下，香橼生长良好，裂皮病的强株系 4～10 周即可表现症状。在香橼上的典型症状是嫩叶中脉抽缩，叶片后仰卷曲，老叶反面叶脉呈黑褐色坏死或开裂。当多数正对照表现清楚而肯定的症状时，鉴定即可终止。如单枝植株生长 1m 以上而轻株系正对照的叶仍无反应，应将所有植株重剪，温室中温度升高，促发新枝芽，观察新梢症状，直到表现明显症状。

3）双向聚丙烯酰胺凝胶电泳检测

双向聚丙烯酰胺凝胶电泳技术与指示植物鉴定相结合的方法已广泛用于柑橘类病毒的检测，大体程序分以下几步。

（1）样品的提取：取冰冻新鲜病叶，加提取缓冲液（90mmol/L Tris 、90mmol/L 硼酸、5mmol/L Na_2EDTA、0.2mol/L NaCl 、1%SDS、1%Na_2SO_3、1%二乙基二硫代氨基甲酸钠）和等量的水饱和酚（内含 1% 8-羟基喹啉）捣碎抽离，离心。取水相再加等量水饱和酚和氯仿充分振荡抽提，离心。水相再加冷乙醇（－20℃）沉淀，再真空干燥，样品溶于含指示剂的缓冲液中（内含30%甘油，0.02%溴酚蓝，0.04%二甲苯蓝的电泳缓冲液），上电泳。

（2）双向电泳：第一向为不变性电泳，电泳条件是5%丙烯酰胺，0.17%双丙烯酰胺。电泳缓冲液TBE缓冲液（90mmol/L Tris、90mmol/L 硼酸、5mmol/L Na_2EDTA），pH8.3。在电压220V、电流30mA下电泳1～1.5h，以溴酚蓝移至凝胶底部，二甲苯蓝走至胶中部结束。

第二向为变性电泳，凝胶浓度与电泳缓冲液同第一向，但在胶中增加8K脲，电泳温度提高到55℃为变性条件。第一向为电泳结束后，沿二甲苯蓝位置横向切下约1.5cm宽的胶带，平移到胶底部，上面灌变性胶，提高温度进行电泳，时间为2.5～3h，待二甲苯蓝移至离顶端2cm处停止电泳。

（3）银染色：用9%乙醇、0.5%乙酸溶液振荡20min，移至0.19%$AgNO_3$溶液中振荡30min染色，再用蒸馏水漂洗4次，每次15min，然后放在100mg/L $NaBH_4$中，甲醛4mL的0.4mol/L NaOH溶液中振荡10～15min显影，再在0.75%NaS_2CO_3中浸泡1h增色。

4）应用RT-PCR技术检测

参见第五章。

4. 碎叶病的检测

1）木本指示植物鉴定

（1）指示植物的准备：常用的木本指示植物有腊斯克枳橙、特洛亚枳橙、卡里佐枳橙及厚皮莱檬，其中以腊斯克枳橙显症快而明显，为最好的指示植物。指示植物育成实生苗或嫁接苗均可，培育实生苗则每盆育3株。

（2）接种方法：实生苗每株接两个芽，每盆接2株，留1株作负对照。若将指示植物芽与鉴定对象芽同时接在枸头橙或枳橙砧木实生苗上，指示植物要单芽接在上方，鉴定对象芽接在下面。并将砧木实生苗指示植物芽以上弯曲，以促指示植物芽萌发。每鉴定样品至少接种5株，正对照接种4株，实生苗每盆接2株，留下1株作负对照。碎叶病毒易经接触传毒，所以，每接一个鉴定材料，刀片要经1%次氯酸钠消毒。

（3）指示植物的管理：接种后2～3周松包扎，检查是否成活，若两个鉴定芽都未接活，要补接。当指示植物长到1～2cm时，应剪去砧木顶梢，以促指示植物生长。碎叶病毒是一种低温性病毒，温度高隐症，所以，接种后指示植物应保持白天18～26℃，夜间18～21℃的温度下培育。

（4）观察结果：只要条件适宜腊斯枳橙只要6～9周时间就可显症。腊斯克枳橙上的典型症状是叶片上出现黄色半透明的斑点，圆形或不规则形，叶缘缺损、扭曲、畸形。

2）草本指示植物鉴定

（1）指示植物的准备：豇豆、美丽菜豆及昆诺藜都是较好的草本指示植物。豇豆、菜豆播种 8～12d 后就可用来接种。

（2）接种方法：取病株嫩叶组织用冷却的 0.05mol/L 中性磷酸钾缓冲液按 0.1g 嫩叶加 1mL 缓冲液的比例在冷研钵中研磨。在指示植物叶片上撒上 500 目金刚砂，用棉签或手指蘸取研磨液接种初生叶片。接种后，叶片用自来水冲洗，在 18～26℃下培育。

（3）观察结果：接种 4～6d 后即可显症。豇豆、菜豆初生叶上发现红褐色坏死症状。有时豇豆次生叶也表现花叶症状。在昆诺藜上的症状是接种叶上局部褪绿斑和系统斑驳或花叶。草本植物鉴定可作为木本指示植物鉴定的一个补充依据。

3）血清学方法检测

DAS-ELISA 方法，已是柑橘碎叶病成熟的检测方法。

4）利用半巢式 RT-PCR 检测

参见第五章。

第三章　重组 DNA 技术在植物保护上的应用

重组 DNA 技术已经广泛应用于植物抗病、抗虫、抗除草剂的育种中。

第一节　重组 DNA 技术

重组 DNA 技术（recombinant DNA technique）也称为基因克隆（gene cloning）或分子克隆（molecular cloning），是将感兴趣的 DNA 片段连接在载体 DNA 上，导入受体细胞，通过受体细胞的繁殖而扩增感兴趣的 DNA 片段的技术。

克隆（clone）是指来自同一母本（DNA 分子、细胞或生物个体）的副本或拷贝的集合。

克隆化（cloning）是指从同一母本获取副本或拷贝的过程，即无性繁殖。

在基因克隆中需要使用工具菌、工具酶和载体。

一、工　具　菌

所谓工具菌也就是在重组 DNA 技术中作为载体的宿主菌，作为工具菌必须具备 6 个基本要求：一是能够高效吸收外源 DNA；二是具有使外源 DNA 进行高效复制的酶系统；三是不具有限制修饰酶系统，以免降解导入的载体分子及其载入的异源 DNA；四是重组缺陷型（$RecA^-$），与克隆载体 DNA 之间不发生同源重组；五是便于进行基因操作和筛选；六是具有安全性，对人、畜、农作物应该无害或无致病性等。

由于原核生物的大肠杆菌及真核生物的酿酒酵母具有一些突出优点，如生长迅速、极易培养、能在廉价培养基中生长、遗传学及分子生物学背景十分清楚、大肠杆菌基因中没有含内含子等，因此已成为重要的克隆载体宿主。

（一）大肠杆菌工具菌系及 *lac* 操作元

1. 大肠杆菌

大肠杆菌（*Escherichia coli*）是一种在人和温血动物肠道内常见的细菌，属于肠杆菌科埃希氏菌属，革兰氏阴性，长 2.5μm。基因组大小为 4639.221kb，至少 4000 个基因。大多数大肠杆菌菌株无害。大肠杆菌之所以被用作重组 DNA 技术的工具菌，是因为它繁殖速度快，而且是一些很有用的质粒和噬菌体的宿主。

2. 大肠杆菌工具菌系

作为工具菌的大肠杆菌菌系，除了要满足工具菌的基本要求，如易于接受外来质粒和噬菌体等外，还应考虑一些特殊情况。例如，用单链雄性专化的噬菌体载体

M13mp18 作为克隆载体时，应选择含有 F 因子的雄性大肠杆菌菌系作为工具菌。若载体上有氨苄青霉素抗性基因，则应选用对氨苄青霉素敏感的菌系；若载体具有 β-半乳糖苷酶 α-肽的编码序列（*lac* Z 5′ 端序列），那么应选用缺失这段编码序列的突变株。

使用最频繁的大肠杆菌工具菌系是 DH5α，是一个对氨苄青霉素敏感、*lac* Z 5′ 端序列缺失的菌系，可用作基因克隆和表达载体的宿主。其次是对 λ 噬菌体敏感的 K802（EMBL3 SP6/T7 载体的宿主菌）、K803、BB4、C600、C600 Hfl、Y1090r⁻、XL1-Blue 等菌株，用作基因组文库的宿主。另一个在植物转基因上使用的大肠杆菌工具菌系是 HB101，其中含有根癌土壤杆菌的帮助质粒 pRK2013。

3. 大肠杆菌 *lac* 操作元及其调节系统

操作元是一簇细菌基因及其附近控制其转录的启动子。

lac Z 基因 5′ 端序列缺失是筛选重组载体的一个十分有用的标记，很多载体包括后面要介绍的人工染色体都加入了这个标记。要了解这个标记的作用原理，就必须了解大肠杆菌 *lac* 操作元（*lac* operon）（图 3-1）。

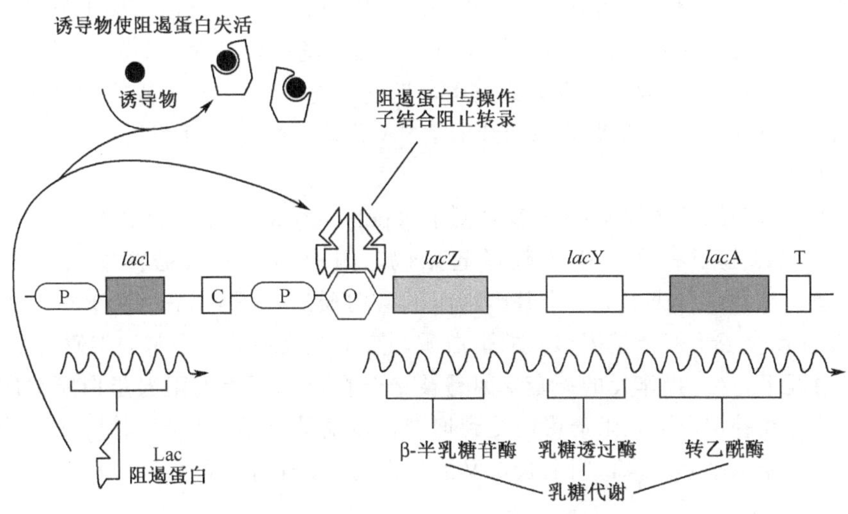

图 3-1　大肠杆菌乳糖操作元的工作示意图

操作元是一簇细菌基因及其附近控制其转录的启动子。一个操作元的转录产物只有一条 mRNA 分子，以此为模板翻译出一种以上的蛋白质。

lac 操作元按 5′→3′ 方向依次为启动子（promoter，P）、一个转录控制开关即操作子（operator，O），以及由 *lac* Z、*lac* Y 和 *lac* A 这三个结构基因（structural genes）组成的结构基因群和终止子（terminator，T）。*lac* 操作元的上游有一个负调节基因 *lac* Ⅰ及其启动子，*lac* Ⅰ表达的 Lac 阻遏蛋白与操作子结合就会关闭转录。编码这个阻遏蛋白的基因离 *lac* 操作元近，两者之间还有一个代谢物应激蛋白（catabolite activator protein，CAP）结合位点（C）。*lac* 操作元诱导物如 IPTG 与 lac 阻遏蛋白结合即可使其失活，导致操作元的转录阻遏解除。

启动子是指能被 RNA 聚合酶识别、结合并启动基因转录的一段 DNA 序列。细菌的启动子一般在第一个结构基因 5′侧上游，控制整个结构基因群的转录。在转录起始点上游第 10 个碱基（−10 bp）处有一组共有序列“TATAAT”，因为这段共有序列是 Pribnow 首先发现的，故称为 Pribnow 盒（Pribnow box），也叫“TATA box”；在 −35 bp 处又有一组共有序列“TTGACA”。

操作子是指能被调控蛋白特异性结合的一段 DNA 序列，操作子常与启动子邻近或与启动子序列重叠，当调控蛋白结合在操纵子序列上，会影响其下游基因转录的强弱。*lac* 操作元的操作子序列位于启动子与被调控的基因之间，其部分序列与启动子序列重叠。

结构基因 *lac Z* 基因长 3510 bp，编码 1170 个氨基酸、相对分子质量为 135 000 的多肽，以四聚体形式形成有活性的 β-半乳糖苷酶，催化乳糖转变为别构乳糖（allolactose），再分解为半乳糖和葡萄糖；结构基因 *lac Y* 长 780 bp，编码 260 个氨基酸、相对分子质量为 30 000 的乳糖透过酶，促使环境中的乳糖进入细菌；结构基因 *lac A* 长 825 bp，编码 275 个氨基酸、相对分子质量为 32 000、形成二聚体形式的转乙酰基酶，催化半乳糖的乙酰化。

终止子是给予 RNA 聚合酶转录终止信号的 DNA 序列。在一个操纵元中至少在结构基因群最后一个基因的后面有一个终止子。不依赖 ρ 因子（蛋白质终止因子）的终止子在序列上有一段富含 GC 的反向重复序列，其后跟随一段富含 AT 的序列，因而转录生成的 mRNA 的序列中能形成发夹式结构，后继一连串 U，RNA 聚合酶转录生成的这段 mRNA 的结构阻止 RNA 聚合酶继续沿 DNA 移动，并使聚合酶从 DNA 链上脱落下来，终止转录。

结构基因群转录的产物是一条多顺反子（polycistron）的 mRNA 链，上一个基因的翻译终止码靠近下一个基因的翻译起始码，因而同一个核糖体能沿此多顺反子 mRNA移动，在翻译合成了上一个基因编码的蛋白质后，不从 mRNA 上掉下来而继续沿 mRNA 移动合成下一个基因编码的蛋白质，直至合成最后一个基因编码的蛋白质。

正常情况下，*lac* 操作元的一套基因是被结合在启动子上的阻遏蛋白所关闭的。不过，在乳糖存在的情况下，阻遏蛋白受到抑制，转录受诱导，β-半乳糖苷酶就能够代谢乳糖。一旦乳糖水平降下来，阻遏蛋白又能再次与 *lac* 操作元的启动子区结合，关闭这些基因。

调控基因是编码能与操纵序列结合的调控蛋白的基因。与操纵子结合后能减弱或阻止结构基因转录的调控蛋白称为阻遏蛋白（repressive protein），其调控方式称为负向调控（negative regulation）；与操纵子结合后能增强或起动结构基因转录的调控蛋白称为激活蛋白（activating protein），调控方式称为正向调控（positive regulation）。

Lac 阻遏蛋白是一种相对分子质量为 38 000 的蛋白质，作为一种四聚体（两个二聚体）与 *lac* 操作元位点结合，通过干扰 RNA 聚合酶与 *lac* 启动子的结合来影响转录表达。

另一方面，*lac* 操作元也受到一种称为代谢物应激蛋白（CAP）的调节。当细菌中葡萄糖代谢物浓度高时，会抑制环式 AMP（cAMP）的形成，这种现象叫代谢物阻遏（catabolite repression）。而当葡萄糖浓度降下来之后，就会形成大量的 cAMP，cAMP 与 CAP 结合，CAP 被活化，与 *lac* 操作元上游的 CAP 结合位点结合，活化转录。

在 DNA 重组技术中 *lac* 操作元是一个十分有用的系统。理由有二：①*lac* 操作元的转录调节是十分严格的，可作为基因表达系统；②β-半乳糖苷酶能催化特定底物水解生成蓝色产物，在分子遗传研究中提供了一个方便的酶标。β-半乳糖苷酶的酶学功能可由两个多肽片段重建。一个是 N 端（α），另一个是 C 端（ω），这两个蛋白亚片段本身无功能，组合在一起时具有完整的β-半乳糖苷酶活性，这种酶学功能的重建叫 α 互补。这个互补系统用来监测质粒上有无插入序列。

（二）酵母菌及其工具菌系

1. 酵母菌

酵母菌是真菌界子囊菌门的一类真核菌。一般是单细胞，呈卵圆形、圆形、圆柱形或柠檬形。菌落形态与细菌相似，但较大、较厚，呈乳白色或红色，表面湿润、黏稠，易被挑起。生殖方式分无性繁殖和有性繁殖。无性繁殖有芽殖和裂殖两种。芽殖的酵母菌呈丝状，但不久会脱离成为单细胞菌体。

作为工具菌的酵母菌菌系一般是营养缺陷型的，主要有两种：一是用作酵母人工染色体宿主的酿酒酵母（*Saccharomyces cerevisiae*）菌系。另一类是用于表达载体上的异源基因，大量获取其蛋白质产物的巴斯德毕赤酵母（*Pichia pastoris*）菌系。

酿酒酵母是一种理想的真核生物克隆载体宿主。这是因为对其遗传学有较深入的了解；其基因的表达调控以及蛋白质的翻译后加工比较接近高等真核生物；此外它具有较高的安全性，用它表达生物药物时，不需进行大量宿主安全试验。目前已构建了一系列酵母质粒载体及酵母人工染色体。通过转化，可将大片段的外源 DNA 导入酵母细胞，并得到正确的克隆和表达。它为高等真核生物基因组及其转录、翻译系统的研究提供了一个良好基础。

巴斯德毕赤酵母菌主要存在于果胶含量高的腐烂植物组织中，利用果胶降解后产生的甲醇生长。巴斯德毕赤酵母利用甲醇作为碳源时需要一系列不同于其他代谢途径的独特的酶，如乙醇氧化酶（alcohol oxidase，AOX）、二羟丙酮合成酶和过氧化氢酶等。其中乙醇氧化酶是甲醇代谢途径中的第一个酶，存在于过氧化物酶体内，催化甲醇氧化为甲醛和过氧化氢。当 *AOX 1* 基因缺失，只存在 *AOX 2* 时，大部分的乙醇氧化酶活力丧失，细胞利用甲醇能力降低，因而细胞在甲醇介质上生长很慢，这种菌株被称为 Mut^s（methanol utilization slow）；而当 *AOX 1* 存在时，细胞利用甲醇能力正常，在甲醇介质上生长较快，这种菌株被称为 Mut^+（methanol utilization plus）。

2. 酵母菌工具菌系

利用真核生物作为克隆载体宿主具有两个重要意义。第一，它促进了对真核生物复杂基因组及其基因调控的研究；第二，它有利于真核基因产物的翻译后加工。

与 YAC 载体配套工作的宿主酵母菌系如 AB1380，其胸腺嘧啶合成基因带有一个赭色突变基因 *ade* 2-1。

所有巴斯德毕赤酵母表达系统的受体菌都是由野生型石油酵母 Y11430 衍生而来的，它们都是组氨酸缺陷型菌株，如果表达载体上携带有组氨酸基因，就可补偿宿主不能合成组氨酸的缺陷，可以在不含组氨酸的培养基上筛选重组菌株。

目前应用得最为广泛的巴斯德毕赤酵母工具菌是 Cregg 于 1985 年建立的 GS115，它的 *AOX1* 和 *AOX2* 均为野生型，其甲醇利用率高（Mut^{+}）。重组表达载体转化 GS115 后，长出的转化子既有可能是 Mut^{+}，又有可能是 Mut^{s}，可以在 MM 和 MD 培养基上鉴定表型。KM71 也被广泛应用于多种外源蛋白的表达，它是 *AOX1* 缺陷型的菌株，甲醇利用缓慢（Mut^{s}），因此转化后所有的转化子都是 Mut^{s}，不必鉴定表型。此外，为了增加分泌蛋白的稳定性，避免被宿主蛋白酶水解，最近开发了一类蛋白酶缺失型菌株：SMD1168（his4、pep4）、SMD1165（his4、prb1）和 SMD1163（his4、pep4、prb1）。pep4 和 prb1 分别表示编码蛋白酶 A 和蛋白酶 B 的基因有缺陷。

二、工 具 酶

重组 DNA 技术中要用到限制性内切核酸酶、DNA 聚合酶、反转录酶、DNA 连接酶、碱性磷酸酶、核糖核酸酶（RNA 酶）等工具酶。

（一）限制性内切核酸酶

限制性内切核酸酶是细菌体内存在的能识别 DNA 的特异序列，并在识别位点或其周围切割双链 DNA 的一类核酸酶，其主要作用是保护细菌免受噬菌体攻击。

1968 年，首次从大肠杆菌 K 菌系（*E. coli* K）中分离到限制性内切核酸酶，它有特定的识别位点但没有特定的切割位点，其中切割位点在识别位点 1000bp 之上。1970 年，美国约翰·霍布金斯大学的 Smith 偶然发现，流感嗜血菌（*Haemophilus influenzae*）能迅速降解外源的噬菌体 DNA 和大肠杆菌 DNA，但却不能降解自身 DNA，进一步的研究发现了 *Hinc* Ⅱ 限制性内切核酸酶。此后，发现的限制酶越来越多，许多已经在实践中得到应用。

限制性内切核酸酶依识别和切开部位、催化反应必须因子可分为Ⅰ、Ⅱ、Ⅲ三类（表 3-1）。

表 3-1　限制性内切核酸酶 3 种类型的比较

限制性内切核酸酶类型	催化反应必须因子	识别和切开部位	例子
Ⅰ型	S-腺苷基蛋氨酸、ATP、Mg^{2+}	识别部位和切点不同，切断部位不定	*Eco*B、*Eco*K
Ⅱ型	Mg^{2+}	切断识别部位或其附近的特定部位	*Eco*RⅠ、*Bam*HⅠ
Ⅲ型	ATP 和 Mg^{2+}	识别部位和切点不同，但切断特定部位	*Eco*PⅠ、*Hinf* Ⅲ

限制性内切核酸酶的命名遵循一定的原则，主要依据来源来定，涉及宿主的种名、菌株号或生物型。命名时，依次取宿主属名第一字母，种名头两个字母，菌系号，然后再加上序号（罗马字）。如 *Hind* Ⅲ限制性内切核酸酶，*Hin* 指来源于流感嗜血杆菌，d 表示来自菌系 Rd，Ⅲ表示序号。

应用于重组 DNA 技术的限制性内切核酸酶都是Ⅱ型，表 3-2 列出了常用的几种限制性内切核酸酶。从表中可以看到Ⅱ型酶的识别序列为回文结构，切割位点在 DNA 两条链相对称的位置。

表 3-2 常用的几种限制性内切核酸酶

酶的名称	识别位点和切开方式	生物源
Hind Ⅲ	A↓AGCTT TTCGA↑A	*Haemophilus influenzae* Rd
Sph Ⅰ	GCATG↓C C↑GTACG	*Streptomyces phaeochromogenes*
Pst Ⅰ	CTGCA↓G G↑ACGTC	*Providencia stuartii* 164
Sal Ⅰ	G↓TCGAC CAGCT↑G	*Streptomyce salbus* G
*Bam*HⅠ	G↓GATCC CCTAG↑G	*Bacillus amyloliquefaciens* H
Sma Ⅰ	CCC↓GGG GGG↑CCC	*Serratia marcescens* Sb
Kpn Ⅰ	GGTAC↓C C↑CATGG	*Klebsiella pneumoniae*
*Eco*RⅠ	G↓AATTC CTTAA↑G	*Escherichia coli* RY13
*Eco*RⅤ	GAT↓ATC CTA↑TAG	*Escherichia coli*

有一些限制酶可识别多种序列，如 *Acc* Ⅰ 识别的序列是 GT↓MKAC，也就是说可识别 4 种序列；又如 *Hind*Ⅱ识别的序列是 GTY↓RAC，可识别 2 种序列。除了 ATCG 这 4 个字母外，还有下列一些字母代表 2 个以上的碱基。

限制内切核酸酶识别序列的长度一般为 4 个、6 个、8 个碱基，最常见的为 6 个碱基。当识别序列为 4 个和 6 个碱基时，它们可识别的序列在完全随机的情况下，平均每 256 个和 4096 个碱基中会出现一个识别位点（$4^4=256$，$4^6=4096$）。

所有的限制性内切核酸酶切割 DNA 均产生含 5′-磷酸基和 3′-羟基基团的末端。限制性内切核酸酶消化 DNA 时依所切方式不同（表 3-3 中碱基间的直线），或产生黏性末端（sticky end），如 *Eco*R Ⅰ；或产生钝性末端（blunt end），如 *Eco*R Ⅴ。若在识别序列对称轴处切割底物产生钝性末端；在对称轴 5′侧切割底物，DNA 双链交错断开产生 5′突出（overhang）黏性末端，如 *Eco*RⅠ；若在对称轴 3′侧切割，则产生 3′突出黏性末端，如 *Pst* Ⅰ。

表 3-3 代表 2 个以上碱基的字母

R=A 或 G	K=G 或 T	H=A 或 C 或 T	D=A 或 G 或 T
Y=C 或 T	S=C 或 G	B=C 或 G 或 T	N=A 或 C 或 G 或 T
M=A 或 C	W=A 或 T	V=A 或 C 或 G	

不同的钝端限制性内切核酸酶消化产生的 DNA 片段间都可以用连接酶连接，但黏端比钝端连接容易得多。同一种黏性限制性内切核酸酶消化产生的 DNA 片段的末端相同，可以彼此连接。识别序列不同的酶有可能产生相同的黏性末端，称配伍末端（compatible end），可用连接酶连接，如 *Eco*RⅠ（识别序列和切点 G↓AATCC）和

Mfe Ⅰ（识别序列和切点 C↓AATTC）消化产生的末端都是 5′-AATT-3′，可用连接酶连接。另外，识别序列不同的酶有可能产生部分相同的黏性末端，如末端 2 个碱基相同，也可用连接酶连接。反过来，识别序列相同的酶若切开方式不同，有可能产生不同的黏性末端，如有的突出序列是 2 个碱基，而有的突出序列是 4 个碱基，或虽然突出的序列相同但有的是 5′端突出，有的是 3′端突出，因而无法用连接酶连接。

（二）DNA 聚合酶

用于重组 DNA 技术的 DNA 聚合酶有大肠杆菌 DNA 聚合酶Ⅰ、Klenow 酶、T4 噬菌体 DNA 聚合酶、*Taq* DNA 聚合酶、*Pfu* DNA 聚合酶和末端转移酶。

1. 大肠杆菌 DNA 聚合酶Ⅰ

此酶具有三种催化活性，均需 Mg^{2+} 参与。

1）5′→3′ DNA 聚合酶活性

5′-ACGTGCAG-3′　　　　　　5′-ACGTGCAGTGTGCGTA-3′
3′-TGCACGTCACACGCAT-5′　⟶　3′-TGCACGTCACACGCAT-5′

在引物和模板链存在的情况下，从“引物”链的 3′端开始合成与模板链互补的 DNA 链。

2）3′→5′外切核酸酶活性

5′-ACGTGCAGTGTGCGTA-3′　　　5′-ACGTGCAGT-3′
3′-TGCACGTCA-5′　⟶　3′-TGCACGTCA-5′

单链 DNA 特异性地切除双链 DNA 分子末端的 3′突出序列，使末端变齐。

3）5′→3′外切核酸酶活性

5′-ACGTGCAGTGTGCGTA-3′　　　5′-CAGTGTGCGTA-3′
3′-TGCACGTCACACGCAT-5′　⟶　3′-TGCACGTCACA-5′

非单链 DNA 特异性的从双链 DNA 分子 5′端依次切下碱基，得到 3′突出的末端。

2. Klenow 酶

1970 年，丹麦生物化学家克莱诺夫（Klenow H.）用枯草杆菌蛋白酶切割大肠杆菌 DNA 聚合酶Ⅰ，电泳后获得大小两个片段。大片段保留了聚合酶活性和 3′→5′外切核酸酶活性，但丧失了 5′→3′外切核酸酶活性，被称为“克莱诺夫片段”，又称“克莱诺夫酶”，也称 DNA 聚合酶Ⅰ大片段。可用于：① 以同位素标记 DNA 片段末端；② 合成 cDNA 的第二条链；③ Sanger 双脱氧法进行序列分析；④ 定位突变；⑤ 补平黏端限制性内切核酸酶造成的 5′突出序列，以便实现平端连接。

3. T4 噬菌体 DNA 聚合酶

来源于大肠杆菌 T4 噬菌体。本酶除具有 5′→3′ DNA 聚合酶活性外，还具有单链 DNA 特异的 3′→5′ 外切核酸酶活性，但不含 5′→3′的外切核酸酶活性。

4. *Taq* DNA 聚合酶

是一种耐热的 DNA 聚合酶，来自 *Thermus aquaticus* YT-1。具有 5′→3′聚合酶活和特异的双链 5′→3′的外切酶活性。聚合完成后往往在 3′端再加上一个碱基，一般是 dATP，因此在 PCR 产物复性形成的双链为黏性末端。该酶最适反应温度为 75～80℃，主要用途是进行 PCR 反应。

5. *Pfu* DNA 聚合酶

耐热性 DNA 聚合酶，用于 PCR。相对分子质量 90 000，催化 5′→3′ DNA 合成，其 PCR 产物为平整末端，无 3′端的单个 dA。具有独特的 3′→5′外切核酸酶活性，能修正错配碱基，从而保证 DNA 扩增的高保真度。无 5′→3′外切核酸酶活性，尤其适用于高保真扩增长度为 3kb 以下的片段。

6. 末端转移酶

是一种不信赖于 DNA 模板的 DNA 聚合酶，催化在 3′-OH 末端加上同系多聚核苷酸。

（三）反 转 录 酶

反转录酶是以 RNA 为模板合成 DNA 的聚合酶。主要作用是将 mRNA 反转录成 cDNA 单链分子。此酶是美国科学家特明（Temin H. M.）和巴尔的摩（Baltimore D.）于 1970 年分别从动物致癌 RNA 病毒中发现的，他们因此获得了 1975 年度诺贝尔生理学或医学奖。在植物 dsDNA 病毒中也发现了反转录酶，如花椰菜花叶病毒的复制就是以其转录产物 35S RNA 为模板，在反转录酶的催化下合成 cDNA 再合成第二链 DNA，成为双链 DNA 的。

（四）DNA 连接酶

在 DNA 重组技术中一般是用 T4 噬菌体 DNA 连接酶，该酶的作用是在一个 DNA 片段的 5′-磷酸根（5′—P）与另一个 DNA 片段的 3′—OH 之间形成磷酸二酯键。

```
-ACG—OH        P—AATTCGT-         -ACGAATTCGT-
-TGCTTAA—P      OH—GCA-    ⟶     -TGCTTAAGCA-
```

（五）碱性磷酸酶

碱性磷酸酶的作用是去除 DNA、RNA 的 5′—P，以防自身环化；另外，在用^{32}P标记 5′端前，可先用其去除 DNA 或 RNA 上的 5′—P。

（六）RNA 酶

S1 核酸酶：该酶是从米曲霉（*Aspergills uoryzae*）中提取的一种特异性单链核苷酸外切酶，相对分子质量为 32 000，是一种耐热的酶（37～65℃）。能降解单链 DNA 和单链 RNA，产生 5′单链核苷酸或寡核苷酸。主要用于：①切除 DNA 片段的单链末端使之成为平头末端；②切开合成 dscDNA 时形成的“发夹”环，以及分析 DNA-RNA 杂合子的结构。

核糖核酸酶 A（RNase A）：该酶是一种高度专一性的核酸内切酶，它作用于嘧啶核苷酸的 C′3 上的磷酸根和相邻核苷酸的 C′5 之间的键，产物为 3′-嘧啶单核苷酸或以 3′-嘧啶核苷酸结尾的低聚核苷酸，用于：①在质粒提取时降解 RNA；②从 DNA-RNA 杂交体中去除未杂交的 RNA 区段。

三、载　　体

载体（vector）是指能携带感兴趣的外源 DNA 片段，实现外源 DNA 片段无性繁殖的或用来表达有意义的蛋白质的，可独立复制的 DNA 分子。其中为实现外源 DNA 片段无性繁殖的载体称为克隆载体，而为表达出蛋白质而设计的载体称为表达载体。

作为克隆载体，应该具备 4 个条件：①具有自主复制的能力；②具有两个以上的遗传标记，其中至少有一个是耐抗生素的基因，便于重组体的筛选和鉴定；③具有供外源 DNA 插入的酶切位点即克隆位点，由于克隆位点一般是集中了多种酶的唯一切点，所以称为多克隆区段（multicloning site，polylinker）；④相对分子质量小，以容纳较大的外源 DNA。

常用的载体有质粒（plasmid）载体、噬菌体（bacteriophage）载体、酵母人工染色体（yeast artificial chromosome，YAC）、细菌人工染色体（bacterial artificial chromosome，BAC）。动物上的载体还有病毒载体。载体的大小、结构和性质不尽相同，用途也不一样。由这些不同功能的载体构成了重组 DNA 操作的载体系统。

（一）质粒载体

1. 质粒和质粒载体

1）质粒的性质

质粒是存在于细菌染色体外的可自我复制的环状双链 DNA 分子。质粒的大小为

1～200kb (kilo-base pair)，具有自主复制性、不相容性和可扩增性。有些质粒具有可转移性，即通过细菌接合作用从一种宿主细胞转移到另外一种宿主。

2）质粒的复制和拷贝数

质粒有 2 种复制方式：一是双向复制，如大肠杆菌的 F^- 质粒从复制起点 oriV 向两个方向同时复制；另一种是滚环式复制，在一条链上形成切口后以未切开的链为模板，以切开的链为引物，从切口处按 5′→3′方向将链延伸，合成一条与模板链互补的新链，然后被切开的链闭合，作为新的模板合成第二条新链。新生成的 2 个环状质粒分子各有一条链是母链，另一条链是子链。

一个细菌体内可容纳的同一质粒分子的数目即拷贝数因质粒而异。有的质粒在一个细胞内只能容纳一个分子，称单拷贝的质粒；有的在一个细胞内可以有 2 个以上分子，但不是很多，称为低拷贝的质粒；有的在一个细胞内存在很多个分子，称为多拷贝的质粒。

3）用于构建质粒载体的三类大肠杆菌天然质粒

（1）编码大肠杆菌素的质粒 ColE1。是一种小分子质量、不能自动转移、多拷贝的质粒，为质粒载体提供大肠杆菌复制起点和多拷贝性能。

（2）结合转移性质粒 F 质粒。又称性质粒或 F 因子，是一种大分子质量、可自动转移、低拷贝（1 或 2 个）的质粒，为质粒载体提供自动转移功能。

（3）耐药性质粒即 R 质粒。也称为 R 因子，是接合转移性质粒，其复制基因和转移基因位于 RTF（耐药性转移因子）区；而耐药性基因位于 R 区（耐药性决定区），这个区有 4 个转座子（transposon），即 Tn8、Tn9、Tn10 和 Tn21。耐药性基因往往是转座子的成分。

DNA 重组技术中实际应用的质粒载体都是从大肠杆菌质粒改造而来的。这些质粒载体除了有上述元件外，还有来自大肠杆菌的其他成分。

4）常用的质粒载体

常用的质粒载体主要是 pUC 系列。早期使用的质粒是 pBR322。有些质粒经改造加入噬菌体序列后，也称噬粒（phagmid），但广义上仍是质粒。

（1）pBR322：pBR322 质粒是按照标准的质粒载体命名法则命名的。“p”表示质粒英文名“plasmid”的第一个字母；“BR”是分别取自该质粒的两位主要构建者 Bolivar F. 和 Rodriguez R. L. 姓氏的头一个字母；“322”系指实验室编号。

pBR322 大小为 4.363 kb。在受体细胞内，pBR322 以多拷贝存在，一般可达到 15 个；而在蛋白质合成抑制剂如氯霉素存在的条件下，可达到 1000～3000 拷贝。

pBR322 上有 4 个重要区段（图 3-2）。一是来自 pMB1 质粒（从大肠杆菌 ColE1 质粒派生的质粒）的负责质粒复制的复制子（*rep*）；二是来自 pMB1 质粒的编码 Rop 蛋白的 *rop* 基因，Rop 蛋白的作用是促进不稳定态的 RNA Ⅰ-RNA Ⅱ 复合体转变为稳定态，从而减少质粒的拷贝数目（携带 *Col*E1 复制子的质粒中，RNA Ⅱ 是复制的正向调节分子，RNA Ⅰ 是复制的负调节物，由质粒编码的 Rop/Rom 蛋白可提高 RNA Ⅰ 与

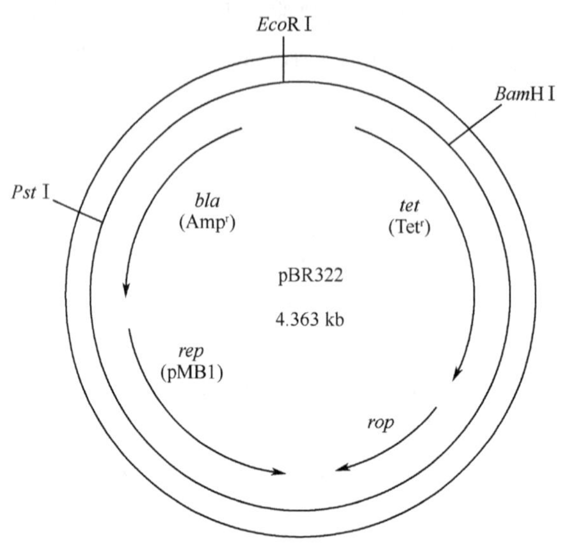

图 3-2 pBR322 的结构模式图

RNAⅡ结合的效率，增强 RNA Ⅰ的负调控作用)；三是赋予四环素抗性（Tet^r）的基因 *tet*。四环素可与核糖体 30S 亚基结合，从而抑制核糖体的转位。*tet* 基因编码一个由 399 个氨基酸组成的膜结合蛋白，可阻止四环素进入细胞；四是赋予氨苄青霉素抗性（Amp^r）的基因 *blu*。氨苄青霉素可抑制细胞壁肽聚糖的合成，与有关的酶结合并抑制其活性，抑制转肽反应。*blu* 基因编码的 β-内酰胺酶可分泌进入细菌的周质区，抑制转肽反应并催化 β-内酰胺环水解，从而解除了氨苄青霉素的毒性。

两个抗药性基因上各有几个用于克隆的限制酶切点，如 *Bam*HⅠ、*Pst* Ⅰ。

当缺失四环素抗性基因和氨苄青霉素抗性基因的大肠杆菌菌系被 pBR322 成功地转化时，它便从该质粒获得了抗药性，在含有这两种抗生素的培养基上形成菌落。不过，在两个抗药性基因上具有不同的单一酶切位点，供插入外源 DNA 用。在克隆异源 DNA 片段时，切开某一抗药性基因，插入异源 DNA，就会使切开的抗药性基因失活，称之为插入失活效应。因此可以根据培养平板上的细菌是只对一种抗生素有抗性还是对两种抗生素都有抗性来判断质粒中是否有插入序列。插入了异源 DNA 的质粒称为重组质粒。

异源 DNA 插入失活的原因有三个：一是插入片段上的核苷酸数目不是 3 的整数倍，影响了下游密码子的正确阅读；二是插入的片段（如插入片段含有真核生物 DNA 内含子序列，或者插入片段是基因间非编码序列）上有终止密码子 TAA、TAG 或 TGA，提前终止了阅读；三是插入片段太大，表达出的肽影响了蛋白质的空间结构。

pBR322 在 20 世纪 90 年代初期都还在广泛使用，由于在筛选含重组质粒的菌落时比较麻烦，需要在含有两种抗生素的培养平板上交替培养，至少要 2d，所以很快被新出现的 pUC 系列质粒所取代。

（2）pUC18 和 pUC19：pUC 系列质粒是美国加利福尼亚大学的 Messing 和 Vieria 于 1987 年首先构建的。pUC 载体在 pBR322 质粒载体的基础上，在其 5′端加入了一个带有多克隆区段的 *lacZ*′基因，从而发展成为新型质粒载体系列。

最早推出的 pUC 质粒是 pUC8 和 pUC9，后来又先后推出了 pUC18 和 pUC19，pUC118 和 pUC119。应用广泛的是 pUC18 和 pUC19。这两个质粒的大小都是 2686kb，属于较小的质粒，高拷贝数。pUC18 与 pUC19 的不同之处仅在于多克隆区段的酶切位点排序方向刚好相反。

在 pUC18 与 pUC19 分子上有 4 个主要区段（图 3-3）：一是从 pBR322 而来的 pMB1 复制子 *rep*，复制子单个位点发生了突变（G→A），加之缺少了 *rop* 基因，从而导致了高拷贝数（至少可使拷贝数提高 3～4 倍）；二是从 pBR322 而来的编码 β-内酰胺酶的 *bla* 基因，赋予细菌对氨苄青霉素的抗性性状（Amp^r）。这个基因上有两个点突变，消除了限制性内切核酸酶位点，因而与 pBR322 的 *bla* 基因不完全相同；三是从 M13mp18/19 而来的大肠杆菌 *lac* 操作元中的代谢物活化蛋白（CAP）的结合位点、阻遏蛋白结合位点、启动子 Plac、编码 β-半乳糖苷酶 N 端肽段（α 肽段）的 *lacZ* 基因的 5′端核苷酸序列（*lacZ′*）区段。M13mp18/19 是两个噬菌体载体，稍后将会介绍；四是在 *lacZ′*离起始密码子不远处有一个集中了 10 种酶的唯一切点区段，供外源 DNA 插入，称为多克隆区段（multi-cloning site，MCS）。多克隆区段的加入并不破坏 *lacZ′*基因的功能，但在其中插入 DNA 片段可能破坏 *lacZ′*基因的功能。在多克隆区段两侧还有与 M13 通用引物互补的序列。

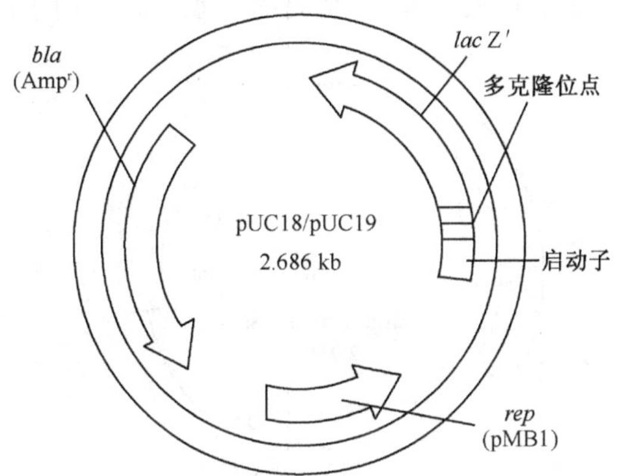

图 3-3　pUC 18/pUC 19 的结构模式图

pUC 19 的多克隆位点依次为：*Hind* Ⅲ，*Sph* Ⅰ，*Pst* Ⅰ，*Sal* Ⅰ，*Xba* Ⅰ，*Bam*H Ⅰ，*Sma* Ⅰ，*Kpn* Ⅰ，*Sac* Ⅰ，*Eco*R Ⅰ

有些大肠杆菌菌系因 *lacZ* 基因突变而不表达 β-半乳糖苷酶的 α 肽段，只能表达其 C 端肽段（ω 肽段）。用 pUC 质粒转化这些突变菌株时，由质粒表达的 α 肽段补给了突变菌株所缺失的 α 肽段，从而恢复其分解半乳糖的能力。在加入了诱导物 IPTG 和 β-半乳糖苷酶底物 X-gal 的筛选平板上，pUC 质粒转化的大肠杆菌形成蓝色菌落。这种现象称为 α 互补。如果在多克隆区段内插入外源 DNA，由于它破坏了 α 肽段的表达，因而在筛选平板上只有白色菌落长出，而无蓝色菌落。这就是所谓的蓝白筛选。用这种方法判断载体中有无 DNA 片段的插入，也就是说平板上形成的菌落是否被重组质粒转化，就比用 pBR322 方便多了。

不过，被重组质粒转化的大肠杆菌也有可能在筛选平板上形成蓝色菌落。前提是插入片段不超过 1 kb、核苷酸数目为 3 的整数倍且不含有终止密码子。在 pUC19 上插入一个 0.9 kb 的片段后转化大肠杆菌 DH5α，次日在转化平板上长出淡蓝色菌落，在冰箱冷藏室内放 3 天后菌落变深蓝色，经质粒提取和酶切检查，发现质粒上含有插入的 0.9 kb 的片段。

pUC18/19 除用于克隆外源基因外，还可利用其 *lac* 启动子进行外源基因表达，以及使用 M13 通用引物对插入的外源 DNA 进行测序。

pUC118 和 pUC119 大小为 3.162 kb，不同之处也只是多克隆区段的酶切位点排序方向刚好相反。pUC118/119 是在 pUC18/19 基础上增加了 M13 噬菌体 DNA 合成的起始与终止序列，以及包装进入噬菌体颗粒所必需的基因间区（intergenic region，IR）顺式序列。因此，pUC118/119 还可以在协助性噬菌体 M13K07 的感染下成为单链 DNA，包入噬菌体颗粒后从菌体内释放出来。pUC118 和 pUC119 也属于噬粒。

（3）pBluescriptⅡKS（±）：pBluescriptⅡKS（±）是美国 Stratagene 公司的 Alting-Mees 和 Short 于 1989 年报道的，是用 pUC19 和 λZAPⅡ组建的一套 4 个质粒，大小均为 2.961kb。质粒上有下列 4 个重要区段（图 3-4）：一是 f1（IG）区段即噬菌体 f1 的基因间区，是 f1 噬菌体的复制与包装信号序列；二是 *rep*（pMB1）区段即 pMB1 的复制子，负责质粒的复制；三是 *bla*（Amp[r]）区段即编码 β-内酰胺酶的 *bla* 基因，赋予氨苄青霉素抗性。四是 *lacZ′*区段即 *lacZ* 基因的 5′端序列，用于菌落蓝白筛选。

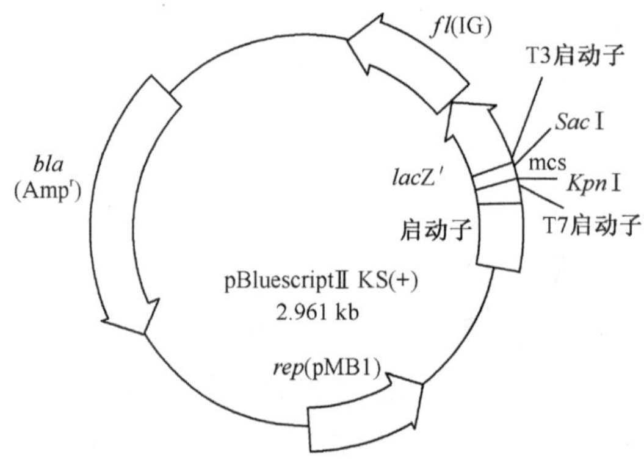

图 3-4　pBluscript Ⅱ KS（+）的结构模式图

pBluescriptⅡKS（±）4 个质粒的差别在于 *lacZ′*区段中的多克隆区段酶切位点方向相反（*Kpn*Ⅰ→*Sac*Ⅰ用“KS”表示，反方向的用“SK”表示），以及质粒上 f1 噬菌体复制起始方向相反（或者说，复制起点在 DNA 双链中不同单链 DNA 上，用“+”或“-”表示）。

pBluescriptⅡKS（±）与 pUC18/19 的不同之处在于：①多克隆区段是 21 种酶的唯一切点，其中 *Eco*RⅤ是一个很有用的酶，此酶虽为钝端酶，但它切开 A 与 T 间的磷酸二酯键，切开的片段再连接比较容易；②多了 f1 噬菌体复制起点；③在多克隆区段 *Kpn*Ⅰ外侧有 T7 启动子，*Sac*Ⅰ外侧有 T3 启动子，便于体外表达插入序列。多克隆区段的外侧除了像 pUC18/19 一样有 M13 通用引物结合位点外，还有 T3 和 T7 引物结合位点，便于对插入的 DNA 片段进行测序。与 pUC118 和 pUC119 一样，pBluescriptⅡKS（±）也属于噬粒。

pBluescriptⅡKS（±）用于 DNA 克隆、DNA 测序、体外诱变和在简单体系中体外转录。

（4）pGEM 系列载体：pGEM 系列载体是 Promega 公司在 pUC18 的基础上构建的一类小分子质粒载体，大小为 2.743 kb，用来克隆 PCR 产物。它保留了 pUC18 的 *bla* 基因和 *lacZ′*基因，但多克隆区段有 15 种酶唯一切点，酶的种类也与 pUC 的不完全一样。此外，它具有两个来自噬菌体的启动子，即 T7 启动子和 SP6 启动子，它们为 RNA 聚合酶的附着作用提供了特异性的识别位点。由于这两个启动子分别位于 *lacZ′*基因中多克隆区段的两侧，故若在反应试管中加入纯化的 T7 或 SP6RNA 聚合酶，那么克隆的外源基因便会转录出相应的 mRNA。

pGEM 系列载体属于噬粒。

市售的 pGEM-T 是切开的线状分子（图 3-5），切口处的 3′端加有一个 dT，可用来克隆使用 *Taq* DNA 聚合酶的 PCR 产物（3′端有一个突出的 dA）。

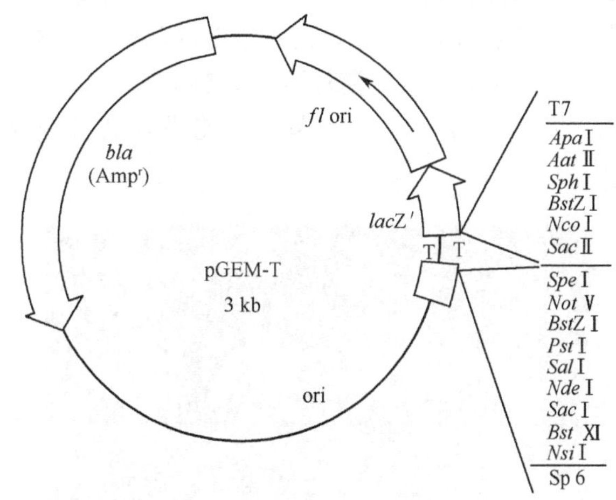

图 3-5　pGEM-T 结构模式图

（二）噬菌体载体

1. 噬菌体

噬菌体是细菌病毒，一般为蝌蚪形，也有的是丝状，在蛋白质外壳内包裹着线状双链 DNA。蝌蚪形噬菌体侵染细菌时，以尾部的丝状物即尾丝将自己固定在细菌体外表，然后在菌壁上溶一小孔，将内部的线状 DNA 注入菌体内。在进入宿主菌后可进入溶原状态，也可进入裂解循环。

1）裂菌循环（lytic cycle）

噬菌体 DNA 上的复制酶基因表达出复制酶，开始复制噬菌体 DNA，当达到约 100 个拷贝时合成噬菌体蛋白衣壳的头部和尾部，噬菌体 DNA 包装到衣壳中，菌体裂解，释放出子代噬菌体。属于这种感染类型的噬菌体称为裂菌型噬菌体。

2）溶原循环（lysogenic cycle）

进入菌体内的线状噬菌体DNA环化，然后在大肠杆菌的染色体DNA上和在自身DNA上各剪开一个口子，噬菌体DNA整合到寄主细菌染色体上，不马上引起裂菌，而是作为前噬菌体随细菌染色体遗传，受紫外光照射或其他外因诱导后可变为裂菌型的。一个前噬菌体是一个前病毒。属于这种感染类型的噬菌体称为溶原型噬菌体。

在DNA重组技术中常用的噬菌体载体是大肠杆菌的两种噬菌体，即λ噬菌体和M13噬菌体。

2. 大肠杆菌λ噬菌体及其衍生的载体

1）λ噬菌体

λ噬菌体是一种蝌蚪状的温和性噬菌体（图3-6），基因组大小为48.5kb。其线状DNA两端的5′方向有12个碱基的单链区，两端单链区的碱基互补。这样的末端称为黏性末端（cohesive end）。λ-DNA注入到菌体内后黏性末端碱基互补而环化。黏性末端互补的区段称为柯斯位点（Cos site）。λ噬菌体可能进入裂解循环，也可能进入溶原循环。

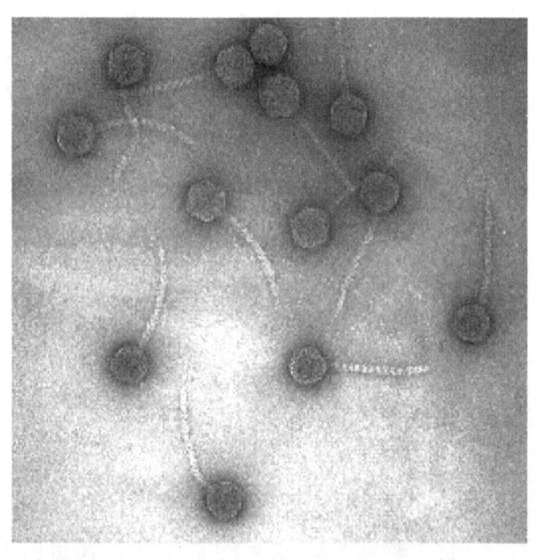

图3-6 λ噬菌体电镜照片

λ噬菌体基因组至少可编码30个基因，根据功能可将基因组分为三个区。左区（也称左臂）约20 kb，含有编码噬菌体头部和尾部蛋白的基因。右区（也称右臂）为8～10kb，包含噬菌体复制和裂解宿主菌所必需的基因。中区约16 kb，与基因调节、溶原状态的发生和维持，以及遗传重组有关，对裂解循环是非必需的，用大小相近的异源DNA取代则不影响其裂解循环。所以在构建载体时可以去掉中区，用外源DNA片段替代。

重组λ噬菌体基因组DNA的大小为野生型λ噬菌体基因组DNA的78%～105%

时，不会明显影响噬菌体粒体的组装。因此异源 DNA 片段的大小可为 9～23kb。

2）λ 噬菌体载体

λ 噬菌体载体可分为两类。

一类是插入型载体（insertion vector），指可通过特定的酶切位点允许外源 DNA 片段插入的载体，一般可插入 6kb 外源 DNA 片段，最大 11kb，主要用于构建 cDNA 文库。这一类载体有 λgt 系列的 λgt10 的 λgt11，以及 λGEM-2、λGEM-4、λZAP Ⅱ、λExcell 等。后两个载体分别插入了质粒 pBluescriptSK 和 pExCell 质粒的成分，虽是噬菌体载体，也称噬粒。

另一类是置换型载体（replacement vector），指允许外源 DNA 片段替换非必须 DNA 片段的载体。置换型载体克隆外源片段的最大容量是 28～22kb，故该类载体主要用来构建基因组文库，如 EMBL 系列的 EMBL3、EMBL3 SP6/T7、EMBL4，以及 λ2001、λDASH、λFiX、λGEM-11。

3. 大肠杆菌 M13 噬菌体及其衍生的载体

1）M13 噬菌体

M13 噬菌体颗粒为丝状结构，长 880nm，直径 6～7nm。M13 基因组为单链 DNA，由 6407 个碱基组成。M13 基因组中绝大多数基因为必需基因，只有两个间隔区可用来插入外源 DNA（基因Ⅱ/Ⅳ和基因Ⅷ/Ⅲ之间）。

M13 噬菌体只感染雄性（F^+）大肠杆菌。感染的大肠杆菌不裂解，当 M13 噬菌体颗粒分泌出后仍能继续生长和增殖。M13 噬菌体感染的第一步是吸附。M13 噬菌体只感染具有性纤毛的菌株，即携带 F 质粒的菌株。在吸附过程中，M13 基因Ⅲ蛋白与性纤毛发生作用，丝状噬菌体穿入到性纤毛，在性纤毛内去除外壳蛋白，进入宿主菌体内。随后有感染性的单链噬菌体 DNA（正链）在宿主 DNA 酶的作用下变成环状双链 DNA，用于 DNA 的复制。DNA 复制时 M13 基因Ⅱ编码的蛋白质首先在亲代环状双链 DNA 的正链特定位点产生一个切口。同时大肠杆菌 DNA 聚合酶Ⅰ以负链为模板从切口的 3′端延伸正链，进行滚环式复制。当复制叉环绕模板一周时，原来的正链被基因Ⅱ编码的蛋白质切离，经环化后形成单位长度的噬菌体基因组 DNA。

2）M13mp18 和 M13mp19 噬菌体载体

M13 噬菌体载体系列是 Messing 及其同事建立的，以基因Ⅱ和基因Ⅳ之间的区域作为外源 DNA 插入区。所有的 M13 噬菌体载体来自同一个重组 M13 噬菌体（M13mp1），在 M13mp1 载体的 *Hae* Ⅲ位点插入了一小段大肠杆菌 DNA，引入了 α 互补筛选。应用化学诱变和定点诱变的方法，将一系列有用的酶切位点引入到 M13mpl *lacZ* 序列内。

M13mp18 和 M13mp19 这两个载体的大小均为 7.250kb，其 *lacZ* 区（13 个不同的酶切位点）内多克隆区段方向相反。在大肠杆菌操作元 *lac* 区含 CAP 蛋白结合位点、启动子 Plac、Lac 阻遏蛋白结合位点和 *lacZ* 基因的 5′端序列（图 3-7）。

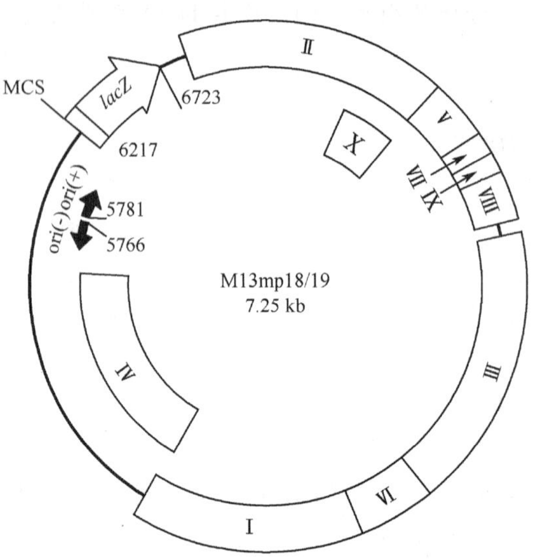

图 3-7　M13mp18/19 的遗传图谱

M13mp18 和 M13mp19 已广泛应用于 DNA 重组。

4. 柯斯质粒

柯斯质粒（cosmid）也称黏粒载体。是用质粒与 λ 噬菌体的黏性末端位点（cos）及附近核苷酸序列组合成的一类载体。用于建立基因组文库。

前已述及，λ 载体仅能克隆 23kb 以下的异源 DNA 片段，因此，利用 λ 载体建立一个完整的基因组 DNA 文库需要大量的克隆重组体。根据 λ 噬菌体的包装系统仅仅识别靠近黏性末端位点（cos）一段很小的 DNA 序列，以及只要重组 DNA 大小在 λ-DNA 的 75%～105%的范围，就可以包装成噬菌体颗粒的特点，构建出黏粒载体。由于黏粒携带有一个质粒的复制起点（ori）和一个抗药性标记（一般为 amp^r），所以黏粒载体也能像质粒那样被导入大肠杆菌中进行繁殖。

黏粒的大小一般为 4～6kb，可插入 33～41kb 的外源 DNA 片段，重组黏粒 DNA 的大小为 37～47kb，可以在体外被成功地包装成噬菌体颗粒。包装好的重组黏粒以噬菌体感染的方式进入大肠杆菌，然后按照质粒复制的方式进行复制，不表现噬菌功能，其重组黏粒还可利用抗性标记进行筛选。因而使基因组 DNA 文库的构建更为简便快速。

（三）人工染色体载体

所谓人工染色体，是指一类能在生物细胞内以类似于染色体的方式独立、稳定的存在并遗传的人工重组 DNA 分子，它至少应具备染色体的 3 种功能元件的类似组分，即复制起点（origin of replication）、着丝点（centromere）和端粒（telomere）。从 1987 年酵母人工染色体（yeast artificial chromosome，YAC）构建成功起，相继出现了细菌人工染色体（bacterial artificial chromosome，BAC）、双元 BAC（binary BAC，

BIBAC)、P1 衍生人工染色体（P1- derived artificial chromosome，PAC）和可转化人工染色体（transformation-com-ponent artificial chromosome，TAC）。目前常用的人工染色体载体是 YAC 和 BAC。

1. 酵母人工染色体载体 YAC

1987 年，David Burke 等在 *Science* 上发表了题为“Cloning of Large Segments of Exogenous DNA into Yeast by means of Artificial Chromosome Vectors”的论文，报道了用一种称之为酵母人工染色体的载体克隆大分子的异源 DNA 片段。这是一篇具有里程碑意义的文章，宣告了人工染色体载体的诞生。

YAC 是利用酿酒酵母（*Saccharomyces cerevisiae*）染色体的元件构建的载体。其最大的优点是能容纳大分子外源 DNA，一般可达 200～500kb，平均在 420kb 左右，最大达 1Mb。

常用的 YAC 载体是 pYAC4（图 3-8）。像酵母染色体一样，pYAC4 DNA 是线状的，其工作状态也是线状的。但是，为了方便制备 YAC 载体，YAC 载体以环状的方式存在，并增加了普通大肠杆菌质粒载体的复制元件和选择标记，以便保存和增殖。YAC 载体的复制元件包括复制起点序列即自主复制序列（autonomously replicating sequence，ARS)，用于有丝分裂和减数分裂功能的着丝点（centromere ，CEN）和两个端粒（TEL)。pYAC4 使用的是酵母第四条染色体的着丝粒。

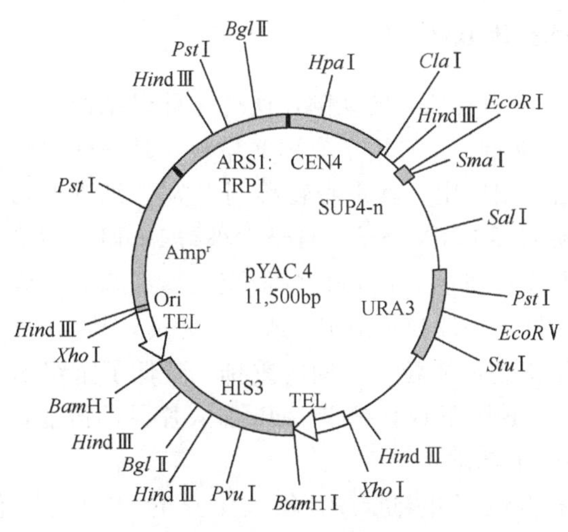

图 3-8　pYAC 的结构模式图

pYAC4 上的选择标记主要是营养缺陷型补救基因，有色氨酸合成缺陷型补救基因 *trp* 1、组氨酸合成缺陷型补救基因 *his* 3、尿嘧啶合成缺陷型补救基因 *ura* 3，以及赭色突变抑制基因 *sup* 4 。与 YAC 载体配套工作的宿主酵母菌菌系 AB1380 的胸腺嘧啶合成基因带有一个赭色突变基因 *ade* 2-1。这个突变导致酵母菌在基本培养基上形成红色菌落，用 pYAC4 转化这个菌系，可抑制 *ade* 2-1 基因的突变效应，在培养平板上形成正常的白色菌落。根据菌落颜色可判断所转入的载体中是否含有外源 DNA 片段插入序列。

从图 3-8 可以看到 pYAC4 上有两个 *Bam*H Ⅰ的切点，用 *Bam*H Ⅰ切割出一个微型酵母染色体。微型酵母染色体用 *Eco*RⅠ或 *Sma*Ⅰ切割赭色突变抑制基因 *sup*4 内部的位点后形成染色体的两条臂，两臂与外源大片段 DNA 在该切点相连就形成一个大型人工酵母染色体（即重组载体），通过转化进入到酵母菌后可像染色体一样复制，并随细胞分裂分配到子细胞中去，通过这样的方式克隆大片段 DNA。重组载体上的赭色突变抑制基因 *sup*4 因异源 DNA 的插入而失活，宿主菌赭色突变基因不受抑制，形成红色菌落。这些红色的、被含有不同异源 DNA 片段的重组载体转化的酵母菌克隆的群体就构成了 YAC 文库。

YAC 主要用来构建大片段 DNA 文库，特别是用来构建高等真核生物的基因组文库，用于各种生物基因组分析，成为连接遗传图谱与物理图谱的桥梁。目前已被用于天然 DNA 中大基因或基因簇的结构与功能分析，可用来研究控制元件对基因表达的影响，突变如缺失、插入片段或核苷酸替代等对基因或基因簇功能的影响，以及遗传病的基因治疗。

不过，YAC 载体也有一些不足之处，主要表现在三个方面。其一，在 YAC 载体的插入片段会出现缺失（deletion）和基因重排（rearrangement）现象。其二，容易形成嵌合体，即单个 YAC 中的插入片段由 2 个或多个的独立基因组片段连接组成。嵌合克隆约占总克隆的 5%～50%。其三，YAC 染色体与宿主即酿酒酵母的染色体大小相近，很难从中分离出来，不利于进一步分析。

2. 细菌人工染色体载体 BAC

YAC 的成功应用及它表现出来的缺陷，使得一种以细菌 F 因子为基础的细菌人工染色体载体系统 BAC 发展起来。F 因子亦称 F 质粒，是一种“性质粒”，它可将宿主染色体基因转移至另一宿主细胞中，其本身转移到 F 宿主细胞后可使后者成为 F^+ 细胞。天然的 F 因子是超螺旋闭环 DNA 分子，自身大小约 100kb，具有编码 F 菌毛蛋白的基因，而 F 菌毛为供体与受体细胞之间遗传物质交流所必需。它在大肠杆菌中的复制受到严格控制而保持低拷贝，一般为每细胞 1 或 2 个拷贝，其 *partB* 基因能够排斥细胞中的外源 F 质粒，限制了细胞内质粒分子间的重排，降低了重组 BAC 中外源 DNA 的重排水平和嵌合度。此外，F 因子具有携带 1Mb 插入片段的潜能，为构建具有大容量克隆能力的 BAC 载体提供了基础。

1992 年，Shizuya 等最早报 道了细菌人工染色体载体。他们以 O'Connor 等（1989）首次构建的可克隆大片段 DNA 的载体 pMBO131 为基础，将 T7、SP6 启动子序列，含 cosN 及 loxP 位点的 λ 噬菌体和 P1 噬菌体片段分别引入 pMBO131 载体，以氯霉素抗性基因为选择标志，首次构建 DNA 插入片段达 300kb 以上的 pBAC108L 载体，该载体即使传代 100 代后，仍可稳定遗传，尚未检出缺失、重组及嵌合现象。BAC 在大肠杆菌中以质粒的形式复制。

人工构建的 BAC 载体如 pBeloBAC11（图 3-9），只有 7.4kb，保留了与 F 因子的自主复制、拷贝数控制以及质粒分配等基本功能相关的基因，即控制拷贝数的严紧型复制子 *ori*S，一个由 ATP 驱动的解旋酶基因 *rep*E，以及 3 个确保低拷贝质粒精确分配至子代细胞的基因位点（*parA* 、*parB* 和 *parC* ），其外源 DNA 片段的容量一般为 50～

350kb，平均为 100kb 左右。pBeloBAC11 上具有 β-半乳糖苷酶 N 端肽（α 肽）的编码序列 *lacZ′*（有的是编码果聚糖蔗糖酶的 *SacB* 基因，也称为蔗糖致死基因），可以像 pUC19 一样通过蓝白菌落筛选法筛选含有插入片段的重组载体。*lacZ′* 上有 *Bam*H Ⅰ、*Sph* Ⅰ、*Hind* Ⅲ、*Not* Ⅰ等酶的唯一切点，其中 *Not* Ⅰ的识别序列是在 DNA 上出现频率极少的，重组载体经 *Not* Ⅰ消化后，可以得到完整的插入片段。载体上还设计了与 Sp6 噬菌体启动子和 T7 噬菌体启动子互补的序列，用于插入片段的测序。载体上的氯霉素抗性基因可以帮助在含有氯霉素的培养平板上分辨出转化了的菌落。

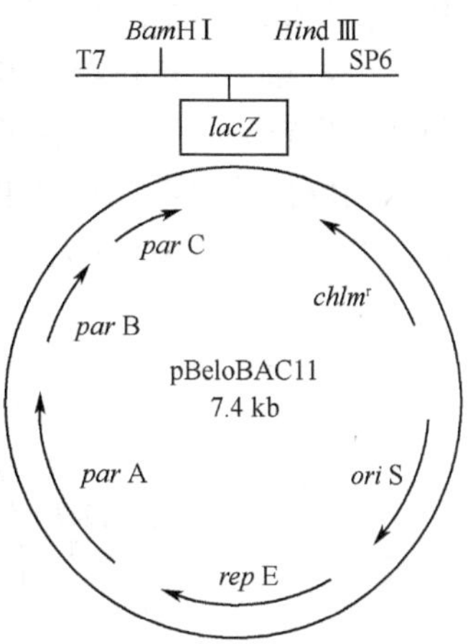

图 3-9 pBeloBAC11 结构模式图

有的 BAC 载体上的选择标记基因是荧光素酶基因或绿色荧光蛋白 *GFP* 基因。

1996 年，Hamilton 等构建了一种称为双元 BAC 的载体系统，该载体含有大肠杆菌 F 因子和发根土壤杆菌 Ri 质粒的复制子，能在大肠杆菌和根癌土壤杆菌中以单拷贝形式复制。

BAC 载体虽然较 YAC 载体容量小，却具有 YAC 所不能比拟的优点，如稳定性好，构建 BAC 文库速度快，BAC 克隆易于分离，筛选 BAC 文库方便，可使用菌落原位杂交来筛选，点样可用机械手完成等。

BAC 载体已应用于基因组文库构建等研究，在人类基因组、水稻基因组、拟南芥基因组及其他生物基因组的测序计划中发挥了重大作用。

3. P1 和 P1 衍生的人工染色体载体 PAC

1）P1 载体

P1 载体是 Sternberg（1990）基于 P1 噬菌体构建的一种高通量载体，与黏粒载体工作原理比较相似。文献上有的称之为噬菌体载体，更多的称为质粒载体。它含有多个 P1 噬菌体来源的顺式作用元件，能容纳 70～100kb 大小的基因组 DNA 片段。在这种系统中，含有基因组和载体序列的线状重组分子在体外被组装到 P1 颗粒中，P1 感染大肠杆菌时将重组 DNA 注入表达 Cre 重组酶的大肠杆菌中，线状 DNA 分子通过 Cre 重组酶和两个重组 *loxP* 位点环化。另外，载体还携带一个通用的选择标记卡那霉素抗性基因 *kan*ʳ，一个区分携带外源 DNA 克隆的阳性标记蔗糖致死基因 *sac*B 以及一个能够使每个细胞都只含有一个拷贝环状重组质粒的 P1 质粒复制子。另一个 P1 复制子（P1 裂解性复制子）在可诱导的 *lac* 启动子（IPTG 诱导）控制下，用于扩增。

常用的一个 P1 载体 pAd10 *sac*B11 大小约为 16kb。

2）P1 人工染色体 PAC

Ioannou 等（1994）最早将 P1 载体和 F 因子结合起来构建了一种新的人工染色体载体系统 PAC，这个系统兼具 P1 载体和 F 因子的特点，包括阳性选择标记 *sacB* 及噬菌体 P1 的质粒复制子和裂解性复制子。其插入容量为 100～300kb。

然而，除了将连接产物包装进入噬菌体颗粒以及在 *cre-loxP* 位点使用位点特异性重组产生质粒分子以外，在载体连接过程中产生的环状重组 PAC 也可能用电穿孔的方法导入大肠杆菌中，并且以单拷贝质粒状态维持。代表性 PAC 载体 pCYPAC1 的结构见图 3-10。基于 PAC 的人类基因组文库插入片段的大小为 60～150kb。

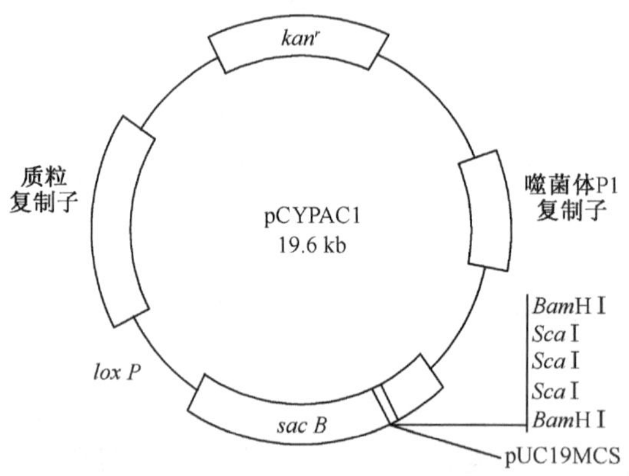

图 3-10 pCYPAC1 的结构模式图

PAC 的最大优点是可避免 YAC 中出现的嵌合现象和不稳定问题。PAC 在基因分离和 DNA 测序中与 YAC 结合使用，可收到更好的效果。PAC 已经被广泛应用在基因组测序和基因的定位，标记及功能的研究中。

此外，刘耀光等（2003）结合 PAC 载体和双元载体的特点，构建了称为可转化人工染色体的载体。TAC 载体中的 P1 裂解复制子可被 IPTG 诱导产生多拷贝，有利于克隆 DNA 的提取和文库筛选。

（四）毕赤酵母表达载体

巴斯德毕赤酵母（*Pichia pastoris*）载体包括自我复制的游离载体和整合型载体，现在一般都用整合型载体（图 3-11），因为整合型载体通过同源重组整合到酵母染色体上，使外源基因的表达更为稳定。通用的整合载体除了跟 pUC19 一样具有大肠杆菌 ColE Ⅰ 质粒的复制起始点和氨苄青霉素抗性基因外，一般含有一个外源基因表达框、*AOX* 1 启动子（5′-*AOX* 1）、多克隆位点（MCS）、AOX 1 转录终止子（AOX_t）、组氨酸脱氢酶基因 *His* 4。此外，还含有 *AOX* 13′ 的非编码区序列，使外源基因能以替代或插入方式整合到染色体的 *AOX* 1 部位。

整合位点一般位于 *His*4 区或 *AOX* 1 区。*AOX* 1 区的整合包括同源双交换引起的基因置换和位点特异性单交换引起的基因插入。同源双交换使受体菌的 *AOX* 1 结构基因被外源基因表达盒所替换，因而使受体菌失去大部分甲醇利用能力，产生 Mut^s 重组子；位点特异性单交换则不破坏受体菌的 *AOX* 1 结构基因，产生 Mut^+ 重组子。*His* 4 区的整合方式为位点特异性单交换引起的基因插入，整合后使组氨酸缺陷型的受体菌（*his*4）恢复野生型。*His* 4 区或 *AOX* 1 区位点的整合都使转化子具有 *His* 4 基因，因

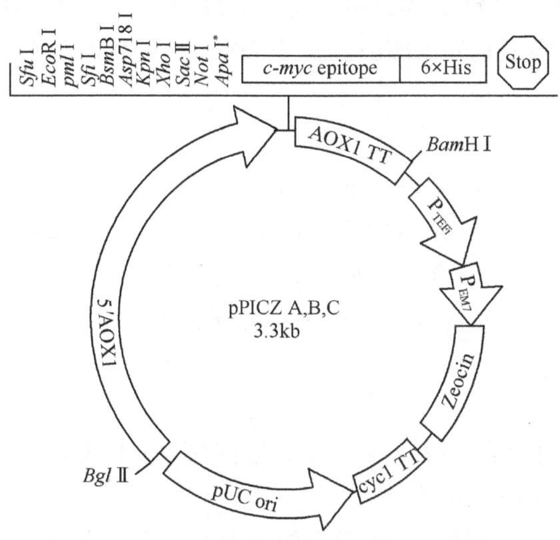

图 3-11　毕赤酵母表达载体 pPICZ 系列模式图

而可以利用表型差异进行筛选。

选择标记一般为对应于营养缺陷型受体的野生型基因，常用 *His* 4。由于巴斯德毕赤酵母不能利用蔗糖，所以也可用来源于酿酒酵母的蔗糖酶基因 *Suc* 2 作为标记。

四、DNA 重组技术的步骤

重组 DNA 技术一般包括 7 个步骤：提取（DNA extraction）、酶切（enzymatic digestion）、连接（ligation）、转化（transformation）或转染（transinfection）、筛选（screening）、检验（verification）和扩增（multiplication）。

（一）DNA 提取

DNA 重组技术涉及从含有感兴趣 DNA 片段的生物提取总 DNA，从转化了的宿主菌提取载体 DNA 或重组载体 DNA，前者提取到的 DNA 相对于载体而言是异源 DNA。

1. 提取植物总 DNA

从植物中提取总 DNA 一般采用 CTAB 法。

1）CTAB 法的原理

CTAB（十六烷基三甲基溴化胺）是一种非离子去污剂，植物材料在 CTAB 的处理下，结合 65℃水浴使细胞裂解、蛋白质变性、DNA 被释放出来。CTAB 与核酸形成复合物，此复合物在高盐浓度（＞0.7mmol/L NaCl）下可溶，并稳定存在，但在低盐浓度（0.1～0.5mol/L NaCl）下 CTAB-核酸复合物就因溶解度降低而沉淀，而大部分的蛋白质及多糖等仍溶解于溶液中。经离心弃上清后，CTAB-核酸复合物再用 70%～

75%乙醇浸泡可洗脱掉CTAB。再经过氯仿∶异戊醇（24∶1）抽提去除蛋白质、多糖、色素等来纯化DNA，最后经异丙醇或乙醇等DNA沉淀剂将DNA沉淀分离出来。

2）试剂的配制

2%CTAB缓冲液配制方法为：量取0.5mol/L EDTA母液40mL、1mol/L Tris-HCl母液100mL、5mol/L NaCl母液280mL，称取20g CTAB，溶解后加水至1L，此时pH应为7.5～8.0。高压消毒后加0.2%巯基乙醇。

洗涤用缓冲液用76%乙醇和10mmol/L乙酸铵。

3）操作程序

- 预热CTAB。将含有5mL 2% CTAB溶液的50mL离心管（每管加了10μL巯基乙醇）于65℃水浴中预热。
- 研磨植物组织：将叶片除去中脉用铝箔包好，在液氮中冷冻。每管需0.5～1.0g叶组织。叶组织在液氮处理后在－20 ℃可保存1～2d，在－80 ℃可保存更长时间。
- 将冷冻的植物组织在研钵中用液氮轻轻破碎，加一匙细砂后将冻过的叶块研磨成粉末，然后加入半匙PVPP粉。将粉刮入干燥的试管中，约600μL。
- 裂解植物细胞：在管内加入预热的CTAB，轻轻混匀，使组织尽量分散在液体中，调CTAB体积至反应体系呈均质浆状，不时小心摇动试管。
- 于65℃水浴中保持60min。
- 萃取：取出离心管待冷至室温25℃后，加入等体积的氯仿∶异戊醇（24∶1），混合3min，然后转移到一个小口径离心管中，用氯仿∶异戊醇平衡，以5000 r/min离心10min 。
- 再萃取：用切去尖端的吸头将上清液移到一个干净的离心管中，再用氯仿提取一次，得到的上清液可能还有颜色，但应该是清澈透明的。
- 离析DNA：加0.66倍体积的冷异丙醇，小心颠倒混匀，至絮状DNA出现（或留置过夜），用1mL吸头移出絮状的DNA到另一管中，或13 000r/min离心2min，取沉淀。
- 洗涤DNA：沉淀在5mL洗涤液中洗20min，13000r/min离心2min，取沉淀。
- 重悬浮：沉淀简单干燥后重悬浮于1mL pH 8.0的TE缓冲液中（可留置过夜）
- 去RNA：加1μL RNase（10mg/mL ），37℃保持60min。
- 用2倍体积的pH 8.0 TE缓冲液稀释，加0.3倍体积的3mol/L pH 8的乙酸钠缓冲液和2.5倍体积的冷100%乙醇。
- 离心沉淀：13 000r/min离心5min。沉淀用70%乙醇洗涤2次（每次加入500μL 70%乙醇洗涤，13000r/min离心2min），取沉淀。
- 沉淀悬浮在0.5～1mL pH 8.0的TE缓冲液中（费时，所以有人建议于65℃水浴10min，以溶解DNA。），冷冻至使用时取出。
- 电泳检测：取1μL DNA上样于琼脂糖凝胶上，经电泳和溴化乙锭显色，检查

DNA 的质量并大致定量。取 1μL 质粒 DNA 样品，加到石英比色杯中的 1mL 水中，在 260nm 波长测 OD 值。

- 紫外分光检测：取 1μL DNA 样品检查 OD_{600} 值。对于双链 DNA，OD 值 1.0 所对应的 DNA 浓度为 50μg/mL。而对于较纯的 DNA，260nm 与 280nm 波长的光密度值之比应为 1.8～2.2。
- 保存 DNA：如果暂时不使用，可将 DNA 保存在－80℃（笔者认为，实际上 DNA 以干燥状态保存更好）。

2. 提取质粒 DNA

提取质粒载体或重组载体 DNA 一般采用微制备法（miniprep），也叫碱裂解法。

1）碱裂解法的原理

碱裂解法提取质粒利用的是共价闭环质粒 DNA 与线状的染色体 DNA 片段在拓扑学上的差异来分离它们。在 pH 12.0～12.5 这个狭窄的范围内，线状的 DNA 双螺旋结构解开变性，而共价闭环质粒 DNA 的氢键虽然断裂，但两条互补链彼此依然相互盘绕，紧密结合在一起。当加入 pH4.8 的乙酸钾高盐缓冲液使 pH 降低后，共价闭合环状的质粒 DNA 的两条互补链迅速而准确地复性，而线状的染色体 DNA 的两条互补链已完全分开，不能迅速而准确地复性，而是彼此缠绕形成网状结构。通过离心，染色体 DNA 因缠绕且与细胞壁结合，会随同 RNA、蛋白质-SDS 复合物等一起沉淀下来，而质粒 DNA 仍留在上清液中。向含有钾离子的上清液中加入乙醇或异丙醇，破坏了质粒 DNA 与水分子之间的氢键，质粒 DNA 分子间相互聚集而沉淀下来。

2）试剂的配制

以下提到的水都是超纯水。

- 氨苄青霉素（Amp）母液：50mg/mL 水溶液，滤膜去菌。－20℃保存备用。
- LB/Amp 培养基：胰蛋白胨（细菌培养用）10g，酵母提取物（细菌培养用）5g，NaCl 10g，加超纯水至 1000mL，完全溶解，用 NaOH 调节至 pH7.5，分装在 100mL 带螺纹盖小瓶中，其中 5 个瓶中每瓶加 1.5g 琼脂粉，盖子不要拧紧，高压灭菌 20min。培养基冷却至室温后，在无菌条件下每 100mL LB 培养基加 100μL 氨苄青霉素母液至 50μg/mL，然后拧紧盖子。当培养基降温至 45℃左右（不烫手）时，制 LB/Amp 平板。
- SolutionⅠ：50mmol/L 葡萄糖，25mmol/L pH8.0 Tris · Cl（三羟甲基氨基甲烷/盐酸），10mmol/L pH8.0 EDTA（乙二胺四乙酸）。高压灭菌 15min，储存于 4℃冰箱。
- SolutionⅡ：即 1%SDS 和 0.2mol/L NaOH，现配现用。在另一个 1.5mL 离心管中分别加 800μL 水，100μL 10%SDS，100μL 2mol/L NaOH，混合均匀备用。10%SDS（十二烷基硫酸钠）是预先配制的，注意不能高压消毒，室温下保存。2mol/L NaOH 是使用时配制，称取一小片 NaOH（100～200mg），放在一个 1.5mL 离心管中，每 100mg NaOH 加 1.25mL 水。

- SolutionⅢ：即 pH 4.8，3mol/L 乙酸钾缓冲液。5mol/L 乙酸钾 60mL，冰醋酸 11.5mL，水 28.5mL。配好后高压灭菌，降至室温后在 4℃保存备用。
- TE 缓冲液：10mmol/L Tris · HCl（pH8.0），1mmol/L EDTA。每次配25 000 mL，配好后装在 25 000mL 带螺纹盖的瓶中，盖子不要拧紧，高压消毒后在室温下保存备用。
- 96%和 70%乙醇：配好后放在 100mL 带螺纹盖的瓶中，保存在－20℃。
- RNA 酶 A 母液：将 RNA 酶溶于 10mmol/L pH7.5 的 Tris · HCl、15mmol/L 的 NaCl 中，配成 10mg/mL 的浓度，于 100℃加热 15min，使混有的 DNA 酶失活。冷却后用 1.5mL 小离心管分装成小份，保存于－20℃。
- 0.5 %琼脂糖凝胶的制备：先用无离子水将 5×TBE 母液稀释成 0.5×TBE 稀释缓冲液。然后，称取 1g 琼脂糖，置于 500mL 三角瓶中，加 200mL 0.5×TBE 稀释缓冲液，放入微波炉内加热至琼脂糖全部熔化，取出后稍冷至 50～60℃，加 10μL 10mg/mL 的溴化乙锭使最终浓度为 0.5μg/mL，混匀后倒入放了梳子的模具中，梳齿间不能有气泡，待冷却固化后取出梳子。最后将凝固的胶块放入电泳槽中，倒入 0.5×TBE 稀释缓冲液，液面高出胶块上表面约 1mm 即可。

3）操作程序

以下是笔者在荷兰阿姆斯特丹大学时用过的操作程序，用以提取 pUC19 载体。

除简单离心收集管壁上残余水珠是开机后计时 5s 不计转速外，离心转速均为 13 000r/min。

（1）扩增质粒

- 用灭菌的牙签从保存在 4℃的划线培养平板上挑取一个含 pUC19 质粒的菌落，放入内有 2mL LB/AMP 培养液的培养管中，在 37℃摇床中 300r/min 振荡培养过夜。
- 用移液枪 1mL 吸头分两次移取 1.5mL 培养物于 1.5mL 离心管中。
- 离心 1min，弃上清液，再短暂离心收集管壁上残余水珠，用移液枪吸弃剩下的水滴。

（2）提取质粒 DNA

- 加 100μL SolutionⅠ，用吸头轻缓吸排，让沉淀的细菌悬浮均匀。
- 加 200μL 新配制的 Solution Ⅱ，加盖后倒转几次混匀至清澈，室温下放 5min。
- 加 150μL 4℃ Solution Ⅲ，加盖后倒转几次混匀，可见白色絮凝物。
- 离心管在冰上放 10min，然后涡振 5s。
- 离心 5min。
- 移上清液至另一干净离心管，在通风橱中戴手套加 450μL 苯酚：氯仿等比例混合液于管中。
- 涡振 5s。
- 离心 2min。
- 在通风橱中戴手套移上层的水相（约 400μL）至另一干净离心管。

- 加 2.5 倍体积（约 1mL）的 96%冷乙醇（－20℃），加盖后倒转几次。直到沉淀明显。
- 离心管在冰上放 10min 或更长时间。
- 离心 5min，弃上清液。
- 加 1mL 70%冷乙醇（－20℃）洗 2 次，每次离心 2min，最后简单离心收集管壁上残余水珠，用移液枪吸去残余水珠。
- 在真空旋转干燥机中干燥 3min。
- 沉淀溶于 20μL 水中，加盖后用记号笔标记，在－20℃保存。

(3) 提取到的质粒 DNA 的质量检查

- 紫外分光检测。取 1μL 质粒 DNA 在 260nm 波长测 OD 值。参见植物 DNA 提取。
- 电泳检测。取 1μL 质粒 DNA 样品，加 3μL 5×上样缓冲液和 11μL 水，电泳检查 DNA 有无、DNA 分子质量的正确性和 DNA 质量。在另一泳道加 1kb ladder（长度依次为 12.2、11.2、10.2、9. 2、8.1、7.1、6.1、5.1、4.1、3.1、2.0、1.6、1.08、0.52、0.39、0.34、0.30、0.22、0.20、0.15、0.14、0.08）作为分子质量标记。电泳时控制电压保持在 120V，电流在 40mA 以上。当溴酚蓝条带移动到距凝胶前沿约 2cm 时，停止电泳。在波长为 254nm 的长波长紫外光下观察电泳胶板。提取质量好的 pUC19 质粒 DNA 只显示一条带，是超螺旋状的，比分子质量相同的线状 DNA 迁移快，迁移位并不在对应于 2.7kb 的地方，而是相当于 1.8kb 的线状 DNA。提取时受损伤的 DNA 样品还有 2 条带，迁移稍慢的一条是线状的质粒 DNA，最后的一条是松弛环的（relaxed，一条单链有缺口）的质粒 DNA。用一次性成像机拍照或用凝胶成像系统保存图片文件。

3. 提取 λ 基因组文库克隆

1) 原理

λ 基因组文库是以 λ 噬菌体作为克隆载体构建的。每个 λ 克隆的 DNA 由噬菌体的两臂和中间插入序列组成（图 3-12），具有 λ 噬菌体的侵染、增殖、裂菌功能。因此，在经文库筛选得到目的克隆后，让其感染大肠杆菌宿主菌系，通过大肠杆菌宿主菌系的繁殖而扩增 λ 克隆，利用噬菌体裂解生长的特点，从裂菌培养物提取 λ 克隆 DNA。

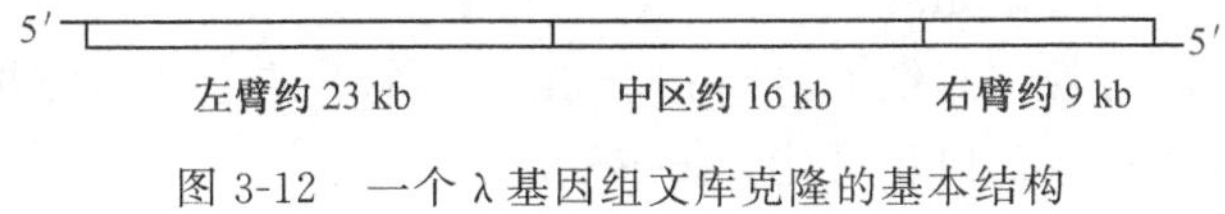

图 3-12　一个 λ 基因组文库克隆的基本结构

2) 试剂的配制

- LB/$MgSO_4$/麦芽糖培养基。每 100mL LB 培养基加 1mL 1 mol/L $MgSO_4$ 和 1mL 20%麦芽糖（麦芽糖 20 g，加水至 100mL，0. 22μm 滤膜过滤备用），不加氨苄青霉素。

- SM 液。NaCl 5.8g，$MgSO_4 \cdot 7H_2O$ 2g，1mol/L Tris-HCl（pH7.5）50mL，2%明胶 5mL，加 ddH_2O 至 1000mL，高压灭菌 20min。
- 10mg/mL RNase A。用 TE 配制，沸水浴 15min，分装后储存于－20℃。
- 10mg/mL DNase Ⅰ。用 TE 配制，分装后储存于－20℃。

3）操作程序

以下是笔者在荷兰阿姆斯特丹大学时用过的程序。

（1）扩增 λ 基因组克隆

- 在 3 个 125mL 三角瓶各加 25mL LB/$MgSO_4$/麦芽糖，在 37℃摇床中预热。
- 在 2 个 1.5mL 离心管中各加 750μL OD_{600} 约为 2.0（每毫升约 10^9 个细菌）的大肠杆菌 K803 菌系培养物，加 250μL 含 1×10^7 个 PFU（噬菌斑形成单位）的 SM 液，每管总体积 1mL。另用一管作对照，SM 液中不含噬菌体。3 管都在 37℃水浴中保 20min，使噬菌体颗粒吸附于细菌。
- 在无菌条件下将上述悬浮液分别加到各个预热的三角瓶中 25mL LB/ $MgSO_4$/麦芽糖中，在 37℃摇床中以 300r/min 振荡培养约 5h。
- 待加有噬菌体的三角瓶内的培养物由混浊变清（与对照相比），说明裂菌发生，此时，向每个加有噬菌体的三角瓶中加入 500μL 氯仿，继续培养约 15min。

（2）提取 λ 基因组克隆 DNA

- 在无菌条件下，将含有噬菌体的培养物分装到 2 个 50mL 离心管中，平衡后在室温下以 8000*g* 离心 10min。
- 将上清液转到新的无菌 50mL 离心管中，加 50μL 浓度为 10mg/mL 的 RNA 酶使终浓度为 20μg/mL，加 25μL 浓度为 1mg/mL 的 DNA 酶使终浓度为 1μg/mL。室温下反应 30min。
- 加 1.46g NaCl，用 Parafilm 封住管口，小心倒转几次，直到 NaCl 完全溶解。然后在冰上放 60min。
- 在 4℃以 10 000r/min 离心 10min。
- 将上清液转到新的离心管中，加 2.5g PEG6000（聚乙二醇）使终浓度为 10%（*m/V*）。用 Parafilm 封住管口，室温下小心倒转几次，直到 PEG 完全溶解。
- 离心管在冰上放至少 60min，最好在 4℃过夜，让 DNA 沉淀。
- 水浴箱调温到 65℃。
- 以 9500r/min 离心 20min。
- 弃上清液，离心管在滤纸上斜倒立 5min，让余下的上清液流出。用消毒的吸头将残留的液体移除，以尽可能去掉 PEG。
- 将沉淀悬浮在 500μL SM 中转到新的无菌 1.5mL 离心管中。加 24μL 0.5moL/L EDTA（终浓度为 20mmol/L）、30μL 10%SDS（终浓度为 0.5%）、16μL 蛋白酶 K（20mg/mL，终浓度为 100μg/mL）和 30μL SM。总体积 600μL。在 65℃保温 60min。
- 加 600μL 苯酚：氯仿（1：1），涡振 1min 混匀，13 000r/min 离心 5min，取上层水相到一新离心管。再用苯酚：氯仿（1：1）提取水相 1 次。

• 取上层水相到一新离心管，加 600μL 氯仿，涡振 1min，13 000r/min 离心 5min。
• 取上层液到一新离心管，加等体积（约 600μL）异丙醇，倒转几次混匀，在 −70 ℃放 20min，或在 −20℃过夜，以沉淀 DNA。
• 在 4℃以 13 000r/min 离心 10min，用移液枪除去上清液。用 1mL 冷（−20℃）70%乙醇洗沉淀，重复一次，每次离心 2min。
• 在真空离心干燥机中离心 3min 以干燥 DNA。
• 沉淀溶于 120μL 水中，加 RNA 酶至终浓度 20μg/mL，在 37℃保温 30min。
• −20℃保存备用。

（3）提取到的 λ 克隆 DNA 的质量检查和效价测定

• 取 3μL λ 克隆 DNA 提取液加 2μL 上样缓冲液和 5μL 水共 10μL，上样到琼脂糖凝胶上，同时在另一泳道加 λ 噬菌体 DNA（购买的或自己以前提纯的）作为分子质量参照物，对于一般电泳 1h 后在凝胶成像系统中或在紫外光下检查所提取的 DNA 的纯度。应该只有一条 48 kb（与对照在同一迁移水平）左右的带。
• 用 SM 液 10 倍梯度（10^{-1}、10^{-2}、10^{-3}）稀释 λ 克隆 DNA 提取物。
• 取 0.1mL 各梯度稀释液到一小离心管中，加 0.2mL 新鲜培养的宿主菌，加麦芽糖（0.2%），$MgSO_4$（10mmol/L），37℃保温 20min，使噬菌体颗粒吸附于细菌。
• 取熔化后冷却到 47℃的 0.7%琼脂 LB 固体培养基 3mL 与上述管混匀，立即倒入 37℃预热 2～4h 的 1.5%琼脂 LB/$MgSO_4$ 固体培养平板上，轻轻晃动平板使均匀分布。室温下固化 10mL。
• 37℃培养 6～8h 后，观察噬斑形成并计数。

（二）DNA 酶切消化

酶切消化 DNA 是在体外用限制性内切核酸酶（restriction endonuclease）消化（digestion）提取到的异源 DNA 或载体 DNA。酶切 DNA 有几个目的：一是为了将异源 DNA 连接在载体 DNA 上；二是为了将长的 DNA 切小，以便于测序；三是为了查明不同的限制性内切核酸酶在异源 DNA 上的位点分布（限制性图谱或物理图谱）；四是为了检测提取到的 DNA 的正确性。

为前两个目的做酶切，要考虑载体切开的末端要与异源 DNA 切开的末端能够碱基互补。

前已述及，在 DNA 重组技术中使用的限制性内切核酸酶多为识别序列 4 个或 6 个碱基的Ⅱ型酶。不同的酶要求的环境如最适温度、金属辅基等不同。大多数的酶的最适反应温度为 37℃；但也有的酶的反应适温低一些，如 *Sma* Ⅰ为 30℃；有的酶高一些，如 *Taq* Ⅰ为 65℃。每种酶都有自身特殊的基本缓冲液，相互之间不能通用。不过 *Eco*R Ⅰ和 *Hind* Ⅲ 这两种酶使用同一种缓冲液对 DNA 作双酶切（double digestion）时可以有 80%的同时切开率。在购买酶时，公司已经配套了专用的 10×缓冲液。反应体系总体积一般为 20μL。

以下是笔者在荷兰阿姆斯特丹大学时用过的λ克隆 DNA / *Sal* Ⅰ酶切操作程序。

- 反应体系配制。在灭菌的 1.5mL 小管中分别加入 1μg λ 克隆 DNA 和 2μL 10×缓冲液，再加水使总体积为 19μL，混匀后加入 1μL 保存在－20℃的 *Sal* Ⅰ酶液，酶用后马上放回冰上，离心 5s 收集管壁水珠。酶从冰箱中取出和用后返回冰箱前都放在冰上。
- 消化。反应管插入飘浮板小孔 37℃水浴保温 2h。
- 电泳检测。将酶解反应物加上样缓冲液和水上样于琼脂糖凝胶上电泳，以λ噬菌体 DNA 及其 *Hind* Ⅲ 酶解所得的片段（23.13、9.416、6.557、4.361、2.322、2.027、0.564 和 0.125 kb）作为分子质量标记。电泳结束后在紫外光下检查，反应液泳道应为 3 条带，前后 2 条带分别对应于 23.13kb 和 9.416kb，中间 1 条带应为 16kb。若反应不彻底，会出现 4 条带，倒数第二条带为未切开的λ克隆 DNA。

（三）连　　接

连接是用 DNA 连接酶（ligase），一般是 T4 噬菌体的 DNA 连接酶将感兴趣的异源 DNA 片段与载体连接得到重组 DNA 分子。

1. 待连接片段的末端与连接难易

在连接的时候首先要考虑异源 DNA 片段和载体末端的性质。

如果是同一种酶切开的，连接没有问题，连接后原有的识别序列仍然还在。如果是识别序列不同的酶，若切开后的单链突出序列碱基相同，连接也没有问题，但连接后识别序列的首尾两个碱基不是互补的，即原来的识别序列消除了，用原来的两种酶都切不开了。

如果两个片段的单链末端只有部分碱基互补，也可连接，但难度大些，原来的识别序列消除，未互补的单链缺口可通过宿主细菌的酶体系填补。

如果两个片段单链末端没有碱基互补，或两个片段都是 5′单链突出或 3′单链突出的，则不能直接连接。要用 Klenow 酶将突出的单链修补为钝端双链后再连接。

钝端限切酶切开的片段或经修补而成的钝端片段，由于没有黏性末端，连接起来很困难，但也不是不能连接。

2. 待连接片段 DNA 的质量

1）载体的质量

载体的质量包括酶切的完全度，末端 5′-磷酸基团的有无。pUC 19 质粒一般达不到 100％切开度，电泳检查时可以看到有一条与未切开 pUC 19 质粒迁移率相同的带。而且，只用一种酶切开的质粒，末端有 5′-磷酸基团的容易自连成环。因此在酶切载体后要用碱性磷酸酶处理。连接了异源 DNA 片段后，缺磷酸基团的地方可以通过宿主细菌的修复系统修复。但若载体是用两种不同的酶切开的，具有不同的末端，就不可能自连，无需去磷酸化。

pUC 19 质粒去磷酸基因操作程序：

- 在 pUC 19 质粒酶切反应管中加无离子水至 200μL，加入 20μL 的 3 mol 乙酸钠缓冲液。
- 用 450μL 苯酚：氯仿等比例混合液萃取，后面的提纯步骤同质粒提取。
- 70%乙醇最后一次洗涤并真空干燥后，用 11μL 无离子水溶解沉淀，在管内直接加 3μL 10×缓冲液和 1μL 小牛肠（calf intestine）碱性磷酸酶，混匀后简单离心收集水珠，在室温下放 30min。
- 反应物上样电泳。电泳完毕切下线状 DNA 的带，放入小离心管内，保存在4 ℃待回收提纯。

2）异源 DNA 质量

异源 DNA 的纯度和大小影响连接成功率。异源 DNA 只有一种片段容易正确连接。如果混有其他片段，尤其是小片段，就会干扰连接。大分子比小分子难连接。电泳后回收的 DNA 容易连接。

回收 DNA 主要有两种方法：一是石灰乳法，二是电泳洗脱法。两种方法都要在紫外光下切下有 DNA 带的凝胶。

（1）电泳洗脱回收法（electro-elution）。适合于回收 10kb 以上的片段。以下是笔者在荷兰阿姆斯特丹大学时用过的程序，用以回收 λ 基因组的一个克隆的 16kb 插入片段。

- 将 50×TAE 母液（242g Tris、57.1mL 冰醋酸、100mL 0.5 mol/L EDTA）稀释成 0.5×TAE 缓冲液，倒入电泳槽至液面高出槽内平台面约 1cm。
- 从 50%乙醇中取出透析管，剪下约 3cm 长的透析管在无离子水中漂洗干净。
- 用夹子夹紧透析管的一端，将切下的胶条放入管内，加入 200～300μL 0.5×TAE 缓冲液。
- 用夹子夹紧透析管的另一端，确保内部无气泡。
- 将透析管放在电泳槽内平台上，管向与电流方向垂直，确保缓冲液淹过透析管。
- 150 V 电泳 1 h，然后取出透析管，在紫外光下检查，确保荧光斑已在管壁上。
- 松开透析管一端夹子，小心取出胶条，摩擦管壁，使 DNA 从管壁脱离到缓冲液中。
- 用移液枪吸头移出管内液体到一个 1.5mL 管内，加 1×TAE 缓冲液到体积达到 300μL。
- 加 400μL 酚：氯仿（1：1）到管中，涡振 1min 后 13 000/min（以下同）离心 5min。
- 移上层的水相于一个新的空管中。
- 加 2.5 倍体积的 96%冷乙醇和 0.1 倍体积的 3mol 乙酸钠缓冲液。
- 离心管在－80℃放 15～20min，然后离心 10min。
- 用 70%冷乙醇洗沉淀 2 次，每次加 1mL，加盖后倒转几次，离心 5min。
- 真空放置干燥 3min。
- 沉淀用 20μL 无离子水溶解。

- 取 4μL 样液电泳检查 DNA 的量。

（2）玻璃乳回收法。也叫基因纯洁法（Geneclean），适合于回收 10 kb 以下的片段。以下是笔者在荷兰阿姆斯特丹大学用过的程序，用以回收 pUC 19 质粒经酶切后的线状 DNA 分子。

- 设定水浴箱温度在 65℃。
- 将切下的胶条放入一个 2mL 离心管中，加 1mL（3 倍体积）在 4 ℃下保存的 NaI 和 100μL TBE 修正液。胶条小时可用 1.5mL 离心管，分别加 NaI 500μL 和 50μL TBE 修正液。
- 离心管插入漂浮板的孔中，漂浮板放在 60℃水浴箱中，经 2min 后将倒转几次。
- 继续在水浴箱中保温离心管，直到胶条熔化分散，需 5～10min。
- 取出在 4 ℃下保存的玻璃乳，涡振 1min。加 5μL 玻璃乳到离心管中，倒转离心管几次混匀，室温下保持 5～10min。玻璃乳用后随即加盖，并用 Parafilm 封住管盖，以防水分蒸发。
- 离心 20s，弃上清液。
- 用洗涤液洗沉淀 2 次以上。
- 简单离心 5s 后用吸头吸出残余水珠。
- 分 2 次用无离子水溶解吸附在玻璃乳微粒上的 DNA，每次加 10μL 无菌水后在 65℃保持 5min，再离心 30s，用吸头吸取离心后的上清液，合并 2 次的上清液共 20μL。提取液可直接用于连接试验，也可保存在冰上或－20℃。

3. 连接操作程序

以下是笔者在荷兰阿姆斯特丹大学用过的连接一个 λ 克隆的 16kb 插入片段到质粒 pUC 19 上的操作程序。插入片段和 pUC 19 都具有 *Sal* Ⅰ 限制性内切核酸酶切开的末端。

- 在 1.5mL 离心管中加入 10μL 电泳回收提纯的 16kb 插入片段溶液、1μL 玻璃乳法回收提纯的无 5′-磷酸基团的 pUC 19 溶液、3μL 5×连接缓冲液和 1μL T4 连接酶。注意载体和异源 DNA 分子比应为 1∶1。
- 离心管涡振 5s，混匀管内成分。
- 离心 1min，收集管壁水珠。
- 离心管插入漂浮板孔中，放入 16℃ 冷循环器水面。保持过夜或更长时间。

在这个例子中，载体和异源 DNA 都具有同样的末端，连接时插入序列可能有两个方向。但若载体和异源 DNA 都由两种不同的酶切开，连接时插入序列只有一个方向。

（四）转　　化

转化（transformation）是将外源 DNA 分子导入受体细胞，使之获得新的遗传性状。

成功转化的一个关键因素是受体细胞的可转化度或感受态，亦即是否容易接受外来的 DNA 分子并稳定遗传下去。受体细胞除了要满足前述工具菌的基本条件外，还必须是感受态细胞（compenent cell）。在 DNA 重组技术中，要转化的主要是大肠杆菌，转化的方法有热击转化法、电击转化法、三亲交配转化法和冻融直接转化法。

1. 热击转化法

这是最常用的一种转化大肠杆菌的方法。下面介绍的是笔者在荷兰阿姆斯特丹大学使用过的制备大肠杆菌感受态细胞的 $CaCl_2$ 法，以及检验感受态细胞质量用过的热击转化法。

1）原理

人工构建的质粒载体一般缺乏通过细菌接合作用转移到新的宿主内所必需的基因，因此不能自行完成从一个细胞到另一个细胞的接合转移。受体细胞要经过一些特殊方法，如 $CaCl_2$ 法的处理，使细胞的通透性发生暂时改变，从而允许外源 DNA 分子进入。感受态细胞与异源 DNA 分子混合在一起，从冰上突然转到 42℃水浴中，称之为热击（hot shock），异源 DNA 分子借以进入细胞内。

2）试验材料的准备

- 大肠杆菌 DH5α 菌株。－80℃甘油中保存。
- 已知浓度的 pUC19 质粒 DNA 纯品。
- LB 液体培养基和 LB/Amp 固体培养基。方法见前。
- 0.1mol/L $CaCl_2$ 溶液。将 $CaCl_2 \cdot 2H_2O$，溶于 80mL 超纯水中，定容至 100mL，滤膜灭菌。装在带盖玻璃瓶中，保存在 4℃。

3）操作程序

以下是笔者在荷兰阿姆斯特丹大学使用的操作程序。

（1）$CaCl_2$ 法制备感受态细胞操作程序

- 受体菌的划线培养。在无菌条件下从－80℃甘油中保存的 DH5α 菌种一小环，划线于预先在 65℃开盖烘 30min 的 LB 平板上，在 37℃以 300r/min 培养过夜。
- 次日下午用灭过菌的牙签从 LB 平板上挑取单个菌落，接种于 100mL 三角瓶内 10mL LB 液体培养基中，37℃以 300r/min 振荡培养过夜。
- 第三天上午，取 0.5mL 培养过夜的培养物加到含 100mL LB 培养液的 500mL 三角瓶内，在 37℃以 300r/min 振荡培养。此时将离心机转头放入离心机在 4℃预冷。
- 经 2～3h，OD_{600} 达到 0.5 左右。取出三角瓶，将其半埋在冰块中冷却，然后将三角瓶中菌液分装到事先半插入冰中的 2 个消毒的离心管中，盖好盖子，并用 Parafilm 封好盖子。
- 在 4℃以 1500*g* 离心 10min，弃上清液，离心管半埋于冰块中。
- 取 25mL 在 4℃预冷的 0.1mol/L 的 $CaCl_2$ 溶液逐滴地缓缓悬浮细胞。
- 离心管半埋于冰中，放置 45～60min。

- 4℃，1500g 离心 10min，弃上清液。
- 沉淀用 4mL 在 4℃预冷的 0.1mol/L 的 $CaCl_2$ 溶液分 4 次并逐滴地缓缓悬浮细胞。即成感受态细胞悬液。
- 离心管半埋于冰中，放置 30min。
- 用大嘴的玻璃刻度移液管加 0.7mL 室温下保存的 100%甘油于离心管中。此时甘油浓度约为 15%。注意甘油的黏度大，要等管中甘油基本上流出。
- 将 2 个离心管中的悬浮液合并，总体积约为 9.5～10mL。
- 在冰块上插入 50 个 1.5mL 小离心管，将制备好的感受态细胞分装到小离心管中，每个小离心管内 150μL。
- 将小离心管盖好盖子，除留下马上要做转化试验的 4 管外，其余全部插入超低温专用保藏盒内小孔中，放入－80℃超低温冰箱中长期保存。

（2）热击转化操作程序

- 将 4 管感受态细胞悬液置于冰上，如果是从－80℃冰箱中取出，要在冰上解冻。
- 管内分别加入 10μL 不同浓度（1ng、0.1ng、0.01ng、0.001ng）的 pUC 19 质粒 DNA 溶液，用手指轻弹管壁摇匀，冰上放置 50min。
- 感受质粒 DNA 混合物在 42℃水浴中热击 2min，然后迅速置于冰上冷却 3min。
- 向管中加入 1mL LB 培养液，混匀后 37℃温箱内平置 50min，使细菌恢复正常生长状态，并表达质粒编码的氨苄青霉素抗性基因 *bla*。
- 每管各取 100μL 菌液涂布于 LB/Amp 筛选平板上，正面向上放置 30min，待菌液完全被培养基吸收后倒置培养皿，37℃培养过夜。
- 第二天数筛选平板上的菌落，计算出每微克质粒 DNA 得到的转化菌落数。一般每微克质粒 DNA 可转化 10^5 个的感受态细胞即可实用。生物技术公司卖的感受态细胞号称每微克质粒 DNA 可转化 10^8 个细胞。实际上只能达到 10^6～10^7 个。

2. 电击转化法

电击转化法（electro-transformation）广泛应用于植物细胞、酵母菌、苏云金杆菌、根癌土壤杆菌的转化。

1）原理

HEPES（*N*-2-羟乙基哌嗪-*N*′-2-乙烷磺酸）是一种非离子态弱酸，用来尽可能洗去对数生长期细胞周围的电解质。洗涤后的细胞与异源 DNA 同时存在时，经电脉冲处理（短暂通电），异源 DNA 随电流进入细胞内。用双元载体转化根癌土壤杆菌（*Agrobacterium tumefaciens*，Atum），一般使用后面将要介绍的三亲交配法，但这种方法比较复杂。笔者曾用同一种载体同时转化根癌土壤杆菌，对电击法和三亲交配法进行了比较，结果得到的转化率、转化菌的稳定性、转化植物的效率并无明显差异。电击法除了在细菌上使用外，也在真核生物如植物的原生质体转化和酵母菌转化上得到了应用。

2）试验材料的准备

- 1mmol/L pH 7.0 HEPES（相对分子质量 238.3）。称取 0.2383g，在 0.9L 超纯水中溶解，定容至 1L，用 0.5mol/L 的 NaOH 调 pH 至 7.0，用滤膜去菌。在 4℃保存。
- SOC 培养液。每升含 20g 细菌培养用胰蛋白胨、5g 细菌培养用酵母浸提物、0.6g NaCl、0.2g KCl、2.5g $MgSO_4 \cdot 7H_2O$、2g $MgCl_2 \cdot 6H_2O$ 及 3.6g 葡萄糖。
- 2×TY 培养液。每升含 16g 细菌培养用胰蛋白胨、10g 细菌培养用酵母浸提物及 5g NaCl，用 0.5mol/L NaOH 调 pH 至 7.0。
- 10%甘油。室温下配制，冰水中暂存。
- 根癌土壤杆菌菌系 EHA105。

3）操作程序

（1）用 HEPES 法制备根癌土壤杆菌感受态细胞
- 移取 10mL EHA105 菌系培养过夜的菌液加到 1L 2×TY 培养液中，分装到 6 个 500mL 三角瓶中。
- 在 29℃以 300r/min 振荡培养，直到 OD_{600} 值达到 0.5～1.0。
- 三角瓶移到冰上，冷却 15～30min。同时离心机转头在 4℃冷却。
- 在 4℃以 4000*g* 离心 15min，尽可能多地弃去上清液。
- 每个离心管中的沉淀物用 166mL 预冷 1mmol/L pH 7.0 HEPES 悬浮。
- 离心同上，弃去上清液。
- 每个离心管中的沉淀物用 80mL 预冷 1mmol/L pH 7.0 HEPES 悬浮。
- 离心同上，弃去上清液。
- 沉淀物用 20mL 冰冷的 10%甘油悬浮。
- 离心同上，弃去上清液。
- 沉淀物最终用 3mL 冰冷的 10%甘油悬浮，即为电击感受态细胞。此时的细菌密度应为（1～3）$\times 10^{10}$个/mL。
- 每个 1.5mL 小离心管中分装 40μL 菌液，保存在－80℃。可保存 6 个月以上。

（2）电击转化
- 打开基因电激仪的电源开关。设定电容为 25μF，电压为 2.5kV，设定脉冲控制器电阻在 200Ω。
- 从－80℃取出电击感受态细菌，室温下解冻，然后马上放到冰上。
- 加 1～2 L DNA 到管内，与菌液混匀，冰上放 0.5～1min。
- 将管内悬浮液移到预冷的 0.2cm 电击专用杯中，振动让菌液下到杯底。
- 将电击杯放到电击仪指定位置，施加电压。在上述参数下短暂通电，这将产生一个时间常数为 4～5ms 的脉冲，电场强度将是 12.5kV/cm。
- 取出电击杯，马上加 1mL SOC 培养液到杯中，用移液枪吸头快速混匀菌液（这对于电击后最大限度地恢复转化体是非常重要的）。

- 将菌液移到 1.5mL 小离心管，在 29℃保温 1h，如果以 225r/min 振荡培养效果更佳。
- 涂布 100μL 菌液于筛选平板（加有卡那霉素和利福平的 LB）上。在 29℃保温培养。
- 2～3d 后检查平板上长出的菌落。

3. 三亲交配转化法

三亲交配法的目的是要将一个不含毒力区的双元载体从大肠杆菌转移到根癌土壤杆菌。这种方法虽然比较麻烦，但很多人愿意使用，因为他们认为这是一种天然的（natural）细菌与植物间转移 DNA 的过程。三亲交配法除了在土壤杆菌上应用外，还在假单胞菌和黄单胞菌上应用。

1）原理

接受双元载体的根癌土壤杆菌菌系 LBA4404 已有一个含 Ti 质粒毒力区的质粒，当双元载体进入后，便表达出完整的、转移到植物细胞中的功能。但双元载体不能直接转移到根癌土壤杆菌中，还需要一个质粒的帮助，这个质粒叫做帮助质粒（helper plasmid），具有一个广宿主范围质粒 pRK2013，此质粒上有一个移动（mobilizing）功能位点 *mob*，宿住在大肠杆菌菌系 HB101 中。在三亲交配期间，pRK2013 进入含有双元载体的大肠杆菌菌系中，然后 pRK2013 和双元载体同时进入根癌土壤杆菌菌系 LBA4404。转化的根癌土壤杆菌菌系可通过含两种抗生素的培养平板筛选出来。检验根癌土壤杆菌菌系中的双元载体有无及正确性要先从根癌土壤杆菌提取双元载体，然后再转化大肠杆菌，最后中从转化了的大肠杆菌提取双元载体，经电泳检查。这是因为接受双元载体的土壤杆菌本身还有其他质粒，开始提取到的是不同质粒的混合群体。而转化大肠杆菌后只有双元载体能保存下来，因为土壤杆菌固有的质粒没有大肠杆菌的复制起点，而双元载体有。

2）试验材料的准备

（1）培养基
- LB/利福平 20μg/mL 培养液。培养根癌土壤杆菌 EHA105 菌系用。
- LB/卡那霉素 50μg/mL 培养液。培养大肠杆菌 HB101 菌系用。
- LB/卡那霉素 50μg/mL 培养液。培养大肠杆菌 DH5α 菌系/pMOG402/GUS 用。
- LB/利福平 20μg/mL/卡那霉素 50μg/mL 培养平板。筛选转化的 EHA105 菌系用。

（2）菌系，培养过夜。
- 根癌土壤杆菌 EHA105 菌系（含 Ti 毒力区的质粒）。
- 大肠杆菌 HB101 菌系（帮助质粒 pRK2013）。
- 大肠杆菌 DH5α 菌系（双元载体 pBG1100）。

（3）硝酸纤维膜，用锡箔纸包好后高压灭菌，冷却备用。

3）操作程序

（1）三亲菌系培养和交配

- 培养过夜的菌系各取 200μL 加到含 10mL 液体培养基的三角瓶中，EHA105 菌系在 29℃培养，另两个菌系在 37℃培养。
- 在不含抗生素的 LB 培养平板上放 4 小块硝酸纤维膜。培养平板事先在 65℃干燥 30min。
- 取 HB101 培养液、DH5α/pBG1100 培养液各 25μL，EHA105 培养液 50μL，在带盖试管中涡振，然后加到一块硝酸纤维膜上，另 3 块膜分别加 HB101 培养液、DH5α/pBG1100 培养液各 25μL、EHA105 培养液 50μL，作为对照。室温下干燥。
- 培养平板在 29℃保温过夜。
- 将膜块分别放入 4 个带盖的 10mL 培养管中，加 1mL LB 后涡振，然后转移到 1.5mL 小离心管中。
- 从 4 个小离心管各取 100μL 菌液分别涂布在含有 20μg/mL 利福平和 50μg/mL 卡那霉素的 LB 板上。
- 培养 2～3d，待培养平板上长出菌落时计数菌落。
- 挑取单个菌落检验双元载体的存在。

（2）检验转化体（质粒微制备和电泳）

- 从筛选平板上挑取 1 个菌落，在 10mL 加有 50mg/mL 的卡那霉素的 LB 液体培养基上培养过夜。
- 取 1mL 培养的菌液置于 1.5mL 小离心管中，以 13 000r/min 离心 1～2min。
- 弃上清液，沉淀用 100μL 的 TAE 混匀。
- 加 200μL 裂菌液，即 3%SDS 和 50mmol/L Tris/NaOH（pH12.6），混匀。
- 煮沸 5min，让线状的染色体 DNA 变性。
- 直接放在冰上。
- 加等量的苯酚∶氯仿萃取，苯酚是未缓冲的而是用水饱和的。
- 涡振后以 13 000r/min 离心 2min。
- 取上层水相，加 100μL 3mol/L NaAc（pH5.2）。加 800μL 96%～100%的冷乙醇（保存在−20℃）。
- 在−80℃放 20min。
- 以 13 000r/min 离心 10min。
- 用 70%冷乙醇洗沉淀。
- 以 13 000r/min 离心 10min。
- 真空旋转干燥沉淀。
- 沉淀溶于 50μL 水中。
- 取 20μL 加到 150μL 的 DH5α 中。
- 在 16 ℃过夜转化。
- 转化物涂布在含有卡那霉素的 LB 平板上。

• 按大肠杆菌质粒制备的方法提取双元载体。

4. 冻融直接转化法

细菌的转化也可使用冻融法，这种方法的转化频率较三亲交配法低，只有 10^3 个转化体/μg DNA ，但这项技术是可靠的、快速的，而且还消除了三亲交配期间常发生的质粒重排。以下介绍的方法来源于 An 等（1988）。

1）原理

将细菌置于液氮中冰冻一定时间，然后取出置于 37 ℃迅速融化，造成细菌细胞壁和细胞膜上细微损伤，便于双元载体 DNA 导入。通过双元载体上的抗药性基因的表达，在含有抗生素的培养平板上选出转化的菌落。

2）试验材料的准备

• YEP 培养基。1% 细菌培养用蛋白胨、1% 酵母浸提物、0.5%氯化钠和 20mmol/L 氯化钙。
• 含有 Ti 帮助质粒的根癌土壤杆菌菌系 LBA4414。感受态。
• 要转入的双元载体。
• 液氮。

3）操作程序

• 将含有 Ti 帮助质粒的根癌土壤杆菌菌系加到 5mL YEP 液体培养基中，在 28℃培养过夜。
• 加 2mL 过夜的培养物到含 50mL YEP 液体培养基的 250mL 三角瓶内，在 28℃以 300r/min 振荡，直到培养的菌液 OD_{600} 值达到 0.5～1.0。
• 培养物在冰上冷却，在 4℃以 3000*g* 离心 5min。
• 弃上清液，沉淀的菌体加 1mL 冰冷的 20mmol/L $CaCl_2$ 溶液混匀，在预冷的 1.5mL 小离心管中每管加 0.1mL YEP 液体培养基。
• 加约 1μg 双元载体 DNA 到菌液中。
• 在液氮中冷冻菌体。
• 将离心管放到 37℃水浴中保温 5min，让菌液解冻。
• 加 1mL YEP 液体培养基到管中，混匀后在 28℃柔和振荡培养 2～4h，此时让细菌表达卡那霉素抗性基因。
• 简单离心 30s，弃上清液，用 0.1mL YEP 液体培养基悬浮菌体。
• 将菌液涂布在含有 50mg/mL 卡那霉素的 YEP 培养平板上，在 28℃培养。
• 2～3d 后检查平板上长出的菌落。

（五）筛　　选

筛选是根据载体分子上所含选择标记，在培养基中添加特定药品，然后在培养平板上挑取符合要求的菌落或细胞集群。

1. 蓝白菌落筛选

前已述及，大肠杆菌 DH 5α 菌系在转入了 pUC19 等质粒后，可在含有氨苄青霉素的 LB 平板上形成菌落。对于双元载体等质粒的转化菌，一般都是用抗生素培养平板筛选。

对于中间有插入序列的 pUC19 质粒，连接会有三种结果：一是要插入的序列自连；二是切开的质粒重连；三是要插入的序列与质粒相连。第一种连接结果没有菌落形成。第二种连接结果表现为蓝色菌落。只有后一种结果是符合需要的，产生白色的抗氨苄青霉素菌落。

图 3-13 中蓝菌落代表由完整质粒转化的耐氨苄青霉素菌落，表达出由完好的 *lacZ′* 核苷酸序列编码的功能性的 α 片段；白菌落代表由重组质粒即 *lacZ′* 核苷酸序列上有插入片段的质粒转化的耐氨苄青霉素菌落。

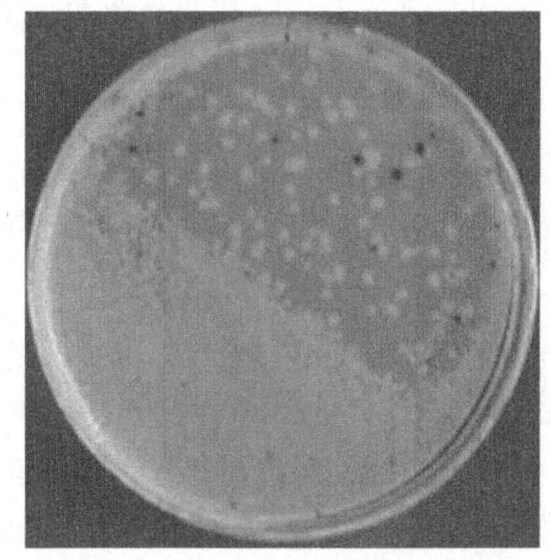

图 3-13　蓝白菌落筛选的结果

2. 利用营养缺陷型特征筛选

也称为标志补救（marker rescue）法。若重组载体分子上的目的基因能够在宿主菌表达，且表达产物与宿主菌的营养缺陷互补，就可用这种方法。

一般对酵母转化菌的筛选是利用宿主菌系营养缺陷型特征。突变后不能合成某些氨基酸的酵母菌菌系，在缺乏这些氨基酸的培养基上不能生长。载体上编码了突变菌所缺陷的基因，这些基因在宿主菌中的表达，使得在突变菌体中可合成这些氨基酸。因此在缺乏这些氨基酸的培养平板上长出的菌落是含有相应载体的。

所有巴斯德毕赤酵母表达系统的受体菌都是组氨酸缺陷型，如果表达载体上携带有组氨酸基因，就可补偿宿主不能合成组氨酸的缺陷，可以在不含组氨酸的培养基上筛选重组菌株。巴斯德毕赤酵母整合载体一般含有一个外源基因表达框、*AOX* 1 启动子（5′-*AOX* 1）、多克隆位点（MCS）、*AOX* 1 转录终止子（AOX_t）、组氨酸脱氢酶基因 *HIS* 4 和为在细菌中进行拷贝增殖而存在的序列（如 *Col*E Ⅰ复制起始点和氨苄青霉素抗性基因）。*HIS* 4 区的整合方式为位点特异性单交换引起的基因插入，整合后使组氨酸缺陷型的受体菌（*his* 4）恢复野生型。

（六）检　　验

对筛选平板上形成的菌落，尤其是在无法进行菌落蓝白筛选、只能单凭抗生素筛选的情况下，还不能肯定其是否含有正确的载体或重组载体。笔者在用 pUC 19 质粒克隆一个来自 λ 克隆的插入片段时，所得到的 12 个白色菌落中经质粒制备和电泳检查，有 3 个菌落的质粒在大小上不符合所需特征。因此要进一步检验载体分子的存在及正确性。

检验的方法一般为DNA微制备结合酶切和电泳检查以及菌落PCR。对于要转入植物的载体，还要将其插入序列转回大肠杆菌质粒上，然后测序确定。DNA微制备、酶切和电泳已经在前面介绍，后一种方法一般不需自己做，直接交给生物技术公司做就行了，又准确又省钱。在此介绍菌落PCR方法。

1. PCR方法的原理

菌落PCR是PCR方法的一种，只不过所用的模板是用菌落破碎液中的DNA。因此，首先要了解PCR方法的原理。

PCR是英文polymerase chain reaction的缩写，即聚合酶链反应，是指在DNA聚合酶催化下，合成特异DNA片段的方法，主要由高温变性、低温复性和适温延伸三个步骤反复循环构成。在高温（95℃）下，待扩增的模板DNA双链受热变性成为两条单链DNA模板。而后在37～55℃低温下，两条人工合成的寡聚核苷酸引物与单链DNA模板上互补的区域结合，形成局部双链。在*Taq* DNA聚合酶的最适温度72℃下，以引物3′端为合成的起点，以单核苷酸为原料，沿模板以5′→3′方向延伸，合成DNA新链。这样，每一双链的DNA模板，经过第一次由解链、复性、延伸三个步骤组成的循环后就成了1（2^1-1）条双链DNA分子。如此反复，每一次循环所产生的DNA均能成为下一次循环的模板，每一次循环都使两条人工合成的引物间的DNA特异区拷贝数扩增一倍，PCR产物得以2^n-1的几何级数迅速扩增，如果循环数是25，所得新的双链DNA分子数理论上是$2^{25}-1$个。一般经过25～30个循环后，停止反应。

由于PCR方法可以在一个反应管中完成试验且放大倍数巨大，因此得到了广泛应用。

2. 菌落PCR试验材料的准备

- *Taq* DNA聚合酶。
- 10×*Taq*缓冲液。
- 引物1和引物2。在模板DNA上与引物对互补的两个区域一个在载体上，另一个在插入序列上，两区域之间的距离约为400 bp。
- 4种dNTP。
- 超纯水。
- 5×电泳上样缓冲液。
- LB培养平板。
- 消过毒的牙签。

3. 菌落PCR操作程序

- 将PCR仪温度设定为95℃。
- 将一个LB培养平板的皿底用记号笔划分成1cm见方的小格并编号。
- 用牙签从筛选平板上挑取一个菌落，在一个编号的PCR反应管底部研压，然后牙签在 LB 培养平板指定方格内划一短线，作为副本。记下方格的编号及反应管号。然后依次做下一个菌落。

- 根据反应管的总数配好所需缓冲液总量。如果是 9 个菌落，在一小离心管内加 130μL 水和 20μL 10×缓冲液，混匀后每个反应管加 15μL 缓冲液。
- 将反应管插入 PCR 仪小孔内，在 95℃保温 5min。然后放在冰上。
- 配好酶的稀释液。如果是 9 个菌落，在一个小离心管内依次加入 5μL 10× *Taq* 缓冲液、5μL 10 mmol/L dNTP、5μL 引物 1、5μL 引物 2、80μL 超纯水和 1μL *Taq* DNA 聚合酶。
- 将反应管短暂离心，收集管壁上凝集的水珠。每管加 10μL *Taq* DNA 聚合酶稀释液。如果是老式的 PCR 仪，还需加一滴矿物油防止水分蒸发。
- 将反应管插入 PCR 仪小孔内，开始反应程序。每个循环 94℃ 1min，55℃ 0.5min，72℃ 0.5min。共 25 个循环。
- 取 16μL PCR 反应产物加 4μL 上样缓冲液混合后电泳检查。扩增产物应为 400 bp。
- 根据阳性反应管号查找对应的 LB 平板上的方格号，移单个方格中的菌落划线纯化于另一 LB 平板上。

（七）扩　　增

扩增是通过培养被转化或转染了的细胞，来扩增重组载体分子，同时也扩增了重组载体分子上的异源 DNA 片段。

重组载体分子扩增后可用来进行物理图谱制作、亚克隆、测序等进一步的研究。

第二节　目的基因的获得

目的基因是指要转入受体生物以达到某种目的的基因，在英文中目的基因是 target gene 或 gene of interest（GOI）。在植保基因工程中的目的基因主要是赋予抗病、抗虫、抗除草剂性状的基因。目的基因的受体生物主要是植物，其次是微生物。

一、目的基因的来源和种类

（一）来自植物的抗病性基因

目前在植物转基因技术中研究应用的植物抗病性基因主要是 R 基因、病程相关蛋白基因、解毒基因和抗生蛋白基因。

1. 植物 R 基因

R 是抗性英文单词 resistance 的缩写，但 R 基因不是泛指的抗性基因，而是具有特定含义的基因。R基因是指符合基因对基因关系的寄主/寄生物互作中寄主一方的基因，与病原菌的无毒（avirulence）基因存在着对应关系。R基因一般是显性的、单基因遗传的、具有小种专化特性的主效基因。

1942年，Flor报道了他对亚麻和亚麻锈菌相互作用的早期研究工作。他发现亚麻的抗病性基因是显性遗传的，而导致一个锈菌小种能克服某个抗性基因的突变是隐性遗传的。由此他提出一个假说，即一个具有隐性毒性基因（virulence gene，vir）的锈菌，其无毒性祖先携带了一个对应于植物某个抗性基因的显性无毒性基因（avirulence gene，Avr），即如果一种植物显示对某一病原体的抗性（或称为不亲和性），那么这种植物必有一个抗性基因，而病原体必有一个相应的无毒性基因，缺乏任一方面都会导致植物生病（或称亲和）。这个假说现已被称为“基因对基因学说”。自Flor的工作以来，植物与真菌、细菌、病毒和无脊椎动物之间的许多相互作用已经表明符合基因对基因的关系。从而得出习惯上称为激发子/受体模型的假说：R基因编码的受体使植物能察觉病原体的侵入，无毒性基因使病原体产生与受体对应的配体。当R基因编码的受体蛋白与病原菌无毒基因直接或间接编码的产物（配体）互补结合（分子识别）后，就启动了由R基因蛋白激酶组成的信号传导链，激发过敏性反应和系统获得抗性（system acquired resistance，SAR）等抗病反应。

迄今为止至少克隆出40个R基因，根据基因产物结构可细分为以下6类。

1）编码信号转导结构域即丝/苏蛋白激酶（protein kinase，PK）的R基因

Martin等（1993）应用图位克隆法从番茄分离了第一个R基因即*Pto*基因，该基因授予番茄植物对带有*avrPto*基因的丁香假单胞菌番茄致病变种（*Pseudomonas syringae* pv. *tomato*）1号小种的抗性。从基因测序结果推测*Pto*编码的是一种丝/苏蛋白激酶，因此它在病程中参与的可能是信号转导，而不是识别。后来用*Pto*基因探针做Southern杂交，揭示了一个小的多基因家族，遗传分析和物理分析显示大多数*Pto*同系物与*Pto*紧密连锁。*Pto*与杀虫剂倍硫磷敏感基因*Fen*紧密相连，*Fen*是*Pto*的同系物，编码另一个丝/苏蛋白激酶。诱变试验还揭示了一个额外的基因*Prf*，它是*Pto*与*Fen*发挥功能所必需的，*Prf*与*Pto*和*Fen*连锁。

后来，以Pto蛋白作为钓饵，用酵母双杂交系统鉴定了与Pto蛋白相互作用、可能参与依赖Pto的信号转导的蛋白激酶Pti1，这个蛋白激酶能被Pto磷酸化，而不能被Fen磷酸化。而在烟草中依赖AvrPto蛋白的识别过程中，Pti1蛋白在某种程度上能代替Pto。Pti1蛋白的结构暗示在Avrpto识别转导中有一个蛋白激酶级联反应。

2）编码专一性结构域即富含亮氨酸重复域（leucine-rich repeat，LRR）和跨膜蛋白（trans-membrane domain，TM）的R基因

前面介绍的Pto蛋白和Fen蛋白带有一个信号转导结构域，缺乏负责胞外识别作用的专一性结构域。而后来从番茄中分离出来的R基因*Cf*-9的蛋白产物是一种定位于质膜上的糖蛋白，带有一个潜在的专一性结构域，但缺乏信号转导结构域。*Cf*-9授予番茄对番茄叶霉病菌特定小种的抗性，Cf-9蛋白的配体很可能是叶霉病菌*avr*9基因的一

个分泌性 28 个氨基酸的多肽产物，这条多肽可单独诱导携带 *Cf*-9 基因的植物坏死，但在缺乏这个基因的植物中不能产生这样的反应。从克隆的 *Cf*-9 基因的核苷酸序列预测 Cf-9 蛋白带有 1 个信号多肽、28 个胞质外 LRR 和 1 个跨膜域。另一个已经被克隆的番茄 R 基因 *Cf*-2 授予对带有 *avr*2 基因的叶霉病菌小种的抗性。从核苷酸序列推测其产物在整体结构上与 Cf-9 蛋白相似，有 38 个胞质外 LRR 和一个短的胞质羧端，有趣的是，Cf-2 蛋白羧基末端一半 LRR 区域与 Cf-9 蛋白基本上同源。

3）编码核苷酸结合位点（nucleotide binding site，NBS）和 LRR 的 R 基因

有一些 R 基因也被发现除编码 LRR 结构域外，还编码 NBS，如分别赋予番茄对尖孢镰刀菌抗性和对胞囊线虫抗性的 *I*2 基因和 *Sw*-5 基因，赋予辣椒对细菌性疮痂病抗性的 *Bs*2 基因，以及赋予水稻对稻瘟病抗性的 *Pi*b 基因。

4）编码亮氨酸拉链（leucine zipper，LZ）、NBS 和 LRR 的 R 基因

拟南芥 *RPS*2 基因的产物授予了拟南芥对携带 *avrRpt*2 基因的丁香假单胞菌菌株的抗性，*RPS*2 基因产物蛋白带有一个潜在的核苷酸结合位点（NBS）和 LRR 区，NBS 的 N 端有一个可能的亮氨酸拉链。另一个拟南芥抗性基因 *RPM*1，授予对带有两个非同源无毒性基因 *avrRpm*1 和 *avr*B 两者之一的丁香假单胞菌小种的抗性，它与 *RPS*2 有一个广义相似的结构。

5）编码果蝇 Toll 蛋白和哺乳动物白细胞介素-1 受体（toll and interleukin-1 receptor，TIR）和 NBS-LRR 的 R 基因

烟草 N 基因和亚麻锈菌 *L*6 基因都是用玉米 Ac 成分标记分离出来的。N 基因授予烟草对烟草花叶病毒（TMV）的抗性，其产物携带有 1 个 NBS 和 14 个 LRR。*L*6 基因授予亚麻对锈菌的抗性，其产物带有一个 NBS 和一个非典型的 LRR。除了 NBS 和 LRR 外，N 基因和 *L*6 基因还有一个与 TIR 的胞质域具有同源性的区域（toll 是德语，对应的英语意思是“mad”或“crazy”即“怪异”，1988 年，一个德国科学家偶然地敲除了果蝇的一个基因，导致果蝇的头部长到了臀部上且长满霉菌，他将这一新发现的基因命名为“toll”）。*L*6 基因还编码一个假定的信号位点，这个位点是氨基酸末端附着到内质网状结构上的锚。

6）编码 LRR、跨膜域（transmembrane domain，TM）和丝/苏蛋白激酶的 R 基因

*Xa*21 是从野生稻中发现的一个通过杂交育种能授予水稻对白叶枯病菌广谱抗性的基因。将 *Xa*21 克隆后转入感病水稻品种后能使后者转为小种专化性抗病。后来发现在 *Xa*21 位点有一个 7 成员基因家族，转基因研究表明只有 2 个成员即 *Xa*21 和 *Xa*21D 是有功能的。测序的结果表明 *Xa*21 编码 1 个假定的信号肽，23 个胞质外 LRR、一个跨膜域和一个丝/苏蛋白激酶。拟南芥的跨膜转运蛋白激酶 RLK5 和 TMK1 与 *Xa*21 的蛋白质产物相像。

已克隆的植物 R 基因见表 3-4。

表 3-4 已克隆的一部分植物 R 基因及其结构

植物	R 基因	抵抗的病原物	病原物中文名	*Avr* 基因	R 基因产物结构域	克隆方法
拟南芥	*RPS2*	*Pseudomonas syringae* pv. *tomato* & *maculicola*	丁香假单胞菌的番茄致病变种和斑点致病变种	*AvrRpt2*	LZ-NBS-LRR	MBC
	RPS5	*Pseudomonas syringae*, *Peronospora parasitica*	丁香假单胞菌和寄生霜霉	*Avr-PphB*	LZ-NBS-LRR	MBC
	RPM1	*Pseudomonas syringae* pv. *maculitola*	丁香假单胞菌的斑点致病变种	*AvrB*, *Avr-Rpm1*	LZ-NBS-LRR	MBC
	RPS4	*Pseudomonas syringae*	丁香假单胞菌	*AvrRps4*	TIR-NBS-LRR	MBC
	RPP1	*Peronospora parasitica*	寄生霜霉	*AvrPp5*	TIR-NBS-LRR	MBC
	RPP5				TIR-NBS-LRR	MBC
	RPP8				LZ-NBS-LRR	MBC
	RPP13				LZ-NBS-LRR	MBC
	Pad4	*Erysiphe orontii* *Peronosporapa rasitica* *Pseudomonas syringae* *Myzus persicae*	白粉病菌 寄生霜霉 丁香假单胞菌 桃蚜		脂肪酶，对于有 TIR-NBS-LRR 结构的蛋白质是必需的	MBC
	Rac1	*Albugo candida* isolate Acem 1	白锈菌 Acem 1 菌株		TIR-NBS-LRR	MBC
烟草	*N*	tobacco mosaic virus (TMV)	烟草花叶病毒		TIR-NBS-LRR	TT
番茄	*I2*	*Fusarium oxysporum* f. sp. *lycopersici race* 2	尖孢镰刀菌 2 号小种	不详	NBS-LRR	MBC
	Cf-2	*Fulvia fulva*（原学名为 *Cladosporum fulvum*）	番茄叶霉病菌	*Avr2*	eLRR-TM	MBC
	Cf-4			*Avr4*	eLRR-TM	MBC
	Cf-5			*Avr5*	eLRR-TM	MBC
	Cf-9			*Avr9*	eLRR-TM	TT
	Pto	*Pseudomonas syringae* pv. *tomato*	丁香假单胞菌的番茄致病变种	*AvrPto*	PK	MBC
	Fen				PK	MBC
	Prf				LZ-NBS-LRR	MBC
	Mi	*Meloidogyne javanica*	爪哇根结线虫	不详	LZ-NBS-LRR	MBC
	Sw-5	tomato spotted wilt virus (TSWV)	番茄斑萎病毒		NBS-LRR	MBC
辣椒	*Bs2*	*Xanthomonas vesicatoria*	辣椒疮痂病菌	*AvrBs2*	NBS-LRR	MBC
马铃薯	*Rx*	Potato virus X	马铃薯 X 病毒		NBS-LRR	MBC
莴苣	*Dm3*	*Bremia lactucae*	霜霉病菌	*Avr3*	NBS-LRR	MBC
	L6			*AL6*	TIR-NBS-LRR	TT
亚麻	*L11*	*Melampsora lini*	亚麻锈菌	*AL11*	TIR-NBS-LRR	
	M			*AM*	TIR-NBS-LRR	TT
甜菜	*Hsl*$^{pro\text{-}l}$	*Heterodera schachtii*	甜菜胞囊线虫	不详	LRR-TM	MBC

续表

植物	R 基因	抵抗的病原物	病原物中文名	*Avr* 基因	R 基因产物结构域	克隆方法
水稻	*Xa1*	*Xanthomonas oryzae* pv. *oryzae*	稻白叶枯病菌		NBS-LRR	MBC
	Xa21				eLRR-TM-PK	MBC
	Xa26				LRR-PK	MBC
	Pib	*Magnaporthe grisea*	稻瘟病菌		NBS-LRR	MBC
	Pi9				NBS-LRR	MBC
	Pi2				NBS-LRR	MBC
	Piz-t				NBS-LRR	MBC
小麦	*Cre3*	*Heterodera avenae*	燕麦胞囊线虫		NBS-LRR	MBC
	Lr10	*Puccinia recondite* var. *tritici*	小麦叶锈病菌		PK	MPC
	Lr21				NBS-LRR（不完全）	MBC
大麦	*Mlo*	*Blumeria*（原属名为 *Erysiphe*）*graminis* f. sp. *hordei*	大麦白粉病菌	无	TM-TM. TM-TM-TM. TM-	MBC
	Rh2	*Rhynchosporium secalis*	大麦云纹病菌			MBC
玉米	*Rp1*	*Puccinia sorghi*	玉米普通锈菌		LZ-NBS-LRR	MBC

注：LZ：亮氨酸拉链；NBS：核苷酸结合位点；LRR：富含亮氨酸重复序列；eLRR：胞外富含亮氨酸重复序列；TIR：果蝇 Toll 蛋白及哺乳动物白细胞介素-1 受体；TM：跨膜结构域；PK：蛋白激酶；MBC：图位克隆；TT：转座子示踪。

2. 植物 PR 蛋白基因

PR 蛋白即病程相关（pathogenesis related）蛋白质，最早是在烟草花叶病毒侵染后的烟草植株内发现的。1987 年，荷兰瓦赫宁根农业大学的 van Loon 等建议根据分子质量特征、氨基酸组成和血清学关系将烟草 PR 蛋白分为 5 组，其中 PR-2 组为β-1，3 葡聚糖酶，PR-3 组几丁质酶，PR-5 组包括渗透蛋白（osmotin）和类奇甜蛋白（thaumatin-like protein）。类奇甜蛋白是从由非洲产的一种热带水果 *Thaumatococcus daniellii* 果肉中提取的 207 个氨基酸的糖蛋白（21 000），国内有人称它为非洲竹芋甜素或非洲甜果素。之后，又有一些新的 PR 蛋白被发现，现已报道了 17 组 PR 蛋白（表 3-5）。

表 3-5　PR 蛋白质的分类

组别	典型成员	蛋白质及相对分子质量/×10³	PR 蛋白编码基因
PR-1	烟草 PR-1a	抗真菌蛋白，1～17	*Ypr1*
PR-2	烟草 PR-2	ClassⅠ、Ⅱ、Ⅲ β-1,3 葡聚糖内切酶，25～35	*Ypr2*、[*Gns2*（'*Gib*'）]
PR-3	烟草 P、Q	ClassⅠ、Ⅱ、Ⅳ～Ⅶ几丁质内切酶，约 30	*Ypr3*、*Chia*
PR-4	烟草 R	抗真菌的类伤瘤蛋白，具有几丁质内切酶活性，类似于原橡胶凝集素 C 端域。13～19	*Ypr4*、*Chid*
PR-5	烟草 S	抗真菌的类甜味蛋白，逆渗透蛋白，玉米抗菌肽，渗透蛋白，类似于 α-淀粉酶/胰蛋白酶的抑制蛋白	*Ypr5*
PR-6	番茄抑菌蛋白Ⅰ	蛋白酶抑制因子，6～13	*Ypr6*、*Pis*（'*Pisl*'）
PR-7	番茄 P_{69}	蛋白内切酶	*Ypr7*
PR-8	黄瓜几丁质酶	ClassⅢ几丁质酶，几丁质酶/溶菌酶	*Ypr8*、*Chib*

续表

组别	典型成员	蛋白质及相对分子质量/$\times 10^3$	PR 蛋白编码基因
PR-9	烟草木质素形成相关的过氧化酶	过氧化酶，类过氧化酶蛋白	*Ypr*9、*Prx*
PR-10	欧芹 PR-1	RNA 酶，与桦树花粉过敏原 Betv1 相近的蛋白质	*Ypr*10
PR-11	烟草 ClassV 几丁质酶	几丁质内切酶活性	*Ypr*11、*Chic*
PR-12	萝卜 Rs-AFP3	植物防疫素	*Ypr*12
PR-13	拟南芥 THI2.1	硫堇	*Ypr*13、*Thi*
PR-14	大麦 LTP4	非专化的转脂蛋白	*Ypr*14、*Ltp*
PR-15	大麦 OxOa（萌发蛋白）	草酸氧化酶	*Ypr*15
PR-16	大麦 OxOLP	类草酸氧化酶	*Ypr*16
PR-17	烟草 PRp27	未知	*Ypr*17

几丁质酶基因和葡聚糖酶基因在植物体内正常情况下只有低水平的组成型表达，但病原菌侵染、诱导物处理及各种伤害可诱导高其表达。这两种酶的作用底物在植物中不存在，但存在于大多数真菌的细胞壁中。纯化的几丁质酶和葡聚糖酶单独或同时存在，都能抑制病原真菌的生长。自 1986 年报道提纯的菜豆几丁质酶具有抗真菌活性以来，已经相继从菜豆、水稻、烟草、油菜、马铃薯、小麦、玉米和甜菜等多种植物中克隆到了几丁质酶基因，从大豆、大麦、烟草等作物中分离到了葡聚糖酶基因。几丁质酶对立枯丝菌等 20 多种真菌表现出体外抑菌活性，与合适的启动子构建重组质粒后转化植物获得了转基因植物。

3. 植物解毒基因

第一个克隆的植物解毒 R 基因是 *Hm*1，是 Johel 等于 1992 年用转座子标记法从抗圆斑病菌（*Cochliobolus carbonum*）的玉米中克隆到的。这个基因编码一个使玉米圆斑病菌毒素（HM-toxin）失毒的酶。但这个基因不是小种专化的，所以本书未将其归入 R 基因。后来发现了另一个解毒酶基因 *Hm*2，这个基因只控制成株期的抗性。

番茄茎溃疡病菌（*Alternariaa lternata* f. sp. *lycopersici*，AAL）产生一种类鞘脂毒素，抑制一些植物和哺乳动物的鞘脂生物合成，从而致病。番茄对茎溃疡病的抗性由 *Asc-1* 基因控制。这个基因编码的产物与酵母的长寿保障基因 *LAG1* 相似。由于鞘脂生物合成和 *LAG1* 的产物都促进酵母中糖基化磷脂酰肌醇锚定蛋白（glycosylphosphatidylinositol-anchored protein）的内吞，因此认为 *Asc-1* 基因在缺少鞘脂的细胞中起着一种拯救作用。

4. 植物的抗生性蛋白基因

用于植物转基因育种的植物抗生性蛋白质主要有 3 种，即胰蛋白酶抑制剂、植物凝集素和核糖体灭活蛋白。

1）胰蛋白酶抑制剂（trypsin inhibitor，TI）基因

蛋白酶抑制剂是一类存在于大多数植物种子和块茎中的蛋白质，在植物防御昆虫和

病原体侵害中起重要的作用。PI 抗虫的机制在于其与昆虫消化道内的蛋白消化酶相结合，阻断或减弱了酶对外源蛋白质的水解，使蛋白质不能正常被消化，并且使昆虫消化系统紊乱，最终导致昆虫发育不正常或死亡。由于人、畜的消化机制与昆虫不同，故 PI 对人、畜无害。现已从豇豆、大豆、马铃薯、大麦等多种植物中分离克隆了各种类型的 PI 基因，但目前应用最多的是豇豆胰蛋白酶抑制剂（cowpea trypsin inhibitor，CpTI）基因。CpTI 是一种天然的抗虫物质，对包括大部分鳞翅目害虫和部分鞘翅目害虫在内的主要农作物害虫具有抑制作用，它是胰蛋白酶的竞争性抑制剂，其作用部位是酶的活性中心，除非昆虫消化系统主要生理生化过程都发生变化，否则昆虫几乎不可能通过突变的方式诱发抗性。故 CPTI 介导的抗性是比较稳定的。现在已经将 *CpTI* 基因和马铃薯蛋白酶抑制剂基因克隆并转化到小麦、水稻、烟草、棉花和油菜等作物中。其中 *CpTI* 基因已做修饰，使其表达的产物滞留在内质网上。

2）植物凝集素（lectin）基因

植物凝集素主要存在于细胞的蛋白粒中，最主要的特性是能与糖类结合。当昆虫取食后，植物凝集素在昆虫的消化道中与肠道围食膜上的糖蛋白专一性结合，从而影响营养的吸收。植物凝集素还可能在昆虫的消化道内诱发病灶，促进消化道中细菌的繁殖，达到杀虫的目的。目前已经发现豌豆凝集素（pealectin）、麦胚凝集素（wheat germ agglutinin，WGA）和雪莲花凝集素（*Galanthus nivalis* agglutinin，GNA）具有不同程度的毒杀害虫和抑制害虫生长的作用。这三种凝集素的编码基因已克隆成功，并被导入到植物中。

3）核糖体灭活蛋白（ribosome-inactivating protein，RIP）基因

RIP 是一类作用于真核生物细胞核糖体而抑制蛋白质合成的有毒蛋白质。RIP 不灭活自身核糖体，却能特异性地作用于亲缘关系较远的种类，如真菌的核糖体。从大麦种子中纯化的 RIP 可抑制立枯丝核菌的生长。几丁质酶和 β-1,3-葡聚糖酶与 RIP 有协同增强作用。大麦 *RIP* 基因已被克隆并与伤诱启动子相连接，导入到烟草中，获得了转 *RIP* 的对立枯丝核菌抗性增强的烟草。美洲商陆的一种核糖体灭活蛋白也已发现对植物病毒和动物病毒的抑制作用，其基因已被克隆。天花粉蛋白是中药天花粉的有效成分，对异源核糖体有灭活作用，可抑制乙肝病毒等多种病毒。我国的研究人员已将天花粉蛋白基因导入烟草基因组，转基因烟草接种 TMV 后症状比对照出现迟、病斑小、单株病斑数少。

已在植物转基因抗病虫育种上应用的还有抗生物质的合成酶基因如芪合成酶基因以及病原物果胶酶抑制蛋白的基因。

（二）来自病原物本身的目的基因

1. 病原物非毒性基因

非毒性基因在植物抗病基因工程的实际应用中具有良好的应用前景。有人做过一个试验，将 *Avr9* 基因的产物，一种 28 个氨基酸的小肽注射到具有 *Cf-9* 基因的番茄叶中

引发了过敏性反应。因而设想将 *Avr*9-*Cf*-9 基因组合转入不含 *Cf*-9 的植物中，使其抗多种真菌。这个方案能否成功将取决于可否得到合适的启动子来指导这个基因组的表达。其表达必须是局部的、病原物专一诱导的，否则转基因植物将遍布坏死斑。

2. 病原物解毒酶基因

病原物产生的致病毒素是重要的致病因子，如果植物能降解病原菌在侵染过程中产生的毒素，就可以有效地对抗病原菌的进一步侵染，从而提高抗病的能力。有些病原菌具有自我保护性的毒素降解酶系，从病原菌中分离克隆毒素降解酶基因并导入植物，就能提高植物的抗病性。

烟草野火病是烟草上的一种重要病害，典型症状为褐色坏死小点外有大面积黄色晕斑。这种黄晕与病原细菌产生的烟野火毒素有密切关系。单用野火毒素处理烟草叶片亦可诱发黄晕斑。烟草野火毒素是一种二肽，本身无直接毒性。要在植物或微生物的酶的作用下，水解脱去 1 分子苏氨酸残基，生成野火氨酸内酰胺才显示出毒性，强烈抑制谷氨酰胺合成酶的活性，导致细胞内积累大量的游离氨，引起氨中毒。

日本学者为查明野火菌的解毒机制和解毒基因，用限制性内切核酸酶消化野火菌染色体 DNA，将消化产物连接到大肠杆菌原生质体载体上，转化大肠杆菌，在含有野火毒素的培养平板上筛选，得到 2 个含有插入片段的质粒。生化分析表明，2 个质粒上分别插入了编码耐毒的谷氨酰胺合成酶基因和野火毒素乙酰化酶基因，后者被转入烟草，得到了不产生黄晕的转基因植株。

3. 病毒基因组成分

1929 年，McKinney 首次报道先接种烟草花叶病毒（TMV）弱株系的烟草不易受 TMV 强株系的后续侵染。1980 年，Hamilton 预测将病毒 RNA 基因组某些区段的 cDNA导入植物，可诱发这类交叉保护作用，不过，当时基因导入技术在植物中还不成熟。1986 年，Beaehy 等证明 TMV 外壳蛋白基因在烟草转基因植株中表达，赋予较高水平的抗病毒侵染作用。此后，已报道了许多转 CP 基因植物的例子。转病毒基因组其他组分的报道也不少。

1）病毒 CP 基因

CP 基因介导抗性的实例有苜蓿花叶病毒（A1MV）CP、黄瓜花叶病毒（CMV）CP、烟草线条病毒（TSV）CP、烟草斑萎病毒（TSWV）NP、烟草脆裂病毒（TRV）CP、烟草花叶病毒（TMV）CP、马铃薯 X 病毒（PVX）CP、马铃薯 Y 病毒（PVY）CP、大豆花叶病毒（SMV）CP 介导的抗性。在美国夏威夷群岛木瓜转 CP 蛋白基因防治病毒病成效十分显著。

CP 怎样赋予植物抗病性仍未完全弄清，现有的资料表明，它可能在侵染早期和病毒蔓延期起作用。

病毒在侵染初期要脱出 CP，暴露出核酸，才能复制、转录或翻译，用病毒 RNA 接种时，一些 CP（+）植株感病，说明 CP 可能对病毒脱外壳起干扰作用。这一结果得到用原生质体所做结果的支持。另一些研究结果表明，阻止 RNA 复制和表达可能是

CP 的作用机制。

关于 CP 在病毒蔓延时的作用，大多数研究表明，CP（+）植株中系统侵染或受阻或延迟，这可能是由于 CP 干扰了病毒在细胞间的蔓延。最近的研究表明，病毒在 CP（+）和 CP（−）植株中，其短距离蔓延相似，不过，超过 5～10mm 时，或蔓延到另一片叶时，差异就大了。有人做了一个简单嫁接试验，将 CP（−）根砧与接穗之间放一片带叶的 CP（+）茎组织或 CP（−）茎组织，根部接种 TMV，用 EIISA 确定病毒蔓延速率，结果 CP（+）茎组织显著阻止了 TMV 向接穗的蔓延。

2）病毒复制酶基因

研究发现，转 TMV 复制酶蛋白基因的烟草比转 *CP* 基因的烟草更抗 TMV 侵染，可达到实质免疫的程度。这种复制酶蛋白在转基因植物中的瞬时表达和积累，可能破坏 TMV 的复制环节。用豌豆早褐病毒（PEBV）的复制酶蛋白基因中得到了类似结果，转基因植株抗 PEBV 侵染。不过，有些转基因植株感病，核苷酸序列分析表明这些植株中转入的基因发生了突变，阻止了复制酶蛋白的翻译。

PVX 复制酶基因的全长序列和 N 端部分被分别转入烟草。转复制酶基因烟草对 PVX 的抗性优于转 *CP* 基因烟草。此外，转入 CMV 缺损复制酶蛋白基因的烟草也抗 CMV 侵染。缺损的复制酶蛋白可能与病毒复制酶系统的某些成分互作，钝化复制酶复合体，从而干扰病毒复制。

3）病毒反义 RNA（anti-senseRNA）

反义 RNA 又称互补 RNA（cRNA），已被转入植物中用于防御病毒侵染。番茄金黄花叶病毒（ToGMV）是一种单链 DNA 病毒，在植物细胞核内复制。现已构建出与 ToGMV 基因组负责复制的区域互补的 RNA 转录本，并使其在转基因烟草中表达。反义 RNA 的积累与症状减轻程度成正比。

马铃薯卷叶病毒（PLRV）是一种正链 sRNA 病毒，转入与 *PLRVCP* 基因互补的 RNA，使马铃薯植株抗 PLRV 侵染。抗性水平与转 *CP* 基因马铃薯相当。转录本的积累可能导致正链 RNA 干扰负链复制性中间体的复制。这项技术对于局限于特定组织的病毒如 PLRV（局限于韧皮部，蚜传）也许特别有效，也可应用于核内复制的病毒如含单链 DNA 的双联病毒组的成员。其机制可能在于：①细胞内合成的反义 RNA 与病毒基因组 RNA 互补结合成双链 RNA，阻碍病毒 RNA 移向胞质中的复制位点；②与复制起始位点结合，阻止病毒 RNA 复制；③与病毒负链竞争复制底物；④形成双链的 RNA 快速分解。

4）satRNA（卫星 RNA）

satRNA 是一类小分子 RNA。本身没有侵染性，需要在病毒帮助下才能复制和包被外壳。satRNA 与帮助病毒（helper virus）共存于植物体内时，有时加重症状，有时减轻症状或降低病毒浓度。

在温室试验中，番茄预先接种含 satRNA 的 CMV 弱株系，再接种 CMV 重症株系。结果病情比对照低 79%～86%，产果量高 1 倍。在意大利南部的田间试验中，于番茄致死性坏死病（由 CMV 与另一种引致坏死的 satRNA 联合引起）大流行的第二年，用含有 satRNA 的 CMV 弱株系预保护田间部分番茄，结果预保护的番茄发病轻，产量翻番，还阻止了田间病情向未处理番茄的蔓延，发病率不到 40%，而邻近的未保护番茄则几乎失收。

（三）来自其他生物的目的基因

1. 昆虫抗菌肽基因

抗菌肽是动物、植物及其他生物产生的一类小分子质量的多肽。在转基因育种上主要应用的是一类由昆虫产生的抗菌肽，称为杀菌肽（cecropin）。通过注射非致病细菌或高温杀死的细菌，能够在昆虫体内产生体液免疫，从中纯化出不同的免疫蛋白即为杀菌肽。杀菌肽一般是碱性蛋白质，对热稳定，不易水解，具有抗革兰氏阴性菌活性，其杀菌机制可能是由于杀菌肽使细菌细胞内外渗透压改变，细胞内容物尤其是 K^+ 大量渗出，导致细菌死亡。来自蚕、柞蚕、蝇等昆虫以及其他动物如爪蟾的抗菌肽基因已经被克隆并转入桑树、樱桃、辣椒、烟草和马铃薯等多种作物，转抗菌肽基因的植物对青枯病菌等细菌性病害具有一定的抗性。

2. 昆虫病原菌毒素基因

已知的昆虫病原菌有 100 多种，但真正在生产上应用的只有苏云金芽孢杆菌（*Bacillus thuringiensis*，Bt），其杀虫活性主要来源于细菌芽孢形成期产生的伴孢晶体蛋白（insecticidal crystal protein，ICP），也称为 δ-内毒素。ICP 通常以原毒素形式存在，在昆虫中的肠碱性环境下被解离成为毒蛋白，发挥杀虫作用。由于人的胃液呈酸性，原毒素不能解离，所以对人安全。目前已经克隆了多种类型的 *ICP* 基因，但现在用于转化植物的主要是 *CryI* 基因。

3. 来自微生物的溶菌酶基因

溶菌酶是裂解某些细菌细胞壁多糖组分的一个较小的酶。细菌细胞壁多糖由两种单糖组成：*N*-乙酰葡糖胺（NAG）和 *N*-乙酰胞壁酸（NAM）。在细菌细胞壁中，NAM 和 NAG 都是通过一个糖的 G-1 和另一个糖的 C-4 之间的糖苷键相连的，溶菌酶的作用机制在于水解 NAM 的 C-1 和 NAG 的 C-4 之间的糖苷键。编码溶菌酶的基因已被克隆。但不同来源的溶菌酶基因转化烟草后获得的抗细菌病的效果不同。在转 T4 噬菌体溶菌酶基因的马铃薯中，虽然只有低水平的合成表达，但能有效地分泌到胞间隙中，明显提高了对马铃薯黑胫病的抗性。

4. 耐除草剂基因

化学除草已成为现代农业不可或缺的手段，但是高效灭生性除草剂如草甘膦和百草枯只能在作物的非生长期使用，否则就会产生严重药害。已经得到应用的耐除草剂基因主要是以下两个。

1）耐草甘膦的 EPSPS 酶编码基因

草甘膦也称农达（Round-up），作用位点是 EPSPS（烯醇式丙酮酰莽草酸-3-磷酸合成酶）。EPSPS 是细菌和植物体内芳香氨基酸生物合成过程中的一个关键性酶，草甘膦的作用机制在于抑制植物体内芳香族氨基酸的生物合成过程。研究者发现鼠伤寒沙门氏菌基因组中编码 EPSPS 酶的 *aro*A 基因发生了点突变，将克隆的突变 *aro*A 基因导入烟草，使转基因烟草产生了对草甘膦的抗性。至今已获得的转 *aro*A 基因（round-upready）的玉米、大豆、棉花等植物，在生产上得到广泛应用。

2）耐草丁膦的基因

草丁膦也称 BASTA，作用机制是抑制谷酰胺合成酶（glutamine synthetase，GS）的生物活性，导致细胞内氨的积累，使光合磷酸化解偶联，叶绿体降解，进而导致植株死亡。

目前应用在抗草丁膦转基因育种上的主要是 *bar* 基因。*bar* 基因大小为 615bp，来源于吸水链霉菌（*Streptomyces hygroscopicus*），编码由 183 个氨基酸残基组成的膦丝菌素乙酰转移酶（phosphinthricin acetyltrans-ferase，PAT）。PAT 使草丁膦的自由氨基乙酰化，使之不能抑制谷酰胺合成酶的活性，从而对草丁膦显示抗性。*bar* 基因导入烟草、番茄和马铃薯等作物后，使作物获得抗草丁膦的能力。不过，BASTA 尚未在中国注册，生产上暂未应用。

二、目的基因的获取

以下介绍本章第一节尚未介绍的几种获取目的基因的方法以及获取目的基因的一些个例。

（一）获取目的基因的方法

在目的基因的获取上，常用的方法有图位克隆法和转位子示踪法。其中涉及基因组 DNA 文库（genomic DNA library）或 cDNA 文库（cDNA library）的建立、分子杂交、PCR、近等基因品系的培育等。PCR 技术在第一节已经介绍。分子杂交将在第五章介绍。

1. 基因组文库的构建

基因组 DNA 文库：携带某一生物基因组不同 DNA 片段的重组载体的集合，存在于转化的宿主菌内。简称 G 文库。

建立基因组文库的一般程序为：提取基因组 DNA→用限制性内切核酸酶消化→载体用配伍的限制性内切核酸酶消化和脉冲电泳分级分离→将大小适中的基因组 DNA 消化产物连接到载体上→将重组的载体转化宿主菌或包装蛋白质衣壳（若载体为噬菌体载体如 λ，或噬菌体衍生的载体如黏性质粒）后转染宿主菌（一般为大肠杆菌）→在筛选平板上得到含有重组载体的菌落。

用于基因组文库的克隆载体已在第一节介绍。以下是生物谷网站（http://www.bioon.com）上的一篇英文简介，其中的克隆载体为λ噬菌体载体。

Genomic Cloning Technical Manual

An optimal strategy for genomic cloning should meet three requirements：1）a maximum number of recombinants should be obtained with a minimal background of nonrecombinants，2）the genomic library constructed should be representative of genomic DNA sequences，and 3）the strategy should facilitate restriction mapping of the cloned DNA. Promega's preparations of LambdaGEM®-11 and EMBL Vector Arms are optimized for the highest recombinant efficiencies and lowest nonrecombinant backgrounds possible. When using Promega's *Bam*H I Lambda Arms，nonproductive ligations of genomic DNA with the central stuffer fragment are extremely rare（$<$100pfu/μg arms，or one per 10^5 recombinants）. Thus，more recombinant DNA is cloned and larger libraries are generated，while fewer filters need to be processed per screening experiment. Because of these low backgrounds，the need for *Spi* selection against parental phage in recombination-proficient（*rec*$^+$）hosts is eliminated.

An ultra-low background cloning strategy can be used with Promega's genomic cloning vectors. Genomic DNA partially digested with *Mbo* I or *Sau*3A I can be cloned into dephosphorylated *Bam*H Ⅰ arms（EMBL3 or LambdaGEM®-11 Vectors）. These vectors accept DNA fragments ranging in size from 9～23kb. However，for library constructions using these *Bam*H Ⅰ sites，the genomic DNA must be size fractionated following the partial digestion step to avoid any possibility of cloning two or more genomic fragments into the same site. For this purpose，only fragments greater than 14kb should be selected for ligation with the vector. Background production of parental phage is low because religation of these arms with the central stuffer fragment has been eliminated by secondary digestion with *Eco*R Ⅰ and removal of the small *Bam*H Ⅰ-*Eco*R Ⅰ fragments.

2. cDNA 文库的构建

cDNA 文库是携带与某一生物个体总 mRNA 对应的双链 cDNA 的重组载体的集合，存在于转化的宿主菌内。简称 c 文库。

真核生物的一些基因是有内含子的，转化到其他生物后可能不易表达。cDNA 是用成熟 mRNA 制备的，不含有内含子，因此便于从 cDNA 文库中筛选到所需的目的基因，并直接用于该目的基因的表达。cDNA 文库的构建步骤如下：

提取细胞总 RNA→用 Oligo（dT）纤维素柱层析提纯高质量的 mRNA→以 Oligo（dT）为引物，在反转录酶催化下合成第一链 cDNA→用 RNA 酶 H 处理或碱处理除去 RNA，然后用 DNA 聚合酶合成第二链 cDNA→将双链 cDNA 克隆进质粒载体或噬菌体载体→重组载体导入宿主菌中繁殖。

以下是生物谷网站上的一篇英文介绍。

Experimental Protocol for cDNA Library Construction

(1) Identify appropriate celltype over-expressing corresponding gene.

(2) Find out if transcription can be stimulated further by induction (note: the higher the mRNA level of the gene in question the easier it will be picked up in the screening procedure).

(3) Extract total RNA and purify mRNA by oligo (dT) cellulose chromatography.

(4) First strand synthesis: this is done either in solution by annealing a free oligo (dT) -primer or a oligo (dT) tailed vector to the mRNA or more conveniently by annealing the mRNA to oligo (dT) loaded magnetic beads which will greatly facilitate the subsequent recovery of the cDNA products. In either case the next step is a reverse transcriptase treatment which gives rise to a socalled DNA/RNA hybrid.

(5) Oligo (dG) (or dC) -tailing at the 3′-end of the DNA strand in order to prevent self-annealing during step (6); this minimizes the risk of loosing the 5′-end of the gene in the following step a prerequisitive essential for the construction of socalled full-length cDNA clones.

(6) Second strand synthesis: this requires the prior removal of the RNA strand by either alkaline treatment or by RNaseH treatment followed by reverse transcriptase or *E. coli* DNA polymerase treatment.

(7) If the first strand synthesis has been done free in solution (see above) then the ends of the DNA have to be manipulated before insertion into a cloning vector is possible; if the DNA is already linked to the vector then the molecule only has to be circularized via T4-DNA ligase treatment.

Please note that the various tailing procedures create a series of fragments with slightly variable lengths at both ends which is useful if translational fusion proteins (eg with *LacZ*) are to be constructed.

The advent of PCR has also had an impact on the cDNA cloning protocol in the sense that often 'anchored PCR' on the DNA/RNA-hybrid is carried out using conserved regions in order to amplify a certain type of cDNA species which can subsequently directly be inserted in the cloning vector.

对于非全长 cDNA 文库，可用 RACE 法从中筛选新基因。

RACE 即快速扩增 cDNA 末端法 (rapid amplification of cDNA end)。只需知道 mRNA 内很短的一段序列即可扩增出其 cDNA 的 5′端 (5′ RACE) 和 3′端 (3′ RACE)。该法的主要特点是利用一条根据已知序列设计的特异性引物和一条与 mRNA 的 PolyA (3′ RACE) 或加至第一链 cDNA 3′端的同聚尾 (5′ RACE) 互补的通用引物，由于同聚体并非良好的 PCR 引物，同时为了便于 RACE 产物的克隆，可向同聚体引物的 5′端内加入一内切核酸酶位点。所用的 cDNA 模板可以使用多聚 dT 引物延伸合成 (3′,5′-RACE 均可)。当 RACE PCR 产物为复杂的混合物时，可取部分产物作模板，用另一条位于原引物内侧的序列作为引物与通用引物配对进行另一轮 PCR（巢式 PCR）。

3. 分子杂交技术

分子杂交是鉴定目的基因的一个主要手段，通常是利用放射标记的或荧光标记的单链核苷酸探针与转移至硝酸纤维素膜上的变性成为单链状态的 DNA 片段进行分子杂交，从杂交呈阳性的片段中鉴定目的基因。探针通常是以一个已知目的基因为基础制备的。所要探查的一般为基因组文库或 cDNA 文库。分子杂交技术已在植物病、虫、草害的分子诊断中广泛应用，具体的操作程序将在第五章介绍。

4. 近等基因系（near isogenic lines，NIL）的培育

所谓近等基因品系，就是一套基因型几乎相同的品系，就抗病近等基因品系而言，这一套品系的外观与农艺性状基本上没有区别，而只是在抗某一种病害的 R 基因上不同。例如，国际水稻研究所（International Rice Research Institute，IRRI）针对白叶枯病（bacterial blight of rice）培育出的一套近等基因品系，品系间只有所携带的抗白叶枯病 R 基因不同，这些品系根据所带有的 R 基因分别被称为 IRBB1，…，IRBB21。近等基因品系是用轮回杂交的方法培育出来的。首先是用一套含有不同 R 基因的品种（系）分别与一个农艺性状好但不含有 R 基因的品种杂交，然后用后者作为轮回亲本逐代与子代回交，大约从第 5 代开始，对回交后代群体进行筛选，选出 R 基因纯合且与轮回亲本外观和农艺性状一致的单株，经自交保留下来作为一套近等基因品系的一个成员。由各个轮回杂交组合选出的单株系便组成了一套近等基因品系。

近等基因品系已被应用于抗病性目的基因的分离、致病小种的鉴别、抗病性生理生化机制研究、多系品种的组合上。近等基因品系的培育对于核苷酸序列或蛋白质序列未知的基因而言，更是必不可少的先决条件。

三、获取目的基因的个例

（一）核苷酸序列或蛋白质序列未知的基因

1. 水稻 *Xa21* 基因的克隆

这个基因首先是从野生稻中发现的一个广谱抗白叶枯病小种的 R 基因，后来转育到不含有抗白叶枯病 R 基因的籼型水稻品种 IR24 中，得到近等基因品种 IRBB21。湖南农大芙蓉学者的王国梁在美国加州大学工作时采用了图位克隆法，从 IRBB21 克隆到了 *Xa21* 基因。首先是将 IRBB21 与 IB24（IRBB0）杂交，在 F_2 分离群体中鉴别出抗病和感病的个体，取其中有代表性的抗病和感病个体提取 DNA，用限制性内切核酸酶消化进行 RFLP（restriction fragment length polymorphism，限制性酶切片段多态型）分析，或用随机引物做 RAPD（random amplified polymorphic DNA，随机扩增多态型 DNA）分析，找到与抗病性同分离的片段，并根据水稻的 RFLP 和 RAPD 标记物将这些片段定位到水稻的染色体上。通过对这些片段的克隆，并转入 IR24，证明片段中含有抗病基因，经测序分析发现了 ORF，推测是一种丝/苏氨酸蛋白激酶。不过转 *Xa*21 的水稻却表现了小种专化的抗病性。后来发现在 *Xa*21 基因位点有一个由 7 成员组成的基因簇，广谱抗病性可能与此相关。

2. 马铃薯抗菌蛋白基因的克隆

湖南农业大学植保专业 89 届毕业生袁凤华在中国农科院做博士论文时对马铃薯抗菌蛋白进行了提纯和基因的克隆。首先用 HPLC 技术得到纯的抗菌蛋白，然后测出 N 端几个氨基酸的序列，根据氨基酸序列设计简并引物对马铃薯 DNA 提取物做 RT-PCR，得到的产物经克隆后测序，在 NCBI 网站上用 BLAST 查出是一种与胰蛋白酶抑制剂相近的蛋白质的编码基因。

3. 烟草野火病菌解毒酶基因的克隆

野火病菌产生的毒素作用机制是与谷氨酸进行不可逆的竞争谷氨酰胺合成酶的位点，使烟草体内的游离氨浓度积累，从而造成中毒。此毒素是一种非专化性的毒素，对其他生物甚至对大肠杆菌也有毒，而本身不中毒，所以它必定有某种解毒机制。

获取这种未知基因的程序首先是提取病菌的基因组 DNA，然后用限制性内切核酸酶消化，将消化的片段连接到质粒上，转化大肠杆菌，转化产物涂布在含有野火毒素的培养平板上，次日在转化平板上发现 2 个菌落，将这两个菌落分别提取质粒 DNA，经测序发现质粒上分别含有一个解毒酶（使毒素乙酰化）基因和一个耐毒素的谷氨酰胺合成酶基因。

对于像烟草野火毒素解毒酶基因这样可以直接在平板上表现其特性的基因都可以用这样的方式进行筛选，如在培养基中加入果胶筛选含有果胶酶的克隆，加入结晶纤维素筛选含有纤维素酶的克隆，加入几丁质筛选含有几丁质酶的克隆等。

（二）他种生物中同源序列已知的目的基因

有些生物的目的基因虽序列未知，但在他种生物中同源基因的序列已知，便可用它种生物已克隆的基因制备探针，从本种生物的基因组文库中筛选阳性克隆，从中得到目的基因，或利用已报告的这种基因的序列的保守区段设计引物做 PCR，将同源的序列扩增出来。

1. 番茄植保素相关基因的克隆

荷兰阿姆斯特丹大学的一个博士生克隆番茄中萜类植保素日齐素（rishitin）合成中的关键酶倍半萜烯环化酶基因时，用美国肯塔基大学赠送的烟草倍半萜烯环化酶基因的 cDNA 制备探针，从番茄的 λ 基因组筛选出与探针杂交的克隆，并得到含有 ORF 的亚克隆。首先是将基因组 DNA 文库与大肠杆菌混合倒 LB 平板，将 LB 平板上形成的噬菌斑转迹到硝酸纤维膜上，再做 Southern blot，将底片上的黑斑（杂交阳性，使底片曝光）与 LB 平板上的噬菌斑所在的位置比对，挑出噬菌斑进行纯化，再提取噬菌体 DNA，用限制性内切核酸酶消化，电泳后将中间的插入序列（约 16kb）纯化，再经限制性内切核酸酶消化并亚克隆，经测序发现了倍半萜烯环化酶基因的ORF。笔者后来将整个16kb插入序列克隆到了p19载体上，得到了这个基因的启动子序列。

2. 辣椒抗病同源序列的克隆

湖南农业大学易图永在中国农科院做博士论文时根据已克隆的抗病基因的保守序列设计简并引物，对9个不同抗、感疫病的辣椒种质材料基因组DNA进行抗病基因同源性序列的特异PCR扩增，经序列测定和同源性分析发现14个抗病基因同源性序列（RGAF）与辣椒抗疫病作用相关，其中B引物扩增的8个RGA与烟草抗花叶病基因*N*、拟南芥抗丁香假单菌基因*RPS*2和亚麻抗锈病基因*L*6的同源性较高，属于广谱抗病基因同源序列；C引物扩增的6个RGA与番茄抗叶霉病基因*Cf*2和*Cf*9有较高的同源性，与抗疫病作用密切相关。

（三）已报道序列的目的基因的克隆

有些已报道序列的目的基因没有内含子，只需设计合适的引物直接做PCR即可，有些目的基因含有内含子，为了避免其转入他种生物后表达上可能的困难，应该先提取总RNA，然后用oligo（dT）作为引物进行反转录，得到第一链cDNA后再在反应管中加入根据mRNA序列设计的一对引物和*Taq* DNA聚合酶做PCR。由于只有成熟的mRNA才有poly A尾，所以得到的产物必定是不含内含子的。如笔者克隆烟草几丁质酶基因就是用RT-PCR法。

在设计引物时，要考虑下一步的程序，如果要将PCR产物边接在特定载体的启动子和终止区之间，就要根据启动子3′端和终止区5′端的限制性内切核酸酶位点，在引物中引入相应的位点。这样PCR产物就可用酶消化后直接克隆到具有这样的酶切位点的载体上。然后经限制性内切核酸酶消化以及测序确认其身份。最后再克隆到含有启动子和终止区的载体上，得到一个表达构建体（construct）。引物中没有设计酶切位点的PCR产物，如果是用*Taq* DNA聚合酶这样习惯于在每一轮合成完成之后再在新单链的3′端加上一个dA的酶做的PCR，可以用T-tailed载体克隆。如果是用Pfu这样的高保真的DNA聚合酶做的，只能按平端片段连接法克隆，连接到载体上的成功概率很低，最好是在引物中引入载体上有的酶切位点。

第三节 植物转化技术

迄今为止，人们在植物转基因育种上已尝试了根癌土杆菌介导法、基因枪转化法、原生质体PEG转化法、花器介导法、脂质体法等多种方法。其中基因枪转化法目的基因插入的位点太多且不稳定（瞬间表达目的基因），只能用于科研。最成功的方法是根癌土杆菌介导法，在成功的例子中占80%，以下将专门介绍。其次是使用植物转化载体的花器介导法。

根癌土杆菌介导的第一步就是要把目的基因装上启动子和终止区，成为一个表达构建体，第二步是将构建体转到植物转化载体上去，第三步是将重组了的植物转化载体转入根癌土壤杆菌，第四步是用根癌土壤杆菌转化植物，最后对转化了的植株及其后代进行检验。

一、表达构建体的组合

目的基因在组合到构建体中之前，首先要进行适当的修饰，如来自原核生物的基因 GC 比例高，要适当降低其比例，以便转入植物后能表达。其二，启动子 5′端和 3′端，终止区 5′端和 3′端的限制性酶切位点不能出现在目的基因序列中，如果有就要用 PCR 等方法去掉，以免在连接到载体上之前的酶切消化中切断。其三，如果目的基因两端没有与载体上相同或配对的酶切位点，就要用包含酶切位点的引物做 PCR 创造酶切位点。

目的基因在转入新的植物中之后中要正确表达就必须要有控制其表达的元件即启动子（promoter），还要有一个终止其转录的元件即终止区（terminator）。因此要有一个已插入这两个元件的大肠杆菌质粒。笔者以前使用的 pMOG901 质粒是在 pUC19 质粒上插入了一个 GUS 表达构建体。这个构建体中的启动子是大小约 900 个碱基的双倍 CaMV 35S 启动子，另有一小段引导序列，终止区是大小约 200 个碱基的 Ti 质粒 NOS 终止区。启动子的 5′端和 3′端、终止区的 5′端和 3′端分别有 *Eco*R Ⅰ、*Nco* Ⅰ、*Bam*H Ⅰ和 *Hin*d Ⅲ的酶切位点。

在 pMOG901 上组合表达构建体时，先用 *Nco* Ⅰ、*Bam*H Ⅰ消化 pMOG901，电泳后纯化含启动子和终止区的载体备用，然后用这两种酶消化含有目的基因的质粒，电泳后纯化只含目的基因的片段，再将纯化的两部分 DNA 混合，加连接酶连接。连接产物转化大肠杆菌后在筛选平板上挑取菌落做质粒微制备，阳性质粒再经过测序核实身份。

二、将构建体导入植物转化载体

由于根癌土壤杆菌不侵染裟发等禾本科植物，以前的根癌土壤杆菌植物介导法局限于双子叶植物，后来对植物转化载体进行改造，得到了可用于水稻转化的载体如 pCAMBIA 系列（图 3-14）。植物转化载体大致可分为两个区：一是 T-DNA 区，即 T-DNA 左右臂之间的区域，一般含有一个多克隆位点用于插入构建体、一个在植物中表达的耐抗生素（卡那霉素或潮霉素）基因用于转化细胞组织的筛选、一个 GUS 报道基因；二是 T-DNA 以外的区，通常包含一个在细菌中表达的耐抗生素（卡那霉素）基因用于转化细菌的筛选、一个大肠杆菌的复制起点和一个土壤杆菌的复制起点使载体既可在大肠杆菌中复制也可在土壤杆菌中复制。

在做这一步工作时，首先用同样的两种酶（通常为 *Eco*R Ⅰ和 *Hin*d Ⅲ）分别消化含构建体的大肠杆菌质粒如 pMOG901 和植物转化载体如 pMOG402，用连接酶连接纯化的构建体 DNA 和切开的植物转化载体，在含有卡那霉素的培养平板上筛选重组体。得到的菌落还要做质粒微制备和电泳来检验植物转化载体上是否有插入序列。

检验也可以用菌落 PCR 的方法，程序为在一个 LB 培养平板上用记号笔划分多个小格，用消毒的牙签蘸取筛选平板上的菌落后在一个小格中划线，再在含有少量缓冲液的小离心管底挤压，使菌体破裂将 DNA 释放到缓冲液中，然后加足缓冲液和稀释用的

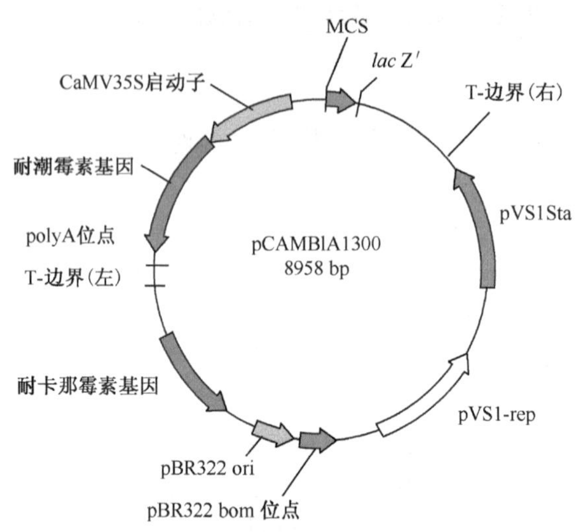

图 3-14　pCAMBIA 1300 载体的结构

水，以及底物、引物和酶，按常规程序做 PCR。

三、用重组的植物转化载体转化根癌土壤杆菌

转化根癌土壤杆菌要用到在本章第一节已述及的三亲交配法和电击法。这两种方法同等有效，但有人认为前一种方法更接近自然，可能更稳定。

为了保证转化植物的正确性，还要对土壤杆菌中转入的重组植物转化载体进行检验。检验步骤为土壤杆菌质粒微制备（专门的方法，在加裂解液混合后要煮 5 min）→提取到的质粒 DNA 转化大肠杆菌→用阳性菌落做质粒微制备→用酶（*Eco*R Ⅰ和 *Hin*d Ⅲ）切下构建体并纯化→纯化的构建体连接到测序载体（如 pUC19）上→交生物技术公司测序→用 DNA 分析软件核实。

在此要说明的是，转入植物转化载体的根癌土壤杆菌菌株本身是有质粒的，至少有一个含 Ti 质粒毒性区的质粒，从根癌土壤杆菌提取植物转化载体 DNA 时土壤杆菌本身的质粒可能混在其中，但由于土壤杆菌本身的质粒不含有大肠杆菌的复制起点，因此不能在大肠杆菌中复制，也就不可能存在于筛选平板上形成的菌落中，当然也不可能混入其后从转化的大肠杆菌提取的植物转化载体 DNA 中。

四、用转化了重组植物转化载体的根癌土壤杆菌转化植物

在花器介导法中，只需直接用含有构建体的植物转化载体经由花粉管通道导入胚囊。而根癌土壤杆菌介导法要用含有转化载体的根癌土壤杆菌转化植物外植体。以下是转化番茄的主要程序，详细的组织培养方法在第二章已经介绍过了。

种子消毒并洗净，在含有培养液的培养盒中无菌萌发——→当子叶全展但未见真叶时，在无菌条件下切去子叶顶端和基部，摆放在培养皿内一层矮牵牛悬浮培养细胞上方的滤纸上 24h——→将子叶浸入菌液中不超过 1 min，在无菌滤纸上吸干多余菌液放回原

位，保温 48h ——→将子叶移放到含有卡那霉素的脱分化培养基平板上，筛选转化的细胞——→切下子叶切口处长出的愈伤组织，移到新的筛选平板上，每 2 周继代一次——→愈伤组织出现绿点并长成小苗后移到生根培养平板上——→将生了根的小植株移到培养瓶或培养盒中——→将再生植株盆栽，在温室中生长——→观察开花，收获种子。

五、检验转基因植株及其后代

检验工作包括形态学观察、细胞学检验、分子检验、抗病、虫或耐除草剂性状检验等。

（一）形态学观察

在温室盆栽时对转基因植株进行观察，看是否有形态异常的表现。

（二）细胞学检验

主要是对转基因植株的倍性进行检验，因为在组织培养中由于激素的作用，有些细胞的倍性发生了加倍，如有些番茄植株变成四倍体。检验的方法可以是染色体检查法，也可以用一种简单的方法，即叶细胞叶绿体当上检查法，四倍体的细胞叶绿体显著多于二倍体。

（三）分子检验

首先是看待检植株是否含有转基因，一般用分别位于启动子区和目的基因区的一对引物做 PCR 即可。如果要知道转入的基因的拷贝数，就要做 Southern blot。这样的检验要跟踪转基因植物至少到第 5 代。

其次要检查转入的基因是否表达为成熟的 mRNA 了。以前一般用 Northern blot，即用 DNA 探针与 mRNA 杂交的方法。笔者采用的是 RT-PCR 加测序的方法，似更为可靠。

第三要看转入的基因是否表达为蛋白质了。一般用 Western blot，即荧光标记的抗体蛋白质与转基因表达的蛋白质杂交的方法。有些不易得到抗体的蛋白质可以借助于与目的基因一同插入植物基因组 DNA 的报道基因如 GUS 的表达来推测。有些基因的蛋白质产物是酶，可催化肉眼可见的生化反应，可提取转基因植物的蛋白质，放在含有相应底物的琼脂平板上。如转入细菌几丁质酶基因，可在琼脂平板中加入几丁质，转基因植物蛋白质提取物应该可以在混浊的平板上形成透明圈。

（四）抗病、虫或耐除草剂性状检验和安全性评价

采用人工接种病原物和害虫的方法或喷洒除草剂的方法对目的基因表达出的这些性状进行连续几代的温室内和田间的检验，同时进行安全性评价。

第四章　微生物发酵技术在植物保护上的应用

第一节　发酵技术的基本知识

发酵技术是生物技术的重要组成部分，是生物技术产业化的重要环节。它将微生物学、生物化学和化学工程学的基本原理有机地结合起来，是一门利用微生物的生长和代谢活动来生产各种有用物质的工程技术。发酵（fermentation）最初来自拉丁语“发泡”（fervere），指酵母作用于果汁或发芽谷物产生 CO_2 的现象。目前，人们把利用微生物在有氧或无氧条件下的生命活动来制备微生物菌体或其他代谢产物的过程统称为发酵。发酵技术有着悠久的历史，早在几千年前，人们就开始从事酿酒、制酱、制奶酪等生产。作为现代科学概念的微生物发酵工业，是在 20 世纪 40 年代随着抗生素工业的兴起而得到迅速发展的，而现代发酵技术又在传统发酵的基础上，结合了 DNA 重组、细胞融合、分子修饰和改造等新技术。

一、发酵技术的内容

发酵技术的内容是随着科学技术的发展而不断扩大和充实的。现代的发酵技术不仅包括菌体生产和代谢产物的发酵生产，还包括微生物机能的利用。其主要内容包括生产菌种的选育，发酵条件的优化与控制，反应器的设计及产物的分离、提取与精制等。

目前已知具有生产价值的发酵类型有以下 5 种。

（一）微生物菌体发酵

以获得具有某种用途的菌体为目的的发酵，如通过香菇类、冬虫夏草菌、密环菌等发酵而获得名贵中药，通过发酵苏云金杆菌、白僵菌、绿僵菌等而获得生物防治剂。

（二）微生物酶发酵

由于微生物具有种类多、产酶的品种多、生产容易和成本低等特点，目前工业应用的酶大多来自微生物发酵。

（三）微生物代谢产物发酵

微生物代谢产物的种类很多，在菌体对数生长期所产生的产物，如氨基酸、核苷酸、蛋白质、核酸、糖类等，是菌体生长繁殖所必需的，叫做初级代谢产物。在菌体生长静止期，某些菌体能合成一些具有特定功能的产物，如抗生素、生物碱、细菌毒素、植物生长因子等，与菌体生长繁殖无明显关系，叫做次级代谢产物。由于抗生素不仅具有广泛的抗菌作用，而且还有抗病毒、抗癌和其他生理活性，因而得到了长足发展，已成为发酵工业的重要支柱。

（四）微生物的转化发酵

微生物转化是利用微生物细胞的一种或多种酶，把一种化合物转变成结构相关的更有经济价值的产物。可进行的转化反应包括：脱氢反应、氧化反应、脱水反应、缩合反应、脱羧反应、氨化反应、脱氨反应和异构化反应等。

（五）生物工程细胞的发酵

指利用生物工程技术所获得的细胞，如 DNA 重组的“工程菌”，细胞融合所得的“杂交”细胞等进行培养的新型发酵，其产物多种多样。如用基因工程菌生产胰岛素、干扰素、青霉素酰化酶等，用杂交瘤细胞生产用于治疗和诊断的各种单克隆抗体等。

二、发酵技术的特点及应用

（一）微生物发酵技术的特点

微生物种类繁多、繁殖速度快、代谢能力强，容易通过人工诱变获得有益的突变株。微生物酶的种类也很多，能催化各种生物化学反应。微生物能够利用有机物、无机物等各种营养源，且不受气候、季节等自然条件的限制，用简易的设备生产多种多样的产品，所以以酒、酱、醋等酿造技术为基础的发酵技术得以迅速发展，且有其独到之处：①发酵过程以生物体的自动调节方式进行，数十个反应过程能够像单一反应一样，在发酵设备中一次完成；②反应通常在常温常压下进行，能耗少，设备较简单；③原料通常以糖蜜、淀粉等碳水化合物为主，可以是农副产品、也可以是工业废水或可再生资源（植物秸秆、木屑等），微生物本身能有选择地摄取所需物质；④容易生产复杂的高分子化合物，能在复杂化合物的特定部位做出有选择性的氧化、还原、官能团引入等反应。

（二）微生物发酵技术的应用

在目前能源、资源紧张，人口、粮食及污染问题日益严重的情况下，发酵工程作为现代生物技术的重要组成部分之一，得到越来越广泛的应用。值得注意的是，微生物发酵过程中需要防止杂菌污染，设备需要进行严格的冲洗、灭菌，空气需要过滤等。

1. 医药工业

传统的制药工业主要有两种：一是通过化学合成药物，二是通过从动植物体中提取或由微生物发酵而获得。从动物中化学合成，工艺复杂、条件苛刻、污染严重、毒副作用大；从植物中提取，受资源限制，单价昂贵，无法满足需求。而采用微生物工程技术，通过微生物发酵方法为人们寻求新药既可减少污染，又可以节约资源，如利用有关基因工程菌生产人胰岛素、乙肝疫苗、干扰素、维生素等就是例证。

2. 食品工业

目前，全世界人口总数已经超过 60 亿，在可耕地面积日益减少、人口年年增加的今天，微生物工程成为人类生产食品、改善营养的祝寿工程。通过微生物发酵可生产微生物蛋白质、氨基酸、新糖原、饮料、酒类和其他食品添加剂。

3. 能源工业

能源紧张，是当今世界各国都面临的一大难题。目前，国际油价已经上涨到 70 美元/桶，人们已认识到地球上的石油、煤炭、天然气等石化燃料终将枯竭，必须开发再生性能源和新能源，而微生物是重要的新能源之一。

4. 化学工业

传统的化工生产需要耐热、耐压和耐腐蚀的材料，而微生物技术的发展，不仅可制造其他方法难以生产或价值高的稀有产品，而且有可能改革化学工业面貌，创建省能源、少污染的新工艺。

5. 冶金工业

在面对数以万吨计的废矿渣、贫矿、尾矿、废矿，采用一般选、浮矿法无能为力的情况下，细菌冶金带来了新的希望。细菌冶金是指利用微生物及其代谢产物作为浸矿剂，喷淋在堆放的矿石上，浸矿剂溶解矿石中的有效成分，最后从收集的浸取液中分离、浓缩和提纯有用的金属。

6. 农业

在人口剧增、耕地面积日益缩小的今天，要解决人们的口粮问题，首先就要提高耕地单位面积产量。而应用生物工程技术，选育出抗逆性工程植物、实现生物固氮、制造新型生物杀虫剂等，都将为农业增产做出重要贡献。

1）生物固氮

自然界中独立生活的自生固氮菌和专门与豆科植物共生的根瘤菌，都能将大气中的氮还原为植物可利用的氨。据统计，每公顷豆科植物的根瘤菌能固氮 1500kg，相当于 7500kg 硫酸铵。中国有学者采用 2,4-D 诱导小麦幼根，或采用纤维素酶和聚乙烯醇处理水稻、油菜幼苗的根尖细胞，同时接种根瘤菌，培育了形成根瘤、并有固氮能力的小麦和水稻。

2）微生物农药

能使昆虫染病、致死的微生物有细菌、真菌、病毒、原生动物等。目前广泛应用的细菌杀虫剂是苏云金杆菌（Bt），真菌杀虫剂是白僵菌、绿僵菌等。除了“以菌治虫”外，“以菌除草”、“以菌防病”等微生物农药也在农业增产中发挥了巨大作用。

3）微生物饲料

随着畜牧业的发展，对蛋白质饲料的要求十分迫切。微生物菌体蛋白质占干重的45%～55%，以微生物方法生产的单细胞蛋白质是食品和饲料的重要来源。

7. 环境保护

农业上使用的各种农药和各种石油化工产品、炸药、塑料、染料等工业废水，排放到环境中，都会带来严重污染。工业中每天还排放大量 CO_2、CO、硫化物等有害气体，它们是造成温室效应和形成酸雨的重要因素，严重威胁人类健康。但是，小小的微生物细胞对污染物却有着惊人的降解能力，从而使其进入了污染控制研究中最活跃的领域。

三、发 酵 设 备

进行微生物深层培养的设备统称发酵罐。优良的发酵装置应具有结构严密、液体混合性能好、传热速率高和控制仪表检测方便等优点，能满足发酵工艺的需求。对于好氧微生物，发酵罐常采用通气和搅拌的方式以增加发酵液中氧的溶解，以满足其代谢需要。按搅拌方式的不同，好氧发酵设备又可分为机械搅拌式发酵罐和通风搅拌式发酵罐。

（一）机械搅拌式发酵罐

利用机械搅拌器的作用，使空气和发酵液充分混合，促进氧的溶解，以保证供给微生物生长繁殖和代谢所需的溶解氧。比较典型的是通用式发酵罐和自吸式发酵罐。

1. 通用式发酵罐

既具有机械搅拌又有压缩空气分布装置的发酵罐，是目前大多数发酵工厂最常用的型式，因此称为“通用式”。发酵罐的搅拌轴可置于发酵罐的顶部，也可置于其底部，其高径比为（2∶1）～（6∶1），容积可达 20～200m^3，有的甚至可达 500m^3。发酵罐为封闭式，一般都在一定罐压下操作，罐顶和罐底采用椭圆形或碟形封头。为便于清洗和检修，发酵罐设有入孔，甚至爬梯，罐顶还装有窥镜和灯孔，以便观察罐内情况。此外，还有各式各样的接管。装于罐顶的接管有进料口、补料口、排气口、接种口和压力表等，装于罐身的接管有冷却水进出口、空气进口、温度和其他测控仪表的接口。取样口则视操作情况装于罐身或罐顶。现在很多工厂在不影响无菌操作的条件下将接管加以归并，如进料口、补料口和接种口合用一个接管。放料可利用通风管压出，也可在罐底另设放料口。

2. 自吸式发酵罐

自吸式发酵罐罐体的结构大致上与通用式发酵罐相同，主要区别在于搅拌器的形状和结构不同。自吸式发酵罐使用的是带中央吸气口的搅拌器。搅拌器由从罐底向上伸入的主轴带动。叶轮旋转时叶片不断排开周围的液体使其背侧形成真空，于是将罐外空气通过搅拌器中心的吸气管而吸入罐内，吸入的空气与发酵液充分混合后在叶轮末端排出，并立即通过导轮向罐壁分散，经挡板折流涌向液面，均匀分布。空气吸入管通常用一端面轴封与叶轮连接，确保不漏气。

（二）通风搅拌式发酵罐

在通风搅拌式发酵罐中，通风的目的不仅是供给微生物所需要的氧，同时还利用通入发酵罐的空气，代替搅拌器使发酵液均匀混合。常用的有循环式通风发酵罐和高位塔式发酵罐。

1. 循环式通风发酵罐

循环式通风发酵罐系利用空气的动力使液体在循环管中上升，并沿着一定路线进行循环，又叫带升式发酵罐，有内循环和外循环两种，循环管有单根的，也有多根的。与通用式发酵罐相比，它具有以下优点：①发酵罐内没有搅拌装置，结构简单，清洗方便，加工容易；②由于取消了搅拌用的电机，而通风量与通用式发酵罐大致相等，所以动力消耗大大降低。

2. 高位塔式发酵罐

高位塔式发酵罐是一种类似塔式反应器的发酵罐，其高径比约为7，罐内装有若干块筛板。压缩空气由罐底导入，经过筛板逐步上升，气泡在上升过程中带动发酵液同时上升，上升后的发酵液又通过筛板上带有液封作用的降液管下降而形成循环。这种发酵罐的特点是省去了机械搅拌装置，如果培养基浓度适宜，而且操作得当的话，在不增加空气流量的情况下，基本上可达到通用式发酵罐的发酵水平。

（三）厌氧发酵设备

厌氧发酵也称静止培养，因其不需供氧，所以设备和工艺都较好氧发酵简单。严格的厌氧液体深层发酵的主要特色是排除发酵罐中的氧。罐内的发酵液应尽量装满，以便减少上层气相的影响，有时还需充入非氧气体。发酵罐的排气口要安装水封装置，培养基应预先还原。此外，厌氧发酵需使用大剂量接种（一般接种量为总发酵体积的10%～20%），使菌体迅速生长，减少其对外部氧渗入的敏感性。乙醇、丙酮、丁醇、乳酸和啤酒等都是采用液体厌氧发酵工艺生产的。

第二节　微生物发酵过程

微生物发酵过程，即微生物反应过程，指微生物在生长繁殖过程中所引起的生化反应过程。按微生物对氧的需求，分为好氧性发酵和厌氧性发酵两大类。①好氧性发酵。在发酵过程中需要不断地通入一定量的无菌空气，如利用黄单胞菌进行多糖发酵等；②厌氧性发酵。在发酵时不需要供给空气，如乳酸杆菌引起的乳酸发酵等；③兼性发酵。酵母菌是兼性厌氧微生物，它在缺氧条件下进行厌气性发酵积累乙醇，而在有氧即通气条件下则进行好氧性发酵，大量繁殖菌体细胞。按照设备来分，发酵又可分为敞口发酵、密闭发酵、浅盘发酵和深层发酵。一般敞口发酵应用于繁殖快并进行好氧发酵的类型，如酵母生产。密闭发酵是在密闭的设备内进行的，设备要求严格，工艺也较复杂。浅盘发酵是利用浅盘仅装一薄层培养液，接入菌种后进行表面培养，在液体上面形成一层菌膜。深层发酵法是指在液体培养基内部进行的微生物培养过程。液体深层发酵技术是在青霉素等抗生素的生产中发展起来的一种微生物发酵技术。同其他发酵技术相比较，具有很多优点：①液体悬浮状态是微生物的最适生长环境；②菌体及营养物、产物在液体中易于扩散，使发酵可在均质或拟均质条件下进行，便于控制；③液体输送方便，便于机械化操作；④生产效率高，可进行自动化控制，产品质量稳定；⑤产品易于提取、精制等。

一、微生物发酵的基本过程

微生物发酵的工艺多种多样，但基本上包括菌种制备、种子培养、发酵和提取精制等下游处理几个过程。

（一）菌种的制备

在进行发酵生产前，必须从自然界分离得到能产生所需产物的菌种，并经分离、纯化及选育后或是经基因工程改造后的“工程菌”，才能供给发酵使用。为了能保持和获得稳定的高产菌株，需要对菌种进行定期纯化和选育，筛选出高产量和高质量的优良菌株。

（二）种子扩大培养

种子扩大培养是指将保存在砂土管、冷冻干燥管或冰箱中处于休眠状态的生产菌种，接入试管斜面活化后，再经过三角瓶或摇瓶及种子罐逐级扩大培养而获得一定数量和质量的纯种的过程。通常将纯种培养物称为种子。种子制备的目的是得到大量足够用于发酵的种子菌（母种）。在工业化的规模生产中，很难做到彻底灭菌，通常要接种大量的种子菌与污染的微生物竞争，以抑制污染微生物的生长。

菌种质量对发酵的影响很大，应尽量减少继代培养的次数，以防止变异退化。另外，菌种性能以及孢子和种子的制备情况也影响发酵产物的产量与成品的质量。种子制备有不同的方式，有的从摇瓶培养开始，将所得摇瓶种子液接入到种子罐进行逐级扩大培养，称为菌丝进罐培养；有的将孢子直接接入种子罐进行扩大培养，称为孢子进罐培养。

（三）发　酵

发酵是微生物合成所需要产物的过程，是整个发酵工程的中心环节。杂菌的污染会严重影响生产菌种的正常生长和代谢，甚至可能会取代生产菌种而成为发酵中的优势菌，导致发酵彻底失败。因此，防止杂菌污染是保证发酵正常进行的关键之一。除了确保菌种本身的纯度、不使接种物带入杂菌外，还必须做好培养基和有关发酵设备的灭菌、空气的除菌、发酵过程的无菌操作，以确保发酵能顺利进行。发酵过程中，发酵罐内部的菌丝形态，菌液浓度，糖、氮含量、pH，溶氧浓度和产物浓度等的代谢变化是相当复杂的，尤其是次级代谢产物发酵就更为复杂，受到许多因素的控制。

（四）下游处理

发酵结束后，要对发酵液或生物细胞进行分离和提取精制，将发酵产物制成符合要求的成品。从发酵液中分离、精制有关产品的过程称为发酵生产的下游加工过程。常用的分离提纯法有过滤、离心、树脂吸附、萃取、离子交换、浓缩和结晶等。如果产物是菌体，可采用过滤、离心沉淀等措施把菌体与发酵液分开，也可直接喷雾干燥制成粉剂。如果是乙醇、丙醇等溶剂类产物，则需用蒸馏操作获得。如果是溶于发酵液中的其他代谢产物，则需根据产物的性能，采用有机溶剂萃取或离子交换等化工操作来提取。在实际生产中，多是几种方法联合使用。产物提取后要经过质量检查，医药用品需按药典规定进行检验和动物毒性测定等，合格后才能成为正式产品。

发酵液是含有细胞、代谢产物和剩余培养基等组分的多相系统，黏度很大，从中分离固体物质很困难。发酵产品在发酵液中浓度很低，且常常与代谢产物、营养物质等大量杂质共存于细胞内或细胞外，形成复杂的混合物；欲提取的产品通常很不稳定，遇热、极端 pH、有机溶剂会分解或失活；另外，由于发酵是分批操作，生物变异性大，各批发酵液不尽相同，这就要求下游加工有一定弹性，特别是对染菌的批号也要能处理。发酵的最后产品纯度要求较高，上述种种原因使下游加工过程成为许多发酵生产中最重要、成本费用最高的环节，如抗生素、乙醇、柠檬酸等的分离和精制占整个工厂投资的 60%左右，而且还有继续增加的趋势。发酵生产中因缺乏合适的、经济的下游处理方法而不能投入生产的例子是很多的。因此，下游加工技术正愈来愈引起人们的重视。下游加工过程由许多化工单元操作组成，一般可分为发酵液预处理和固液分离、提取、精制以及成品加工四个阶段。

1. 发酵液预处理和固液分离

发酵液的预处理和固液分离是下游加工的第一步操作。预处理的目的是改善发酵液性质，以利于固液分离，常用酸化、加热、加絮凝剂等方法。固液分离则常用到过滤、离心等方法。如果欲提取的产物存在于细胞内，还需先对细胞进行破碎。细胞破碎方法有机械、生物和化学法，大规模生产中常用高压匀浆器和球磨机。细胞碎片的分离通常用离心、两水相萃取等方法。

2. 提取

经上述步骤处理后，活性物质存在于滤液中，滤液体积很大，活性物质浓度很低。接下来要进行提取，提取的目的主要是浓缩，也有一些纯化作用。常用的方法有：①吸附法：对于抗生素等小分子物质可用吸附法，现在常用的吸附剂为大网格聚合物，另外还可用活性炭、白土、氧化铝、树脂等；②离子交换法：极性化合物可用离子交换法提取，该法亦可用于精制；③沉淀法：沉淀法广泛用于蛋白质提取，主要起浓缩作用，常用盐析、等电点沉淀、有机溶剂沉淀和非离子型聚合物沉淀等方法，沉淀法也用于一些小分子物质的提取；④萃取法：萃取法是提取过程中的一种重要方法，包括溶剂萃取、两水相萃取、超临界流体萃取、逆胶束萃取等方法，其中溶剂萃取法仅用于抗生素等小分子生物物质而不能用于蛋白质的提取，而两水相萃取法则仅适用于蛋白质的提取，小分子物质不适用；⑤超滤法：超滤法是利用一定截断分子质量的超滤膜进行溶质的分离或浓缩，可用于小分子提取中去除大分子杂质和大分子提取中的脱盐浓缩等。

3. 精制

经提取过程初步纯化后，滤液体积大大缩小，但纯度提高不多，需要进一步精制。初步纯化中的某些操作，如沉淀、超滤等也可应用于精制中。大分子（如蛋白质）精制依赖于层析分离，层析分离是利用物质在固定相和移动相间的分配情况不同，进而在层析柱中的运动速度不同，而达到分离的目的。根据分配机制的不同，分为凝胶层析、离子交换层析、聚焦层析、疏水层析、亲和层析等几种类型。层析分离中的主要困难之一是层析介质的机械强度差，研究生产优质层析介质是下游加工的重要任务之一。

4. 成品加工

经提取和精制后，一般根据产品应用要求，最后还需要浓缩、无菌过滤和去热原、干燥、加稳定剂等加工步骤。随着膜质量的改进和膜装置性能的改善，下游加工过程各个阶段将会越来越多地使用膜技术。浓缩可采用升膜式或降膜式的薄膜蒸发，对热敏性物质，可用离心薄膜蒸发，对大分子溶液的浓缩可用超滤膜，小分子溶液的浓缩可用反渗透膜。用截断相对分子质量为10 000的超滤膜可除去分子质量在10 000以内的产品的热原，同时也达到了过滤除菌的目的。如果最后要求的是结晶性产品，则上述浓缩、无菌过滤等步骤应放于结晶之前，而干燥则通常是固体产品加工的最后一道工序。干燥方法根据物料性质、物料状况及当地具体条件而定，可选用真空干燥、红外线干燥、沸腾干燥、气流干燥、喷雾干燥和冷冻干燥等方法。

二、发酵的操作方式

根据操作方式的不同，发酵过程主要有分批发酵、连续发酵和补料分批发酵三种类型。

（一）分批发酵

营养物和菌种一次加入进行培养，直到结束放出，中间除了空气进入和尾气排出，与外界没有物料交换。传统的生物产品发酵多用此过程，它除了控制温度、pH 和通气以外，不进行任何其他控制，操作简单。但从细胞所处的环境来看，则明显改变，发酵初期营养物过多可能抑制微生物的生长，而发酵的中后期可能又因为营养物减少而降低培养效率，从细胞的增殖来说，初期细胞浓度低，增长慢，后期细胞浓度虽高，但营养物浓度过低也长不快，总的生产能力不是很高。

分批发酵的具体操主要包括以下步骤。首先种子培养系统开始工作，即对种子罐用高压蒸汽进行空罐灭菌（空消），之后投入培养基再通过高压蒸汽进行实罐灭菌（实消），然后接种，即接入用摇瓶等预先培养好的种子，进行培养。在种子罐开始培养的同时，以同样程序进行主培养罐的准备工作。对于大型发酵罐，一般不在罐内对培养基灭菌，而是利用专门的灭菌装置对培养基进行连续灭菌（连消）。种子培养达到一定菌体量时，即转移到主发酵罐中。发酵过程中要控制温度和 pH，对于需氧微生物还要进行搅拌和通气。主罐发酵结束即将发酵液送往提取、精制工段进行后续处理。

根据不同发酵类型，每批发酵需要十几个小时到几周的时间。其全过程包括空罐灭菌、加入灭菌培养基、接种、培养的诱导期、发酵过程、放罐和洗罐，所需时间的总和为一个发酵周期。

分批培养系统属于封闭系统，只能在一段有限的时间内维持微生物的增殖，微生物处在限制性条件下的生长，表现出典型的生长周期：培养基在接种后，在一段时间内细胞浓度的增加常不明显，这一阶段为延滞期，延滞期是细胞在新的培养环境中表现出来的一个适应阶段。接着是一个短暂的加速期，细胞开始大量繁殖，很快到达指数生长期。在指数生长期，由于培养基中的营养物质比较充足，有害代谢物很少，所以细胞的生长不受限制，细胞浓度随培养时间呈指数增长，也称对数生长期。随着细胞的大量繁殖，培养基中的营养物质迅速消耗，加上有害代谢物的积累，细胞的生长速率逐渐下降，进入减速期。因营养物质耗尽或有害物质的大量积累，使细胞浓度不再增大，这一阶段为静止期或稳定期。在静止期，细胞的浓度达到最大值。最后由于环境恶化，细胞开始死亡，活细胞浓度不断下降，这一阶段为衰亡期。大多数分批发酵在到达衰亡期前就结束了。迄今为止，分批培养是常用的培养方法，广泛用于多种发酵过程。

（二）连续发酵

所谓连续发酵，是指以一定的速度向发酵罐内添加新鲜培养基，同时以相同的速度流出培养液，从而使发酵罐内的液量维持恒定，微生物在稳定状态下生长。稳定状态可以有效地延长分批培养中的对数期。在稳定的状态下，微生物所处的环境条件，如营养物浓度、产物浓度、pH 等都能保持恒定，微生物细胞的浓度及其比生长速率也可维持不变，甚至还可以根据需要来调节生长速度。

连续发酵使用的反应器可以是搅拌罐式反应器，也可以是管式反应器。在罐式反应器中，即使加入的物料中不含有菌体，只要反应器内含有一定量的菌体，在一定进料流量范围内，就可实现稳态操作。如果在反应器中进行充分的搅拌，则培养液中各处的组成相同，且与流出液的组成一样，成为一个连续流动搅拌罐式反应器。连续发酵的控制方式有两种：一种为恒浊器（turbidostat）法，即利用浊度来检测细胞的浓度，通过自控仪表调节输入料液的液量，以控制培养液中的菌体浓度达到恒定值；另一种为恒化器（chemostat）法，它与前者相似之处是维持一定的体积，不同之处是菌体浓度不是直接控制的，而是通过恒定输入的养料中某一种生长限制基质的浓度来控制的。

在管式反应器中，培养液通过一个返混程度较低的管状反应器向前流动（返混——反应器内停留时间不同的料液之间的混合），其理想形式为活塞流反应器（PFR，没有返混）。在反应器内沿流动方向的不同部位，营养物浓度、细胞浓度、传氧和生产率等都不相同。在反应器的入口，微生物细胞必须和营养液一起加到反应器内。通常在反应器的出口，装一支路使细胞返回，或者来自另一个连续培养罐。这种微生物反应器的运转存在许多困难，故目前主要用于理论研究，基本上还未进行实际应用。

与分批发酵相比，连续发酵具有以下优点：①可以维持稳定的操作条件，有利于微生物的生长代谢，从而使产率和产品质量也相应保持稳定；②能够更有效地实现机械化和自动化，降低劳动强度，减少操作人员与病原微生物和毒性产物接触的机会；③减少设备清洗、准备和灭菌等非生产占用时间，提高设备利用率，节省劳动力和工时；④由于灭菌次数减少，使测量仪器探头的寿命得以延长；⑤容易对过程进行优化，有效地提高发酵产率。当然，它也存在一些缺点：①由于是开放系统，加上发酵周期长，容易造成杂菌污染；②在长周期连续发酵中，微生物容易发生变异；③对设备、仪器及控制元器件的技术要求较高；④黏性丝状菌菌体容易附着在器壁上生长和在发酵液内结团，给连续发酵操作带来困难。

（三）补料分批发酵

补料分批发酵又称半连续发酵，是介于分批发酵和连续发酵之间的一种发酵技术，是指在微生物分批发酵中，以某种方式向培养系统补加一定物料的培养技术。通过向培养系统中补充物料，可以使培养液中的营养物浓度较长时间地保持在一定范围内，既保证微生物的生长需要，又不造成不利影响，从而达到提高产率的目的。

补料技术在发酵过程中的应用，是发酵技术上一个划时代的进步。补料技术本身也由少次多量、少量多次，逐步改为流加，近年又实现了流加补料的微机控制。但是，发酵过程中的补料量或补料率，目前在生产中还只是凭经验确定，或者根据一、两个一次检测的静态参数（如基质残留量、pH、溶解氧浓度等）设定控制点，带有一定的盲目性，很难同步地满足微生物生长和产物合成的需要，也不可能完全避免基质的调控反应。因而现在的研究重点在于如何实现补料的优化控制。

补料分批发酵可以分为两种类型：单一补料分批发酵和反复补料分批发酵。在开始时投入一定量的基础培养基，到发酵过程的适当时期，开始连续补加碳源或（和）氮源或（和）其他必需基质，直到发酵液体积达到发酵罐最大操作容积后，停止补料，最后将发酵液一次全部放出。这种操作方式称为单一补料分批发酵。该操作方式受发酵罐操作容积的限制，发酵周期只能控制在较短的范围内。反复补料分批发酵是在单一补料分批发酵的基础上，每隔一定时间按一定比例放出一部分发酵液，使发酵液体积始终不超过发酵罐的最大操作容积，从而在理论上可以延长发酵周期，直到发酵产率明显下降，才最终将发酵液全部放出。这种操作类型既保留了单一补料分批发酵的优点，又避免了它的缺点。

补料分批发酵作为分批发酵向连续发酵的过渡，兼有两者之优点，而且克服了两者之缺点。同传统的分批发酵相比，它的优越性是明显的。首先它可以解除营养物质的抑制、产物反馈抑制和葡萄糖分解阻遏效应（葡萄糖效应——葡萄糖被快速分解代谢所积累的产物在抑制所需产物合成的同时，也抑制其他一些碳源、氮源的分解利用）。对于好氧发酵，它可以避免在分批发酵中因一次性投入糖过多造成细胞大量生长，耗氧过多，以至通风搅拌设备不能匹配的状况，还可以在某些情况下减少菌体生成量，提高有用产物的转化率。在真菌培养中，菌丝的减少可以降低发酵液的黏度，便于物料输送及后续处理。与连续发酵相比，它不会产生菌种老化和变异问题，其适用范围也比连续发酵广。

目前，运用补料分批发酵技术进行生产和研究的范围十分广泛，包括单细胞蛋白质、氨基酸、生长激素、抗生素、维生素、酶制剂、有机溶剂、有机酸、核苷酸、高聚物等，几乎遍及整个发酵行业。它不仅被广泛用于液体发酵中，在固体发酵及混合培养中也有应用。随着研究工作的深入及微机在发酵过程自动控制中的应用，补料分批发酵技术将日益发挥出其巨大的优势。

三、发酵工艺控制

发酵过程中，为了能对生产过程进行必要的控制，需要对有关工艺参数进行定期取样测定或进行连续测量。反映发酵过程变化的参数可以分为两类：一类是可以直接采用特定的传感器检测的参数，包括反映物理环境和化学环境变化的参数，如温度、压力、搅拌功率、转速、泡沫、发酵液黏度、浊度、pH、离子浓度、溶解氧基质浓度等，称为直接参数。另一类是至今尚难于用传感器来检测的参数，包括细胞生长速率、产物合成速率和呼吸熵等。这些参数需要根据一些直接检测出来的参数，借助于电脑计算和特定的数学模型才能得到。因此这类参数被称为间接参数。上述参数中，对发酵过程影响较大的有温度、pH、溶解氧浓度等。

（一）温　　度

温度对发酵过程的影响是多方面的。它可影响微生物的各种生理活动和代谢过程，因而影响发酵反应速率。在一定温度范围内，温度的升高，可使微生物生长和代谢加快，发酵反应速率也加快。当超过一定范围时，菌体易于衰老，会导致发酵总产量降低。温度还能改变发酵液的物理性质，如发酵液的黏度、基质和氧在发酵液中的溶解度和传递速率、某些基质的分解和吸收速率等，进而影响发酵的动力学特性和产物的生物合成。

发酵工业上应用的生产菌，绝大多数属于中温性微生物，其最适生长温度为25～40℃，但应该注意的是，生长最适温度并不一定等于发酵最适温度（即代谢产物积累最多的温度）。在某些发酵过程中，还要采取变温工艺，开始时采用较高的温度以使微生物充分生长，然后在进入产物形成期后，将温度降低以便使产物有效形成。例如，灰色链霉菌生长最适温度是37℃，但产生抗生素的最适温度是28℃。所以，必须通过实验来确定不同菌种发酵各阶段的培养温度。

最适发酵温度是既适合菌体的生长，又适合代谢产物合成的温度，它随菌种、培养基成分、培养条件和菌体生长阶段不同而改变。理论上，整个发酵过程中不应只选择一个培养温度，而应根据发酵的不同阶段，选择不同的培养温度。在生长阶段，应选择最适生长温度；在产物分泌阶段，应选择最适生产温度。但实际生产中，由于发酵液的体积很大，升降温度都比较困难，所以在整个发酵过程中，往往采用一个比较适合的培养温度，使得到的产物产量最高，或者在可能的条件下进行适当的调整。发酵温度可通过温度计或自动记录仪表进行检测，通过向发酵罐的夹套或蛇形管中通入冷水、热水或蒸汽进行调节。工业生产上，所用的大发酵罐在发酵过程中一般不需要加热，因为发酵中释放了大量的发酵热，在这种情况下通常还需要加以冷却，利用自动控制或手动调整的阀门，将冷却水通入夹套或蛇形管中，通过热交换来降温，保持恒温发酵。

同其他的化学反应相似，微生物所催化的生物化学反应，尤其是其反应速度，也取决于温度。所不同的是，作为生物催化剂的微生物酶，对温度特别敏感，往往只能在很窄的温度范围内表现其活性。超过其最适温度10～20℃就可能影响酶的活性，进而对微生物本身产生不可逆的损伤，从而导致整个发酵过程的失败。例如，在青霉素酰化酶发酵过程中，当温度高于最适温度1℃时，产率即下降20%。

（二）pH

pH对微生物的生长繁殖和产物合成的影响有以下几个方面：①影响酶的活性，当pH抑制菌体中某些酶的活性时，会阻碍菌体的新陈代谢；②影响微生物细胞膜所带电荷的状态，改变细胞膜的通透性，影响微生物对营养物质的吸收及代谢产物的排泄；③影响培养基中某些组分和中间代谢产物的离解，从而影响微生物对这些物质的利用；④pH不同，往往引起菌体代谢过程的不同，使代谢产物的质量和比例发生改变。另外，pH还会影响某些霉菌的形态。

发酵过程中，pH的变化取决于所用的菌种、培养基的成分和培养条件。培养基中营养物质的代谢，是引起pH变化的重要原因，发酵液的pH变化乃是菌体产酸和产碱的代谢反应的综合结果。每一类微生物都有其最适的和能耐受的pH范围，大多数细菌生长的最适pH为6.3～7.5，霉菌和酵母菌为3～6，放线菌为7～8。而且微生物生长阶段和产物合成阶段的最适 pH 往往不一样，需要根据实验结果来确定。为了确保发酵的顺利进行，必须使其各个阶段经常处于最适 pH。首先需要考虑和试验发酵培养基的基础配方，使它们有个适当的配比，使发酵过程中的 pH 变化在合适的范围内。在工业发酵中，多选用含氮物质氨水、尿素等调节 pH，这样可以同时起到补充氮源的作用。有时也可用碳酸钠或氢氧化钠来调节 pH。如果达不到要求，还可在发酵过程中补加酸或碱。过去是直接加入酸（如 H_2SO_4）或碱（如 NaOH）来控制，现在常用的是以生理酸性物质$(NH_4)_2SO_4$和生理碱性物质氨水来控制，它们不仅可以调节 pH，还可以补充氮源；反之，pH 较高，氨氮含量又较低时，就补加$(NH_4)_2SO_4$。此外，用补料的方式来调节 pH 也比较有效。这种方法，既可以达到稳定 pH 的目的，又可以不断补充营养物质。最成功的例子就是青霉素发酵的补料工艺，利用控制葡萄糖的补加速率来控制 pH 的变化，其青霉素产量比用恒定的加糖速率和加酸或碱来控制 pH 的产量高 25%。目前已试制成功适合于发酵过程监测 pH 的电极，能连续测定并记录 pH 的变化，将信号输入 pH 控制器来指令加糖、加酸或加碱，使发酵液的 pH 控制在预定的数值。

控制培养基 pH 的主要方式有：① 在培养基中适当添加生理酸性物质［如$(NH_4)_2SO_4$等］，或生理碱性物质（如 $NaNO_3$ 等）。这些物质既可作为微生物生长代谢的氮源物质，又可以把 pH 控制在一定范围内；②在培养基中加入缓冲剂，如磷酸盐、柠檬酸盐和碳酸钙等，也可以调节培养基的 pH；③使用检测器监测培养液的 pH 变化，并通过控制器自动向培养基中补加酸（H_2SO_4 等）或碱（NaOH 或氨水等），调节 pH 至设定范围。但如果 pH 降低是由于有机酸大量生成而引起的，补氨过多就会造成氨中毒而引起发酵异常，此时不宜用氨水调节 pH。

（三）溶解氧浓度

对于好氧发酵，溶解氧浓度是重要的参数之一。好氧性微生物深层培养时，需要适量的溶解氧以维持其呼吸代谢和某些产物的合成，氧的不足会造成代谢异常，产量降低。微生物发酵的最适氧浓度与临界氧浓度是不同的。前者是指溶解氧浓度对生长或合成有一最适的浓度范围，后者一般指不影响菌体呼吸所允许的最低氧浓度。为了避免生物合成处在氧限制的条件下，需要考察每一发酵过程的临界氧浓度和最适氧浓度，并使其保持在最适氧浓度范围内。现在已可采用复膜氧电极来检测发酵液中的溶解氧浓度。要维持一定的溶氧水平，需从供氧和需氧两方面着手。在供氧方面，主要是设法提高氧传递的推动力和氧传递系数，可以通过调节搅拌转速或通气速率来控制。同时要有适当的工艺条件来控制需氧量，使菌体的生长和产物形成对氧的需求量不超过设备的供氧能力。已知发酵液的需氧量受菌体浓度、基质的种类和浓度以及培养条件等因素的影响，其中以菌体浓度的影响最为明显。发酵液的摄氧率随菌体浓度增大而增大，但氧的传递速率随菌体浓度的对数关系减少。因此可以控制菌的比生长速率比临界值略高一点，达到最适菌体浓度。这样既能保证产物的比生产速率维持在最大值，又不会使需氧大于供氧。这可以通过控制基质的浓度来实现，如控制补糖速率。除控制补料速度外，在工业上，还可采用调节温度（降低培养温度可提高溶氧浓度）、液化培养基、中间补水、添加表面活性剂等工艺措施，来改善溶氧水平。

发酵过程中各参数的控制很重要，目前发酵工艺控制的方向是转向自动化控制，因而希望能开发出更多更有效的传感器用于过程参数的检测。此外，对于发酵终点的判断也同样重要。生产不能只单纯追求高生产力，而不顾及产品的成本，必须把二者结合起来。合理的放罐时间是由实验来确定的，就是根据不同的发酵时间所得的产物产量计算出发酵罐的生产力和产品成本，采用生产力高而成本又低的时间，作为放罐时间。确定放罐的指标有：产物的产量、过滤速度、氨基氮的含量、菌丝形态、pH、发酵液的外观和黏度等。发酵终点的确定，需要综合考虑这些因素。

一般情况下，在 101.32kPa、25℃时，空气中氧在水中的溶解度为 0.26×10^{-3} mol/L，而在同样条件下，发酵液中的溶解度小于这个数值，为 0.20×10^{-3} mol/L，而且随着温度的升高，水中溶质浓度增加，可使氧的溶解度进一步下降。好氧性微生物只能利用溶解氧，因此好氧性发酵必须有适当的通气搅拌条件，才能保证其正常进行。工业生产使用的大部分菌种为需氧菌，在发酵过程中通常要供给大量空气，才能满足菌体对溶解氧的需要。而微生物的摄氧率通常为 $10\times10^{-3}\sim50\times10^{-3}$ mol/（L・h），因此要维持菌的正常呼吸，就必须迅速及时地补充培养液中的溶解氧。在搅拌式发酵罐中，溶解氧的浓度主要由两个变量来控制，即通气速率和搅拌转速。一般来说，通气速率要控制在 0.25～1.0 L/(L・min) 之间；搅拌转速的变化则视发酵罐的大小而有所不同的。

通气可保证氧溶解度的提高。通气量大，能提高发酵产物的产量，但另一方面增加了动力消耗，影响经济效益。搅拌能提高通气的效率，使氧气更好地分散并溶解于发酵液中。同时，搅拌还可使菌体在发酵液中保持均匀的最好状态，利于提高代谢速度。多数情况下，控制器首先会增加搅拌叶的转速，只有当搅拌叶转速达到上限，仍不能获得所需的溶解氧浓度时，控制器才会增加通气量。

（四）泡沫与消沫

发酵过程中的发酵液会产生泡沫。其中既有通气搅拌所带来的机械性泡沫，也有由培养基某些成分（如蛋白质）和微生物代谢过程中产生的气体聚结而生成的发酵性泡沫。在发酵过程中产生一定数量的泡沫是正常现象，但过多的持久性泡沫对发酵是不利的。如干扰通气，妨碍菌的呼吸，造成代谢异常；使发酵罐装料系数下降；进气管大量溢液，泡沫从轴封渗出，造成杂菌污染等。泡沫影响发酵罐的有效容积，严重时还会影响通气和搅拌的正常进行，导致发酵代谢异常，因而需要采取消沫措施。

消沫方法有机械法和化学法。机械法是在搅拌轴上装上消沫挡板，通过强烈的机械振荡，导致液体内压力变化，来破坏气泡的表面张力促使其破裂；化学法是利用消沫剂降低泡沫的机械强度使其破裂。常用的消泡剂有天然油脂和合成消泡剂两大类。天然油脂主要是各种植物油，如花生油、豆油等；合成消泡剂有聚醚类物质，如聚氧乙烷、丙烷、甘油醚等。

（五）营养物质浓度

发酵过程中发酵液内各种营养物质的浓度，直接影响菌体的生长发育和发酵产物的积累，特别是碳氮比、无机盐、维生素和金属离子浓度的影响非常明显。例如，谷氨酸发酵中当碳氮比为 4∶1 时，菌体大量繁殖，谷氨酸积累很少；当碳氮比为 3∶1 时，则产生大量谷氨酸。

（六）罐　　压

在发酵过程中，发酵罐一定要对外界环境保持一定的正压，以免外界物质进入罐内而引起杂菌污染。一般罐压应保持在 0.2～0.5MPa。对于大型发酵罐，流体静压会影响氧气和二氧化碳在液体物料中的溶解性，这一点也应该充分考虑。

四、发酵过程中的检测

发酵过程中必须检测糖、氮、无机盐的消耗、pH、排气组成、菌丝量和产物积累状况等，目的在于控制这些参数，使之达到最佳水平，以便获得最大产量。

（一）糖　　量

以糖为碳源的微生物，在发酵过程中要消耗一定量的糖。因此，随着发酵过程的进行，发酵液中糖量将不断下降。糖量的测定包括总糖和还原糖。总糖是指发酵液中各种糖的总量，它是观察、计算发酵过程中糖消耗的主要依据。还原糖指培养基中含自由醛基的糖，通常指葡萄糖等单糖。单糖能直接进入微生物细胞内参与代谢活动，对发酵的影响比较显著。

糖量可用糖度计测定，此法简便但不够准确。测定还原糖时常用比较精确的快速滴定法。在正常发酵中，糖量下降得越快，说明发酵越旺盛，代谢产物也就越多。如果糖量降低，而代谢产物不增加，则多是杂菌污染所致。测定残存糖量是判断发酵结束的一个依据。通常认为当还原糖降到 0.5%以下时，可判断为发酵彻底。

（二）氮　　量

耗氮量的多少，也是发酵进程的主要标志之一。一般在发酵初期，培养基中营养物质含量较高，氨基酸的含量也较高。但随着微生物发酵过程的进行，蛋白质被分解，氨基酸的含量也开始迅速下降，最后达到平衡。当发酵终了，部分菌体开始自溶，菌体内的含氮物质释放出来，可以便氨基酸的含量有所上升。发酵液中氮量的测定一般用半微量定氮法，硫酸铵等无机氮源可直接加氢氧化钠蒸馏滴定，有机氮源（如蛋白胨）可用有机氮测定法。

（三）pH

在发酵过程中，由于代谢产物的累积，必然会使发酵液的 pH 改变。因此，必须在发酵过程中随时检查 pH 的变化，并及时进行调节。

（四）发酵终点的判断

发酵终止时间的判断应参考多种因素，如菌体发育状况、产物浓度、残糖量、pH 等。比较简单的方法是用显微镜检查菌体发育状况。在真菌的发酵中，发酵开始时菌丝中液泡很少，当液泡增加，菌丝开始自溶时，一般就应停止发酵而放罐。

第三节　杀虫微生物的发酵生产

从 1879 年俄国人梅契尼可夫（Mechnikoff）利用绿僵菌（*Metarrhizium*）防治小麦金龟子幼虫和 1901 年日本人石渡（Ishiwata）从家蚕中分离出一种致病芽孢杆菌以来，微生物防治害虫的历史迄今已有一百多年了。随着环境污染的日益严重以及人们对食品质量安全的日益关注，世界各国政府对微生物防治植物病虫害都给予了高度重视，微生物杀虫剂在各国也有了较为广泛的应用。目前已知的昆虫病原细菌约有 90 种，主要分布在芽孢杆菌属（*Bacillus*）、肠杆菌属（*Enterobacte*r）、假单胞杆菌属（*Pseudomonus*）等几个属，其中最重要的是芽孢杆菌属的苏云金芽孢杆菌（*Bacillus thuringiensis*，Bt）和乳状病芽孢杆菌（*Bacillus popilliae*）。已知的昆虫病毒大约有 1200 种，中国已分离出的昆虫病毒有近 200 种。已知能使昆虫致病的真菌约有 750 种，其中大多数属于接合菌门的虫霉目和半知菌类的丝孢目。

一、苏云金芽孢杆菌的选育和发酵生产

苏云金芽孢杆菌最早发现于 1902 年，为革兰氏阳性菌，菌体短杆状，生鞭毛，单生或形成短链，直至 1951 年人们才逐步发现它潜在的商业价值。最近 10 年，苏云金芽孢杆菌已经成为加拿大控制枞色卷蛾（spruce budworm）的主要手段。在其他国家，苏云金芽孢杆菌还用于对付毛虫（caterpillar）、吉卜赛毒蛾（gypsy moths）、白菜金翅夜蛾（cabbage looper）和烟草天蛾（tobacco hornworms）。

（一）苏云金芽孢杆菌的选育

苏云金芽孢杆菌主要存在于土壤、昆虫及其接触物中，目前已经分离出 69 个血清型、82 个血清亚种。通常用的初筛培养基（g/L）：蛋白胨 10.0，牛肉膏 3.0，NaCl 5.0，固体培养基加琼脂 17.0，pH7.8。复筛培养基（g/L）：黄豆饼粉 2.0，淀粉 5.0，$CaCO_3$ 1.0，$FeSO_4 \cdot 7H_2O$ 0.02，pH7.8。在连续的人工转接和生产中，苏云金芽孢杆菌会出现芽孢和晶体变小、数量减少、生长速度缓慢等退化性状，一般采用虫体复壮的方法重新得到高毒力的菌株。针对苏云金芽孢杆菌菌种发酵效价低、杀虫谱窄、见效慢、菌种退化等问题，可以采用诱变的方法筛选高毒力的菌株。选择合适的诱变剂量，将化学诱变和物理诱变结合能显著提高突变率。丁学知等经紫外线和两次亚硝基胍的交

替复合诱变，使菌株的毒力与原始菌株相比提高了 7.5 倍。

（二）苏云金芽孢杆菌的作用机制

通过对苏云金芽孢杆菌的致病机制进行研究，发现其杀死宿主昆虫主要靠其芽孢和毒素。苏云金芽孢杆菌能够产生 7 种对昆虫有致病作用的毒素，即 α-外毒素、β-外毒素、γ-外毒素、δ-内毒素、不稳定外毒素、水溶性毒素、鼠因子外毒素。其中最主要的是 δ-内毒素和 β-外毒素。

δ-内毒素是所有苏云金芽孢杆菌菌株共有的毒素，是在形成芽孢的同时形成的蛋白质晶体，位于芽孢之旁，又称伴孢晶体毒素。它是苏云金杆菌的一种最重要的毒素，也是苏云金杆菌杀虫剂的主要成分。δ-内毒素无耐热性，但在 65℃处理 1h 或 80℃处理 20mim，伴孢晶体仍能保持活性。它不溶于水或有机溶剂如氯仿、丙酮、乙醚等，但溶于碱性溶液。晶体经 2%的硫酸铵处理使之沉淀而不失去活性，但经三氯乙酸、氯化亚汞等处理引起蛋白质变性而失去活性。蛋白质晶体约占芽孢干重的 20%～30%，主要由蛋白质和糖类组成，分别占 95%和 5%，用碱温和处理该晶体，它可解聚为亚基，每个亚基相对分子质量约为 2.5×10^5，每一亚基上约有 20 个葡萄糖残基与 10 个甘露糖残基，在体外用 β 巯基乙醇处理可使亚基再解聚为两个相同的多肽链，每个相对分子质量为 1.3×10^5。伴胞晶体本身并不能杀虫，它只是毒素的前体（前毒素）。当昆虫吞食伴胞晶体后，在肠道的碱性 pH（7.5～8.0）条件下和特定的蛋白酶作用下，伴胞晶体变成有活性的毒性分子形式，相对分子质量约为 6.8×10^4。这种活性毒蛋白质可以插入昆虫小肠上皮细胞中，形成离子通道，造成胞内 ATP 大量流出。形成离子通道 15min 后，细胞代谢终止，昆虫停止进食，最后脱水死亡。感病昆虫主要症状是食欲减退、行动迟钝、上吐下泻，1～2d 后死亡。死亡虫体软化变黑，进而腐烂发臭。由于形成有活性的毒素蛋白，必须同时具备碱性 pH 和特定的蛋白酶两种条件，因此人和牲畜不会受到影响。

β-外毒素是苏云金芽孢杆菌的几个突变株在一定的培养条件下所产生的胞外毒素，分子式为 $C_{22}H_{32}N_5O_{15}P\cdot3H_2O$，相对分子质量为 701。它由核糖—葡萄糖部分、葡萄糖—别黏酸部分和别黏酸—磷酸部分组成，所含的腺嘌呤、核糖、葡萄糖和磷酸的分子个数比为 1∶1∶1∶1。β-外毒素可以溶于水，热稳定性很好，在经过高温高压处理后仍能保持毒性。它是一种广谱杀虫毒素，对直翅目、等翅目、鳞翅目、半翅目、膜翅目和双翅目等 69 种昆虫、数种螨类和线虫具有毒杀作用。β-外毒素是 RNA 聚合酶的竞争性抑制剂，可以干扰与昆虫发育有关的激素的合成，导致幼虫发育畸形或不能正常化蛹。从这种毒素的作用机制来看，估计对哺乳动物是有害的，因而实用需慎重。

当细菌的营养体生长到一定的阶段后，在菌体一端形成芽孢，另一端形成一种被称为伴孢晶体的近菱形的杀虫晶体蛋白（insecticidal crystal protein，ICP）。菌体破裂后可释放出芽孢和伴孢晶体。苏云金芽孢杆菌可寄生于 130 多种鳞翅目幼虫及一些膜翅目、双翅目、直翅目和鞘翅目的昆虫体内。苏云金芽孢杆菌可合成 δ-内毒素杀死寄主昆虫。苏云金芽孢杆菌有若干菌株（亚种），每一种都产生不同的毒素，能特异地杀死不同的昆虫，如苏云金芽孢杆菌库斯塔克亚种（*B. thuringiensis* ssp. *kurskaki*）对鳞翅目幼虫如蛾子、蝴蝶、弄蝶、cabbage worm和纵色卷蛾有毒。苏云金芽孢杆菌以色列亚种（*B. thuringiensis* ssp. *israelensis*）对双翅目如蚊子和蚋（black fly）有毒。苏云金芽孢杆菌拟步行甲亚种（*B. thuringiensis* ssp. *tenebrionis*）对鞘翅目甲虫如马铃薯瓢虫（potato beetle）和棉象虫（boll weevil）有毒。最近，河北省农林科学院分离到一种专门对金龟子类幼虫（俗称蛴螬）有特效的苏云金芽孢杆菌，经鉴定为苏云金芽孢杆菌日本血清型（*Bacillus thuringiensis* var. *japonensis*）。

苏云金芽孢杆菌必须经吞食过程进入昆虫体内才能杀死昆虫，与昆虫表面接触则不起作用，这样在一定程度上限制了它的广泛应用。另外，苏云金芽孢杆菌毒素只能在昆虫发育的某一特定阶段杀死昆虫，因而只能在昆虫生活史的某一特定阶段应用。

在实际应用中，苏云金芽孢杆菌与吸引昆虫的物质一起喷洒，可以增加昆虫吞食的可能性。通常，要喷洒 $1.2\times10^7\sim2.4\times10^7$ 个孢子/m^2，而且必须在害虫幼虫生长最旺盛的时期喷洒。伴胞晶体对光较为敏感，在环境中稳定存在的时间很短，阳光可在24h内破坏伴胞晶体中60％的色氨酸，因而随光量的不同，伴胞晶体在环境中可存在一天至一个月不等。在无阳光的情况下，使用苏云金芽孢杆菌防治害虫时，昆虫在几代后就能产生抗性，这种可遗传的抗性的产生是由于中肠上一种作为毒素受体的膜蛋白发生了改变。由于前毒素持续存在，它作为选择剂促进了昆虫的抗性进化。这表明要避免抗性的产生，就只能在大田中施用这种细菌杀虫剂。当然随着施用面积的逐渐扩大，施用量增加，经选择产生抗性的可能性也在增加。

人们在研究中发现，在芽孢形成前的营养生长阶段，可分泌和产生另一种非δ-内毒素的杀虫营养蛋白质，即Vip蛋白（vegatative insecticidal protein，Vip），被称之为第二代杀虫蛋白质。

（三）苏云金芽孢杆菌的发酵生产

苏云金芽孢杆菌菌剂的生产常采用液体发酵或半固体发酵法。

1. 液体发酵

液体发酵是目前苏云金芽孢杆菌杀虫剂大规模生产中的主要发酵方式，常用豆饼粉、玉米浆、蛋白胨、酵母粉等为营养物，配制成固体物含量为3％～6％的培养液，利用发酵罐培养。液体发酵的优点是生产量大，质量稳定，但需要较复杂的设备和动力，其产品杀虫毒力与其发酵水平有着密切的关系。影响发酵过程的主要因素是培养基组分和浓度、培养过程的通气量、温度、溶解氧量等，这些因素对芽孢数、伴孢晶体及毒力效价的影响非常大。液体发酵时在30℃下三级培养（发酵罐）20～30h后，发酵液中菌体（孢子）数可达 40×10^8 个/mL以上。将菌体经板框压滤得到菌体滤饼，在60℃以下烘干后研碎（或喷雾干燥），经孢子含量检查后进行包装即成菌剂。

1）培养基的优化

通过对苏云金芽孢杆菌的基本营养需求、代谢途径、伴孢晶体形成和抑制伴孢晶体形成的因素进行分析，发现苏云金芽孢杆菌对培养基的要求不严，多种农副产品都可被其吸收利用。但是对不同来源的复合培养基以及不同的菌种实现工业化生产时，需要对培养基进行优化。研究发现，不同亚种在同一培养基中或同一亚种在不同培养基中，产生的活芽孢数和杀虫活性会相差几倍到几百倍不等。因此，菌种和培养基组分均对发酵产品的毒力效价有重要影响。

2）发酵条件

通常苏云金芽孢杆菌的发酵温度多为（30±1）℃，温度低于28℃时，发酵的周期会延长；但当温度超过37℃时，伴孢晶体数量显著降低，甚至为零。苏云金芽孢杆菌在对数生长期要消耗大量的氧气，并释放出大量的热量，若供氧不足，细胞生长速度下降，甚至停止，不能正常形成芽孢和晶体，最终导致细胞自溶。通气量与供氧直接相关，增加通气量和搅拌速度可以加速氧传递、代谢物质的交换及热量的释放，具体的数值需根据发酵设备、容量、培养基成分和菌体不同的生长阶段来确定。

3）发酵方式

目前苏云金芽孢杆菌的液态发酵包括分批发酵、补料分批发酵、连续发酵等方式。分批发酵一次性投料和放罐，产品质量比较稳定，设备和操作技术水平要求不高，但要达到较高的发酵水平，需要使用高浓度培养基。在一次性投料时，高浓度培养液容易产生基质和代谢产物的抑制，同时培养基的黏度增加后，影响混合和流动而不利于氧的传递。苏云金芽孢杆菌是好氧菌，若氧气供应不足生长繁殖就会受到很大影响，因此单纯的分批发酵难以实现细胞的高密度培养。连续发酵可以解决分批发酵中存在的这种问题，但经过较长时间的连续培养后很容易染菌，菌种易发生退化。因此要实现大规模的连续发酵生产仍然存在很多问题，不仅有一定的设备要求，还需要较高的操作技术。补料分批发酵介于分批发酵和连续发酵之间，兼有两者的优点，而又克服了两者的缺点。

4）发酵设备

苏云金芽孢杆菌的液态发酵设备主要参照传统的抗生素发酵生产模式建立。

2. 固态发酵

固态发酵是利用颗粒载体表面所吸附的营养物质来培养微生物，通常利用豆饼粉、米糠、麦麸等制成半固体培养基，接种后在浅盘上培养，具有设备简单、技术易掌握的优点。缺点是产品质量不稳定，生产率低。半固体发酵时在25～30℃下浅盘培养2～3d，培养物中菌体含量可达50×10^{8}个孢子/g。

3. 产品的剂型

苏云金芽孢杆菌制剂常用的剂型包括以水为介质的水悬剂、以有机溶剂为介质的油悬剂和以固体填充剂为介质的可湿性粉剂。近10年来还开发出了水分散性粒剂和胶囊剂等新剂型，已投入使用。应该根据防治对象和所处生态环境选择方便储存和使用的剂型。与化学农药相比，苏云金芽孢杆菌制剂安全性强，但产品的稳定性差，残效期短，杀虫速度慢，而且受施用环境影响大。解决这些问题除了使用合适的剂型外，还可以添加一些辅助剂。为了增加田间残效，目前使用的辅助剂包括由液态发酵产品制成粉剂所需的吸附剂、使菌剂在表面展开的湿润剂、防止芽孢萌发和其他微生物生长的防腐剂、促进昆虫食欲的引诱剂、防紫外的保护剂，还有黏着剂、乳化剂和增效剂等。

二、核多角体病毒的选育和生产

（一）昆虫病毒

昆虫病毒粒子可以形成包含体（inclusion body），即单个或多个病毒粒子被包围在一个主要由蛋白质构成的包含体中。包含单个病毒粒子的包含体呈圆形；包含多个病毒粒子的包含体呈多角体形。包含体可以有效地保护病毒颗粒不被逆境所损伤，它不溶于水，也不溶于乙醇、氯仿、苯酚等一般的有机溶剂，甚至多种蛋白酶也无法降解它。实验表明，包含体中的病毒粒子离开虫体数年后仍可保有侵染活性。在自然条件下，病毒包含体可以通过取食过程进入昆虫的消化管，经昆虫的碱性消化液裂解后释放出病毒粒子，然后它可以进一步侵染昆虫体内的各种细胞，直到造成昆虫死亡。根据包含体的形状以及病毒粒子在细胞中增殖的部位等因素，将昆虫病毒分为五类（表 4-1）。

表 4-1 主要昆虫病毒的特征

病毒	核酸	包含体形状	包含体内病毒数目	病毒粒子形状	细胞内增殖部位	主要寄主昆虫
核型多角体病毒	DNA	多角体	多个	杆状	细胞核	鳞翅目、膜翅目、双翅目、脉翅目
颗粒体病毒	DNA	近圆形	1 或 2 个	杆状	细胞核和细胞质	鳞翅目
质型多角体病毒	RNA	多角体	多个	二十面体	细胞质	鳞翅目、等翅目
昆虫痘病毒	DNA	球形或偏正肾型	多个	砖形、线形、卵圆形	细胞质	鳞翅目、鞘翅目、双翅目
无包含体病毒	DNA			研究甚少，因而了解也很少		

核型多角体病毒是双链 DNA 病毒，在宿主昆虫的细胞核内增殖，形成的病毒粒子也为杆状。颗粒体病毒也是双链 DNA 病毒。这两类病毒都属于杆状病毒科（Baculoviridae），是目前研究和应用最为深入和广泛的两种昆虫病毒。杆状病毒有特异的宿主范围，主要是侵染鳞翅目（Lepidoptera），双翅目（Diptera）和膜翅目（Hymenoptera）的昆虫。质型多角体病毒是 RNA 病毒，在宿主昆虫的细胞内增殖。其病毒粒子为二十面体。以上三类病毒均能形成包含体，最近又发现有 8 种昆虫可以被一些无包含体的病毒感染，目前对这类病毒的研究还很少，所以人们对其所知也甚少。

1. 核型多角体病毒

核型多角体病毒（nucleopolyhedrosis virus，NPV）是世界卫生组织和粮农组织推荐使用的一种生物杀虫剂，它的宿主范围十分专一，对人、植物及害虫的天敌均无危害。这种病毒可以以包含体的形式存在，在离开宿主后还可存活相当长的时间；同时其杀虫作用具有流行性和可持续性，能有效地控制害虫的大规模发生。被感染的昆虫都是幼虫，死虫体内组织液化，皮肤脆，触之即破，流出汁液。死虫体常见倒挂于枝条上。核型多角体病毒是目前应用最为成功的昆虫病毒。

中国已有棉铃虫核型多角体病毒的商品杀虫制剂问世，应用于棉铃虫的防治。棉铃虫幼虫在吞食棉铃虫核型多角体病毒后，包含体在肠道中溶解，病毒粒子从其中释放出来，随即先侵染中肠上皮细胞。被侵染的细胞的核发生膨大，核仁消失，染色质在核的四周集中凝集，形成“环区”(ring zone)，同时在细胞质中产生致病的无定形物质，人们称之为病毒发生基质（virogenic stroma)。在病毒发生基质周围排列着许多裸露的杆状病毒粒子。多角体蛋白的合成与病毒粒子被多角体膜包被后，从而形成包含体。除棉铃虫外，核型多角体病毒还可侵染苜蓿粉蝶、斜纹夜蛾、红铃虫、欧洲秀蝶和油相尺蠖等昆虫。核型多角体病毒的专一性很强，一般一种核型多角体病毒只能侵染一种昆虫。但是棉铃虫核型多角体病毒是一个例外，它除了能侵染棉铃虫外，还能侵染烟草夜蛾。另一个例外是苜蓿 Y 纹夜蛾核型多角体病毒，它能侵染玉米夜蛾、甜菜夜蛾、小菜蛾、棉铃虫、红铃虫、印度谷螟等多种农业害虫。因而这两种病毒在应用上都有重要意义。

2. 质型多角体病毒

质型多角体病毒（cytoplasmic polyhedrosis virus，CPV)，属呼肠孤病毒科（Reoviridae)。昆虫幼虫在食入质型多角体病毒后，包含体在肠道中溶解，释放出的病毒粒子可以侵染中肠上皮的圆筒形细胞。被质型多角体病毒侵染的细胞可在细胞质中形成病毒发生基质，病毒粒子即在病毒发生基质的网状结构中形成。多角体蛋白呈纤维状扩散在病毒粒子之间。病毒粒子也是包埋在多角体蛋白中，形成包含体。致死的昆虫吐液、下痢，皮肤不脆弱，无虫体倒挂现象。目前已经发现，质型多角体病毒不仅能够侵染幼虫，而且能经由卵传染给昆虫的子代，这在这类病毒的应用上具有十分重要的意义。

3. 颗粒体病毒

颗粒体病毒（granulosis virus，GV）经幼虫吞食进入体内后，在肠道中溶解、释放出病毒颗粒。病毒可侵染脂肪体等敏感组织。被侵染细胞的细胞核中首先出现病毒发生基质，然后在病毒发生基质上产生裸露病毒，形成核壳体。核壳体可以释放到细胞质中，并在内质网膜上整齐排列。裸露病毒可以利用内质网膜形成病毒的外膜。外膜形成后，继续在外膜上整齐排列。蒴状蛋白的合成是在病毒粒子之外，它将病毒粒子包裹于其中从而形成包含体。一般每个包含体中只含有一个病毒粒子，偶尔也会在包含体中包裹两个病毒粒子。颗粒体病毒致死的昆虫病状同核型多角体病毒的相似，死虫体也有倒挂现象。

在自然条件下，所有的昆虫病毒的主要感染方式都是取食感染。虽然包含体具有较强的抗逆性，但昆虫病毒的活力仍受到多种因素的影响，如温度、紫外线辐射、环境中的 pH 等。一般说来，低温有利于病毒包含体的生存，而紫外线辐射则极易造成昆虫病毒的失活。一般病毒生活的最适 pH 是 7.0。

4. 无包含体病毒

已发现有 8 种昆虫可被一些无包含体的病毒感染。

（二）昆虫病毒的生产

病毒是专性寄生物，目前尚无法在人工培养基上培养，而只能用活虫体或活细胞组织来生产病毒。用活虫体生产病毒有以下方法：①从自然界收集害虫作为活体培养基，在野外或带回室内后接种病毒（饲喂喷洒有病毒粒子的饲料），使其在活虫体内增殖；②害虫大发生时，在林间喷洒病毒，任其自然感染增殖，待害虫感染死亡或濒死时收集病虫；③在室内人工大量饲养昆虫，然后接种病毒。第②种方法不受气候、季节影响，应用很广。美国用该法生产棉铃虫核型多角体病毒，程序是：饲养幼虫──→接种（饲喂含病毒粒子的饲料）──→26℃下增殖──→收集死虫──→研碎过滤──→离心提纯──→制成剂型。一个生产周期病毒可增殖 5000 倍以上。

中国林业科学研究院森林保护研究所申请了“春尺蠖核型多角体病毒杀虫剂工厂化生产工艺”的专利（专利公开号为 CN1471826），生产工艺主要包括以下步骤：将春尺蠖蛹装入沙土中，在冰箱冷藏至滞育解除，羽化成虫；羽化后的成虫搭配成对，放入容器中进行交配产卵；产出的卵经消毒后孵出幼虫，接入装有春尺蠖幼虫人工饲料的春尺蠖幼虫饲养容器内，放入养虫间内饲养到 3～4 龄；春尺蠖幼虫人工饲料装入春尺蠖幼虫饲养容器中，饲料表面接上春尺蠖核型多角体病毒，每个容器中接入养虫间饲养的幼虫，放入养虫间饲养感染病毒后幼虫，粉碎、过滤，将滤液离心后收集沉淀，在沉淀中加入甘油，搅拌得最后产品。该生产工艺不受外界环境制约，可大规模生产，制备出的杀虫剂安全高效。

病毒的培养除了可用活虫体做培养基质外，也可采用离体培养的昆虫细胞系作为培养基质。但由于昆虫细胞培养对技术条件要求较高及病毒产量较低等原因，目前尚处于试验研究阶段。随着现代分子生物学及遗传工程的发展，今后有可能通过基因重组与细胞培养相结合的方法开辟出生产病毒新毒株及制剂的新途径。

三、白僵菌和绿僵菌的选育和发酵生产

（一）昆虫病原真菌

在昆虫病原微生物中，真菌种类最多，约占 60%以上。已知能使昆虫致病的真菌约 750 种，其中大多数属于接合菌门的虫霉目和半知菌亚门的丝孢目（表 4-2）。

1. 虫霉类真菌

虫霉类真菌是专性寄生菌，要在昆虫活体内完成生长发育过程，真菌入侵虫体后，一般不会立即引起宿主死亡，而是在虫体内大量增殖，到宿主死亡之后才开始破坏昆虫的组织器官。虫霉类真菌杀虫剂的代表菌种为虫霉菌。

表 4-2　主要昆虫病原真菌及其常见寄主

昆虫病原真菌			常见寄主昆虫
接合菌门	虫霉目	虫霉属（*Entomophthora*）	蚜虫、蝇、蝗虫、灯蛾、金龟子
		虫疫霉属（*Erynia*）	蚜虫、叶蝉、金龟子
		耳霉属（*Conidiobolus*）	蚜虫
		团孢霉属（*Massospora*）	蝉
半知菌类	丝孢目	白僵菌属（*Beauveria*）	鳞翅目、半翅目、鞘翅目
		绿僵菌属（*Metarhizium*）	鞘翅目、半翅目、直翅目
		拟青霉属（*Paecilomyces*）	鞘翅目、半翅目、直翅目
		头孢霉属（*Cephalosporium*）	蚜虫、蚧壳虫
		野村菌属（*Nomuraea*）	鳞翅目
		枝孢霉属（*Cladosporium*）	蚧壳虫
		镰孢菌属（*Fusarium*）	蚜虫、棉铃虫、叶蝉、褐飞虱
	束梗孢目	多毛菌属（*Hirsutella*）	螨
	球壳孢目	座壳孢菌属（*Aschersonia*）	白粉虱

虫霉菌属于接合菌亚门虫霉属（*Entomophthora*），多数寄生于蚜虫、蝇、蝗虫、金龟子等害虫体内。虫霉菌的生活史可以有两种循环，即分生孢子循环和休眠孢子循环。分生孢子可以附着在寄主昆虫的体表，孢子萌发时产生可穿透寄主体腔外壁的芽管，使真菌进入寄主体腔，形成原生质体。原生质体通过胞饮作用摄食，在体腔中不断生长，最后成为球状的原生质球。此时，如果原生质体本身不断生长，长出寄主体外，形成初生分生孢子和次生分生孢子，则真菌进入分生孢子循环，如果原生质体通过出芽在宿主体内形成拟接合孢子，接合孢子穿过体腔壁形成休眠孢子，则真菌进入休眠孢子循环。休眠孢子的抗逆性很强，遇到适合的环境条件就会萌发，开始新的循环。

由于虫霉菌只能生活在活的宿主体内，因而人工培养比较困难。但是其休眠孢子的寿命很长，因而可用作长期控制害虫密度的杀虫剂。

2. 造成“僵病”真菌

半知菌类的杀虫真菌是弱寄生菌，既可在活体昆虫体内寄生，又可营腐生生活，感染虫体后，通常先分泌毒素杀死寄主，然后在寄主的尸体上生长发育，最终使虫尸因充满菌丝而僵硬，因此半知菌类真菌引起的昆虫疾病常被称为“僵病”。在已知的昆虫疾病中，由白僵菌属引起的占到约 21%，这类真菌杀虫剂的代表是白僵菌（*Beauveria bassiana*），它是目前应用最广的昆虫病原真菌。白僵菌属于半知菌类丝孢目白僵菌属，它能侵染鳞翅目、直翅目、同翅目和鞘翅目的多种害虫以及螨类。白僵菌的分生孢子可直接由表皮侵染虫体，也可通过取食或呼吸而侵染宿主。

在宿主昆虫体内白僵菌的菌丝体可以以芽生的方式产生芽生孢子。在菌丝体的生长过程中，横隔膜的中胶层发生自溶，细胞膜一个个脱落下来，形成节孢子。在菌丝体内壁还可生成内生孢子。菌丝体的每个细胞内产生新的细胞核，形成分生孢子梗，最终可以形成分生孢子。以上过程均属于无性生殖过程。白僵菌的有性生殖过程一般在自然条件下很难发生，要经过特殊的诱导才能实现。白僵菌的有性生殖可有以下几种形式：①两个萌发的分生孢子中的一个产生接合管与另一个孢子的孢壁接触并使它溶解，两个孢子发生融合，从而形成异核；②一个分生孢子萌发后具有形成异核型的菌丝，发生结合从而产生新的异核体；③两个节生孢子通过产生接合管进行接合，产生异核体；④两个基因异形的菌丝通过接合管发生原生质的融合，形成异核体。通过上述不同方式形成的具有异型核的分生孢子萌发后，长出的菌丝中的相邻细胞的壁发生溶解，形成二倍体接合子。形成的接合子可直接萌发成为二倍体菌丝体，也可在有丝分裂过程中发生染色体的丢失，而重新单倍化。白僵菌的有性生殖过程大大加速了它的变异过程，因而对选育高毒力的突变菌株具有重要的意义。

除了白僵菌外，昆虫病原菌还有绿僵菌（*Metarhizium anisopliae*），其侵染昆虫的方式和致病机制与白僵菌大致相同。

（二）白僵菌的选育和发酵生产

在利用真菌防治虫害时，可以通过人工培养大量收获真菌菌体或分生孢子，把它们制成菌剂，大面积喷洒。目前许多真菌杀虫剂都进入了大规模商业化生产阶段，生产程序大致是相同的，主要有以下几个步骤：①在适宜温度下在斜面上培养原始菌种（约10d）；②转入液体摇瓶培养（约30d）；③在固体培养基上扩大培养或进行液体深层发酵（约6d）；④收集培养产物或发酵产物进行干燥处理；⑤粉碎过筛；⑥经质量检测后形成产品。在固体培养基上扩大培养后收集到的产物多数是分生孢子；液体深层发酵的产物则多数是节孢子。节孢子不耐干燥、易失活、不易储藏。所以虽然液体深层发酵的产量较高，但是由于主要产品是节孢子，所以这种方法无法完全取代在固体培养基上进行扩大培养的方法。

以白僵菌为例简介如下：原始菌种──→液体摇瓶培养──→固体扩大培养或液体深层发酵──→干燥处理──→粉碎过筛──→孢子含量检查──→成品包装。固体扩大培养的产物是大量的分生孢子，液体培养的产物只能是节孢子（短的菌丝段）。

白僵菌等半知菌类虫寄生菌对营养要求不是很严格，常用麦麸做培养基原料。在一二级培养中可添加适量蔗糖、蛋白胨和牛肉膏等。在固体三级培养时应添加谷壳等使培养料疏松通气的材料，以促进分生孢子的形成。白僵菌制剂的含孢量应达到 50×10^8 个孢子/g 以上，含水量应低于10%。近年来，白僵菌液固两相一体化生产新工艺的建立缩短了发酵时间，并将产品分生孢子含量提高至 1000×10^8/g，回收率达88%。

1. 白僵菌的选育

1）白僵菌的分离方法

最常用的分离方法是僵虫法，从自然界僵死的虫体上分离微生物。采用该法易于获得高毒力菌株，缺点是寻找僵虫的工作量大，且受季节限制。另外，利用选择性培养基和“大蜡螟诱饵法”能快速分离得到白僵菌等微生物。

2）白僵菌的菌种的改良和驯化

利用 UV、NTG、MMS 等诱变剂对白僵菌株进行诱变处理是目前白僵菌遗传育种的常规方法，但也存在诱变菌株不够稳定，毒力及相关性状易退化的问题。现在利用白僵菌的异核现象和有性生殖是白僵菌遗传育种的新途径。20 世纪 80 年代以来，利用原生质体融合进行昆虫病原真菌的杂交育种越来越受到重视。利用这一技术，既可把优良培养性状的因子引入高毒力菌株，还可以改变虫生真菌的寄主谱。目前，基因克隆技术同样为白僵菌的遗传育种展现了诱人的前景。有学者以球孢白僵菌（*B. bassiana*）氯酸盐抗性作为缺失硝酸盐还原酶活性突变株的选择标记，用构巢曲霉 *nia* D 基因成功地转化了突变体，显示了克隆的 *nia* D 基因在生物防治真菌转化方面的广泛的应用性。

自然筛选或诱变的白僵菌优良菌株，经过转管数代后常常退化，其原因一般认为主要由菌株本身的遗传物质所决定，如异核现象、异质现象、准性循环和核基因突变，但也与培养基成分及培养条件有关。防止这一问题的控制策略有：①保持良好的培养条件，定期进行虫体复壮；②人工强制形成异核体；③筛选稳定的高毒力单孢株；④最有效的调控措施是采取生物工程技术，培育出稳定的高毒力菌株。

2. 白僵菌的发酵生产

1）液体发酵

通常的白僵菌液态发酵一般产生芽生孢子。但白僵菌芽生孢子生活力低下、不耐储藏，难以应用于生产实际。

2）固体发酵

固态发酵是白僵菌工业生产采用的主要方式，有室内浅盘式、室外大床式、塑料袋培养等土法生产。这些方法以廉价易得的农副产品下脚料麸皮和谷壳为主要原料，无需复杂设备，方法简单易行，且成本低，适合就地生产、就地使用。但生产周期长、污染率高、产品质量低下且不稳定，特别是产品的粉碎、包装过程中，生产车间粉尘浓度高，易引起操作工人的过敏反应。20 世纪 80 年代，白僵菌的规模化生产工艺研究被列入国家“六·五”、“七·五”计划，对土法生产工艺进行了改进。期间，白僵菌纯孢粉工业生产工艺的研制成功，是白僵菌固态发酵生产工艺的一大突破性进展，降低了防治成本。

3）液固双相发酵

白僵菌规模化工业生产效果较好的要数液固双相发酵法，即首先经几级液态发酵制得大量白僵菌芽生孢子或菌丝体，再将其接种于固体培养基上继续培养，以获得分生孢子，然后经旋风分离收集纯孢粉，含孢量可达 $1\times10^{11}\sim1.2\times10^{11}$ 个/g。国内外白僵菌工业生产的发酵工艺存在的问题是：①规模化大量生产与纯培养之间的矛盾；②固态培养过程条件控制粗放，且通常为半敞开式培养，使得染菌及对环境的粉尘污染问题始终难以彻底解决。

4）剂型

白僵菌杀虫剂的剂型主要为含有大量载体或培养基成分的粉剂，其体积大，运输不便，用菌量大，效果不稳定。目前，有多种剂型被研制出来。如可湿性粉剂、乳剂、油剂、混合制剂、微囊剂、粘膏剂等。另外，为了增加白僵菌杀虫剂的活力与杀虫效果，在制剂中还常添加一些辅助剂、紫外保护剂、增效剂等。

第四节　杀菌微生物的发酵生产

很多细菌和放线菌可以通过颉颃作用抑制植物病原物的生长，它们中的绝大多数都可产生抗生素或细菌素。土壤杆菌属的细菌可以分泌土壤杆菌素 84（agrocin 84）、土壤杆菌素 D286（agrocin D286）和土壤杆菌素 J73（agrocin J73）3 种细菌素。其中由放线土壤杆菌（*Agrobacterium radiobacter*）K84 菌株所分泌的土壤杆菌素 84 是迄今为止应用最成功的一种细菌素。

一、微生物抑制病原菌的作用机制

植物病原菌的活动经常受到来自其他微生物的抑制或干扰，其作用机制主要是颉颃、竞争及寄生等。

（一）颉颃作用（antagonism）

颉颃是指一种微生物通过向环境中释放某些化学物质来抑制其他微生物的现象。颉颃作用是指微生物通过同化作用产生抗菌物质抑制有害病原物的生长、发展或直接杀灭病原物。

抗生素是指由生物（包括微生物、植物和动物）在其生命活动过程中所产生的活性物质，这类物质能以极小的浓度选择性地抑制或杀灭其他微生物或肿瘤细胞、抑制酶的活性、杀虫或刺激作物生长。细菌素是非复制性的抗细菌物质，是细菌合成的对其他微生物具有抗生作用的小分子质量蛋白质，这类物质对亲缘关系相近的细菌具有特异性的抑制效果。当细菌素与细菌结合并进入细菌细胞后，细菌素能以多种方式杀死其目标细胞，如扰乱蛋白质合成，破坏脱氧核糖核酸稳定性以及能量流出或膜的完整性。如利用亲缘关系很近的非致病放射土壤杆菌菌株来防治病原细菌致瘤土壤杆菌（*A. tumefaciens*）。芽孢杆菌也能产生多种细菌素，如枯草芽孢杆菌产生的 Subtilin、Subtilosin 和 34 000 多肽及巨大芽孢杆菌产生的 Megacins 对 G^+ 细菌具有很强的活性。但细菌素只限于对亲缘关系密切的微生物才有抑制作用。嗜铁素是一种胞外低分子化合物，为一具二羟基配位体的链状六肽，对 Fe^{3+} 有高度的络合能力，大量结合根际或根周围土壤中的 Fe^{3+}，使包括病原菌在内的其他微生物因缺铁元素而难以繁殖，从而使寄主免遭病菌侵染。其可能机制有：①由于其结合了根际有限的 Fe^{3+}，限制了病原菌对 Fe^{3+} 的利用，从而抑制病原菌生长，保护寄主免遭病菌浸染；②病原菌自身不能产生嗜铁素或产生的极少，不能与 Fe^{3+} 结合或结合能力弱；③病原菌产生的嗜铁素结合的铁可被颉颃菌所利用，而颉颃菌产生的嗜铁素结合的铁不能被病原菌所利用。

某些微生物还具有溶菌作用。许多 *B. subtilis* 类颉颃体产生的次生性代谢物质对病原菌的菌丝或孢子的细胞壁产生溶解作用，使致病菌细胞壁穿孔、畸形、菌丝断裂、原生质溶解、外溢而丧失活力。如 *B. subtilis* PRS5 菌株的代谢产物可使 *R. solani* 菌丝分隔增多、隔间变短、胞内原生质溶解、胞壁大量穿孔或不规则溶解、菌丝缩短、断裂、原生质外溢解体而失活。

（二）竞争作用（competition）

竞争作用指两种微生物之间通过争夺营养或生存空间来相互抑制对方。许多植物病原真菌的孢子在植物体表萌发后需从外界获得营养，才能有效地进行侵染活动，这时就可能同植物体表的附生微生物之间发生营养竞争。由于这种营养竞争，叶面习居微生物能起到减少病原菌接种体潜能的作用，从而能减少侵染。竞争作用是生防微生物发挥作用的主要机制之一，涉及微生物在植物根际、体表或体内的定殖、繁殖与种群的建立，以及与病原微生物的相互作用。橄榄叶面附生菌（*B. subtilis*）R14，接种病原物前 3d 施用、与病原物同时施用和接种病原物后 3d 施用对 *X. campestris* pv. *campestris* 防治效果没有差别，而内生菌 *B. megaterium* 和 *B. cereus* 则是接种病原物前 3d 施用最好，原因是后者需要较长时间才能定殖和建立有效种群。

（三）寄生作用（parasitism）

某些微生物能寄生于病原微生物中，从而抑制病原微生物的活动。叶面上有一种壳针孢菌（*Septoria* sp.）的菌丝能寄生于叶面其他真菌的菌丝上。锈生座孢菌（*Tuberculina maxima*）能寄生于松疱锈病病原菌（*Cronartium ribicola*）的性孢子器或锈孢子器上，最终导致该病原菌死亡。白粉菌的重寄生菌（*Ampelonyces quisquialis*）能减轻某些花卉的白粉病。某些真菌能寄生或捕食植物线虫而起到抑制线虫危害的作用。某些病毒寄生于植物病原真菌的菌丝中，能抑制病原真菌的繁殖及生长。在小麦全蚀病菌变种（*Gaeumannomyces graminis* var. *tritici*）的菌丝中观察到病毒粒子，用感染了病毒的小麦全蚀病菌接种小麦后抑制了毒性病毒株系的侵入。

（四）共生作用（symbiosis）

许多真菌能同树木共生，形成外生菌根，对土壤病害的发生具有抑制作用。

（五）诱导作用（induction）

促进植物生长的根际微生物，如荧光假单胞菌（*Pseudomonas fluorescens*）菌株，从自身定殖的根部诱导出不依赖水杨酸或者致病相关蛋白质积累的系统性反应，这叫经诱导产生的系统性抗性（induced systemic resistance，ISR）。研究发现荧光假单胞菌CHAO可以产生HCN，诱导植物的防御反应。番茄青枯假单胞菌Tn5无毒突变体也表现有一定的诱导抗性。何礼远等利用青枯菌无致病力菌株A-P7和A82对花生做茎部毛细管滴注接种可诱导茎部产生对青枯病的抗病性，且具有一定的传导性。

关于生防菌诱导抗性的可能机制包括：①产生抗微生物的低分子质量化学物质，如植物保卫素、木质素、富含羟脯氨酸的糖蛋白等，如颉颃菌 *C. famata* 可以诱导柑橘产生植保素和7-羟基-6-甲氧基香豆素（scopoletin）等抗性物质；②诱导一些水解酶和氧化酶类，如几丁质酶、过氧化物酶。

（六）交叉保护作用（cross-protection）

利用真菌防治植物病害的另一方法是先用弱毒株系感染植物，引入的弱毒真菌可抑制以后侵染的强毒株的正常生长，从而保护植物免受真菌强毒株的侵染。例如，将板栗疫病菌（*Endothia parasitica*）的弱毒株接种板栗之后，当强毒株来侵染时，就会有显著的保护作用。这种被称为“交叉保护”的策略在病毒防病中也应用很广。目前已分离得到烟草花叶病毒（TMV）、黄瓜绿斑花叶病毒（CGMMV）、柑橘萎缩病毒（CTV）的弱毒株系，并将其接种于植物，成功地防治了番茄花叶病、甜瓜果实的坏死病等多种植物病害。

弱毒病毒株系的感染对植物病毒病的发生也常常产生抑制作用。在同一种病毒内存在着多个株系，有的致病性强，有的致病性弱。这些株系间可以相互干扰，即植株感染了一个株系后，可以不再受其他相近株系的侵染。根据这一原理，可先给寄主接种弱毒株系，从而避免强毒株系的侵染。

二、木霉菌的选育和发酵生产

在植物病害防治中最有应用前景的颉颃性真菌主要是半知菌丝孢纲木霉属（*Tricoderma*）中的种类。木霉属已知有9种，其中较多地应用于植病防治的主要有绿色木霉（*T. viride*）、木素木霉（*T. lignorum*）、哈茨木霉（*T. harzianum*）、康宁木霉（*T. koningii*）、*T. polysporum*、*T. hamatum* 等。木霉菌主要分布于土壤中，也见于植物残体和动物粪便上，从植物根际、叶面及种子、球果表面也可能分离到。许多木霉菌能产生抗生物质，如木质素、绿色木霉素等。在木霉菌与白绢病菌（*Dothiorella gregaria*）的对峙培养和杨树烂皮病菌（*Cytospora chrysosperma*）表现出很强的抑制作用。木霉生长速度很快，在培养基上其菌落的扩展往往能压制其他微生物的菌落生长，在争夺营养和生存空间方面能占据优势地位。此外，木霉对某些病原菌还具有重寄生作用，如木素木霉能寄生于丝核菌而使其死亡。国外已有商品化的木霉制剂问世，如美国的Topshield（哈茨木霉T22）和以色列的Trichodex（哈茨木霉T39）。随着现代生物技术的不断发展，已经开始从生化和分子水平上对颉颃木霉的生防机制进行研究，并取得了很大的进展。

（一）木霉菌对病原真菌的颉颃机制

1. 竞争作用

主要为竞争生存空间和营养物质。木霉菌生命力强、生长繁殖快，能迅速地占领空间，吸收营养，抑制他种微生物的生长。

2. 寄生作用

木霉菌与病原菌互作的过程中，寄主菌丝分泌一些物质使木霉菌趋向寄主真菌生长，建立寄生关系。木霉菌可分泌几丁质酶、葡聚糖酶、蛋白酶、脂酶等，对病原真菌细胞壁具有强烈的水解作用，从而抑制病原孢子的萌发，并引起菌丝和孢子的崩溃。

3. 抗生作用

木霉菌在代谢过程中可以产生颉颃性化学物质来毒害植物病原真菌，这些物质包括抗生素和一些酶类。如木霉素（trichodermin）、胶霉素（gliotoxin）、绿木霉素（viridin）、抗菌肽（peptide antibiotic）等。

4. 诱导抗性

研究发现木霉菌的木聚糖酶或其他的激发子能够诱导植物的抗病性。

5. 协同颉颃作用

木霉的颉颃作用可能是两种或三种机制同时或顺序作用的综合作用。

另外，可能的机制还包括：①在干旱、养分胁迫的逆境下，通过加强根系和植株的发育提高耐性；②可诱导植物对病菌的抗性；③增加土壤中营养成分的溶解性，并促进其吸收；④使病原菌的酶钝化。

（二）木霉菌的选育

木霉菌广泛地分布于自然界，常见于土壤，特别是富含有机质的土壤中分布更多，为土壤微生物的重要群落之一。不同深度土层中的木霉菌种群结构和生物活性差异明显，在 1～10cm 的土壤上表层主要是有重寄生能力的哈茨木霉，而在 10～20cm 深度的土层内则以能分解纤维素的康宁木霉为主。可用稀释平板法、直接稀释法、诱捕法等方法从土壤中分离。常用的培养基有 PDA 培养基、改进的查氏酵母浸膏培养基等。对分离到的菌株可以经 UV、NTG、MMS 等诱变剂对木霉菌株进行诱变处理，筛选出高效的木霉菌。

（三）木霉菌的发酵生产

可利用麸皮、棉籽壳、秸秆，甚至香蕉杆等原材料进行固体培养发酵。

三、抗病芽孢杆菌的选育和发酵生产

芽孢杆菌科（Bacillaceae）中大多是革兰氏阳性菌，多以周生鞭毛运动，少数种不运动。化能异养菌，对有机质的分解，通过好氧呼吸作用、厌氧呼吸作用及发酵作用进行。在细菌内形成内生孢子，即芽孢。细胞在旺盛的生长分裂时期，通常不形成芽孢，当营养群体超过对数生长期，进入静止期后，由于营养不足，开始了芽孢的分化。每个营养细胞只形成 1 个芽孢，成熟的芽孢由于营养细胞的溃溶释放出来。芽孢对热、紫外线、电离辐射和许多化学药品有强的抗性，并能长期地保持萌发潜力。土壤是芽孢杆菌的栖息场所，有少数种对昆虫或脊椎动物有致病性。与人类关系最密切的是芽孢杆菌属（*Bacillus* Cohn）和梭状芽孢杆菌属（*Clostridium prazmowski*）。

中国利用芽孢杆菌防治植物病害的应用研究处于世界先进水平，已开发出一批生防作用优良的枯草芽孢杆菌（*B. subtilis*）、蜡状芽孢杆菌（*B. cereus*）、短小芽孢杆菌（*B. pumillus*）A 和增产菌系列产品等，对水稻白叶枯病、花生青枯病、马铃薯软腐病、小麦纹枯病、棉花枯萎病、黄萎病、小麦白粉病、苹果霉心病、棉花田间炭疽病、马尾松叶枯病、对稻瘟病、荔枝疫霉病、辣椒疫病等主要农作物病害有很好的防治作用。

（一）抗病芽孢杆菌的抗病机制

1. 直接促生作用

巨大芽孢杆菌（*Bacillus megaterium*）具有很好的降解土壤中有机磷的功效，是生产生物有机肥的常用菌种。

2. 生物防治功能

微生物生防作用的机制主要表现在竞争、颉颃、寄生或捕食、交叉保护和诱导植物抗性等方面。芽孢杆菌的作用机制以竞争、颉颃和诱导植物抗性为主。

芽孢杆菌产生的颉颃物质主要有细菌素（bacteriocin）、荧光素（fluorescein/pyoverdine）、酚类物质、多肽类抗生素、蛋白质类抗真菌素及挥发性抑菌物质等。其中大部分是多肽，主要抑制革兰氏阳性菌；有些多肽还能抑制革兰氏阴性菌、霉菌和酵母。其中有一些抗菌肽已被应用于治疗人类、动物和植物的疾病，同时也可作为生物表面活性剂、食品防腐剂、饲料添加剂和分子生物学的研究工具。

枯草芽孢杆菌（*Bacillus subtilis*）能产生多种抑制植物病原真菌的抗菌物质，且对人畜无害，不污染环境，因而在生物防治植物病害中具有相当重要的作用。

（二）抗病芽孢杆菌的选育

芽孢杆菌广泛地分布在自然界中，尤其是果园的土壤中含有大量的芽孢杆菌。可以通过稀释分离法在牛肉膏蛋白胨培养基上进行培养。

（三）抗病芽孢杆菌的发酵生产

枯草芽孢杆菌主要是用液体培养基培养。

第五节　除草微生物的选育和发酵生产

全世界广泛分布的杂草超过 30 000 种，其中约 1800 种杂草对作物造成不同程度的危害，每年因杂草危害造成的农作物减产高达 10%。虽然施用化学除草剂可以有效地控制许多杂草的危害，但化学药剂的大量使用也引发了一系列的问题，如除草剂抗性杂草植株的出现、土壤污染、水质的退化以及对非靶标生物的危害等。随着全球环境意识的提高和农业可持续发展的需要，高效、环保、无害的微生物除草剂的研究越来越显示其重要的社会意义和经济价值。人们从杂草病株中筛选到杂草的病原微生物表现出潜在的除草活性，有可能开发成为替代化学除草剂的新型生物农药。

微生物防治杂草的主要目的不是根除杂草，而是根据群体生态学的原理，使一种杂草的丰度（abundance）减少到经济上或美学上可以容许的水平。利用微生物资源开发除草剂，主要集中在两个方面：①用病原微生物直接作为除草剂，即微生物除草剂，大多为真菌除草剂（mycoherbicide），在美国的真菌除草剂 Devine 和 Collego 上市之后，对病原真菌的研究越来越多，因而真菌除草剂已成为生物除草剂（bioherbicide）的代名词；②利用微生物代谢过程中所产生的、对植物具有毒性的次生代谢产物，如 Herbiace 和 Gluphocinate 已商品化，这主要是利用放线菌生产的抗生素除草剂。杂草的病原微生物主要包括真菌、细菌、病毒等，最常见的真菌病原如柄锈菌属（*Pucinia*）、镰刀菌属（*Fusarium*）、炭疽病菌属（*Colletot richum*）、疫霉菌属（*Phytophthora*）、链格孢菌属（*Alternaria*）、尾孢菌属（*Cercospora*）等，细菌病原如假单胞菌属（*Pseudomonas*）、欧文氏菌属（*Erwinia*）、黄杆菌属（*Flavobacterium*）、柠檬酸杆菌属（*Citrobacter*）和无色杆菌属（*Achromobacter*）等，对宿主杂草都表现了不同程度的抑制作用。被选作除草的微生物通常需具备以下几个条件：①可以进行人工培养、繁殖；②在喷施处理后，其生长、繁殖速度要快，能够在一定时间内抑制杂草生长直至死亡；③要适合工业生产；④便于包装、运输和使用。

随着除草剂在农业中的广泛应用，利用高效低毒的微生物除草剂引起了许多发达国家如美国、澳大利亚、加拿大、俄罗斯等的重视，并相继开发了大量的研究工作，涉及的微生物有 80 多种，有的已进入大规模商品化生产（表 4-3）。

表 4-3　国内外已商品化的微生物除草剂部分实例

商品名	病原微生物	靶杂草生产	厂家或国别
鲁保一号	胶孢炭疽菌菟丝子专化型 (*Colletotrichum gloeosporoides* f. sp. *cuscutae*)	大豆菟丝子(*Cuscuta australis*)	中国
Devine	棕榈疫霉(*P. palmovora*)	柑橘园莫伦藤(*Morrenia odorata* Lindl.)	美国 Abbott 实验室
Collego	胶孢炭疽菌田皂角亚种 (*C. gloeosporoides* f. sp. *aeschynomene*)	水稻和大豆田中弗吉尼亚田皂角(*aeschynomene virginica*)	美国 Arkansas 大学与 Upjohn 公司
Dr. bioseoge	锈菌 *Pucinia canaliculata*	油莎草(*Cyperus esculentus* L.)	美国
BioMal	(*C. gloeosporioides* f. sp. *malvae*)	圆叶锦葵(*Malva pusilla* Sm.)	加拿大 Philom Bios
Casst	*Alternatia cassiae*	钝叶决明(*Cassia abtusifolia*)	美国
MYX-1200	砖红镰孢(*Fusarium lateritium*)	大豆及棉花田豆科杂草	Mycogen
"Φ" 生物除草剂	镰刀菌(*Fusarium orobanches*)	列当(*Orobanche* spp.)	原苏联

一、真菌除草剂

目前为止，大多是以植物病原真菌作为研究对象，而直接利用病原细菌、植物病毒进行杂草防除的报道不多。最早报道的是 20 世纪 60 年代中国山东省农科院开发研制的真菌除草剂“鲁保一号”，利用胶孢炭疽菌菟丝子专化型（*Colletotrichum gloeosporoides* f. sp. *cuscutae*）的培养物防除大豆菟丝子（*Cuscuta australis*），效果显著，但其商品开发却不那么成功。1981 年“Devine”作为第一种注册的真菌除草剂在美国成功登记注册，它是一种含棕榈疫霉菌（*Phytophora palmivora* Butl.）的以厚垣孢子为有效成分的液体制品，用于控制柑橘园中的杂草莫伦藤（*Morrenia odoratia*），可杀死 96%的杂草群体，施用后除草效果可延续 2 年。次年 Collego 制剂由美国 Upjohn 公司开发成功，它是胶孢炭疽菌田皂角亚种的无性孢子制剂，用于防除水稻和大豆田中的弗吉尼亚田皂角。继之开发出的罗得曼尼尾孢（*Cercospora rodmanii*）防除水葫芦（*Eichhornia crassipes*）也获得了专利保护。第一个在加拿大注册的真菌生物除草剂是 BioMal。从 1986 年开始，欧洲杂草学会在全欧洲开展 10 种主要作物的杂草资源调查工作；菲律宾从 1989 年开始进行稻田主要杂草真菌除草剂的开发研究，到目前为止已将 50 多种杂草中近 100 种杂草病原微生物作为潜在微生物除草剂进行了大量研究。

中国应用植物病原真菌防除杂草的研究起步较早，是首先将该技术大面积应用于生产的国家之一。1963 年，山东农科院植保所从感病的大豆菟丝子（*Cuscuta australis*）上分离得到胶孢炭疽菌菟丝子专化型（*Colletotrichum gloeosporiodes* f. sp. *cuscutae*），该菌对中国大豆田菟丝子有特殊效果。在二十余省开展了“鲁保一号”菌剂的生产和应用，推广面积达 60 万 hm^2，防效在 85%以上，取得了巨大的经济效益。1979 年，新疆哈密植检站从自然感病埃及列当植株中分离得到镰刀菌（*Fusarium orobanches*），并制成生防制剂 F798，防除瓜列当达到 95%以上的效果。湖南农业大学的罗宽教授在 1986 年开始，对稗叶枯菌（*Helminthosporium monoceras*）及其毒素进行了研究，探讨了稗叶枯菌的产孢、产毒条件及其寄主范围和致病性等。

中国水稻研究所黄世文等从稻田中罹病的稗叶上分离得到新月弯孢（*Curvularia lunata*）、稻突脐孢（*Exserohilum oxyzae*）、离蠕孢（*Bipolaris sacchari*）、膝屈弯孢（*Curvularia geniculata*）、指孢（*Dactylaria dimorphospora*）和尖角突脐孢（*Exerohilum monoceras*）等病原菌，发现尖角突脐孢（*E. monoceras*，EM）在保湿 12 h 条件下对 2 叶期稗草的致病能力为 100%。

二、细菌除草剂

植物根际一般都存在植物根际有害细菌（deleterious rhizobacteria，DRB）和植物根际促生菌（plant growth promoting rhizobacteria，PGPR）两大菌群，可作为微生物除草剂重要资源的主要是植物根际有害细菌即 DRB。另外，从自然感病杂草的根、茎、叶等部位分离的目标潜力菌也是微生物除草剂的重要资源。日本今泉等人从黄单孢菌属（*Xanthomonas*）筛选出 P-482 菌株，用于防除草坪中剪顾颖类杂草，防效可达 90%以上，该菌寄主专一性强，对同属的草坪草不致病。美国从 7 种主要杂草的根际分离出 9 个属的细菌，其中假单胞菌属（*Pseudomonas*）、欧文氏菌属（*Erwinia*）、黄杆菌属（*Flavobacterium*）、柠檬酸杆菌属（*Citrobacter*）和无色杆菌属（*Achromobacter*）对宿主杂草都表现了不同程度的抑制作用，以非荧光假单胞菌及草生欧文氏菌（*Erwinia herbicola*）的除草能力最强。美国南部，野油菜黄单胞菌早熟禾变种（*X. campestris* pv. *poannua*）被用作防除草坪中的一年生早熟禾，防效可达 82 %。在加拿大，从草原土壤中分离出 1000 株以上的细菌作为防除 1 年生杂草的目标菌株。用丁香假单胞菌（*P. syringae* pv. *tagetis*）的一个变种防除大豆田里的蓟属杂草，可将杂草的每平方米株数降低 78 %，而对大豆不致病。另外，肠杆菌属（*Enterobacter*）和产碱杆菌属（*Alcalligenes*）也存在对杂草有不同程度抑制活性的菌种。

从链霉菌中还分离得到许多具有除草活性的化合物，它们结构多变，从简单的到复杂的都有。生物测定表明这些化合物对多种植物具有潜在的生物除草活性。来自 *Streptomyces* sp. 的肠球菌素（vulgamycin，enterocin）也具有苗期除草活性，同时对大麦、棉花和玉米安全。hydranthomycin 是最近从 *Streptomyces* sp. 中分离得到的一个 anthroquinone 类化合物，对高粱、萝卜和藻类小眼虫（*Euglena gracilis*）都具有活性。最近开发的几种除草活性化合物，如加利利链霉菌（*S. galilaeus*）产生的 homoalanosine以 4 kg/hm^2 防除杂草时对水稻无药害，*S. galilaeus* 产生的 AT-265 在大于 100 kg/hm^2 时具有强烈的苗期除草活性，但却因其较高的哺乳动物毒性而妨碍其作为除草剂的开发。

三、微生物除草剂的作用机制

微生物除草剂的作用机制涉及对防除对象的侵染能力、侵染速度及对杂草的损害性等多方面的因素。微生物的侵染能力可以从侵染途径（如直接穿透表皮或经气孔）、侵染部位、侵入后在组织中的感染能力等反映。微生物对杂草的损害常表现为引起杂草的严重症状，如炭疽、枯萎、萎蔫、叶斑等，这些症状的发生，有时与特异植物毒素的产生有关。杂草的防御机制和生长会逐渐修复侵染物导致的损害，只有侵害速度高于杂草生长速度，才能控制住杂草。微生物除草剂的除草机制主要包括前体除草、代谢产物除草及活体释放等几种作用方式。

（一）前体除草

除草剂的先导化合物——生物活性化合物大多数具有水溶性、分子结构中不含卤原子、对环境友好、半衰期短，但结构比较复杂的特点。Cornexistin 是一种来源于嗜粪担子菌纲宛氏拟青霉（*Paecilomyces variotii*）的植物毒素，对单子叶和双子叶杂草具有良好的除草活性。Cornexistin 的作用机制可能是前体除草剂的作用机制，即它要被代谢为至少一种天门冬氨酸氨基转移酶（AAT）的同工酶的抑制剂。莎草素（cyperin）是一种天然产生的二苯醚类化合物，是由侵染香附子的壳二孢菌、嗜粪真菌和侵染商陆的茎点霉菌产生的，它是一种中等活性的生长抑制剂和膜干扰剂，在光照和黑暗条件下均可引起叶绿素的缺失。Hydantocidin 是吸水链霉菌的代谢产物，是一种强烈的腺苷酸琥珀酸合成酶抑制剂。AAL-毒素是由侵染番茄的交链孢菌致病种产生的，其作用机制是抑制 RNA 的合成。从双丙氨膦（bialaphos）到草铵膦（glufosinate），从纤精酮（leptospermone）到三酮类除草剂，从天然壬酸到人工合成壬酸，从桉树胺（cineole）到环庚草醚（cinmethylin）都是将除草活性先导化合物开发成化学除草剂的例子。

双丙氨膦是 1971 年德国首先从绿色产色链霉菌（*Streptomyces viridochromogenes*）和吸水链霉菌（*S. hygroscopicus*）分离得到能产生既抗细菌又抗真菌的抗生素，并且有强烈的杀草活性，能防除一年生和多年生的农田杂草，是一种速效和特效兼而有之的除草剂，也是第一个报道的含有膦基的天然产物氨基酸。其化学结构是（2-氨基-4-甲基磷酸-乙酰）-丙氨酸-丙氨酸。双丙氨膦（phosphinothricylalanyl-alanine，Ptt）由一个不常见氨基酸 phosphinothricin［L-2-氨基-4（羟基）（甲基）氧膦基丁酸，Pt］和两个丙氨酸构成，它不但具有除草活性，而且还具有一定的抗菌活性。Ptt 的抗菌活性是由于其到达菌细胞后在细胞内酶的作用下而释放出 Pt，由于 Pt 同谷氨酸结构的相似性，因此可以作为谷氨酰胺（Gln）合成酶的阻断剂而使谷氨酰胺的生物合成受阻，从而导致在植物体内氨的积累而使植物中毒死亡，如图 4-1 所示。

hydantocidin 是从 *S. hygroscopicus* SANK 63584 的培养液中分离得到的抗生素，对多年生植物的除草活性明显高于对一年生植物，但对一年生和多年生植物没有选择毒性。合成的 hydantocidin 脱氧衍生物没有除草活性。在 hydantocidin 与草甘膦、双丙氨膦除草剂对 17 种杂草的对比实验中，hydantocidin 对一年生单子叶植物和双子叶植物的活性与草甘膦相当，稍大于双丙氨膦，3 种化合物对多年生植物的防治效果则相似。hydantocidin 在植物体内被代谢为 hydantocidin-5′-磷酸盐，该化合物对腺苷酸琥珀酸合成酶具有强烈的抑制作用。研究认为，hydantocidin 抑制生长的作用机制是由于在植物体内代替了腺嘌呤和 AMP，或者是腺苷酸琥珀酸，但不能代替 IMP。hydantocidin 在离体条件下没有活性，但 hydantocidin-5′-磷酸盐则是一种有效的腺苷酸琥珀酸合成酶抑制剂，因此 hydantocidin 作为一种前体除草剂，可以干扰 IMP 转变成 AMP。通过

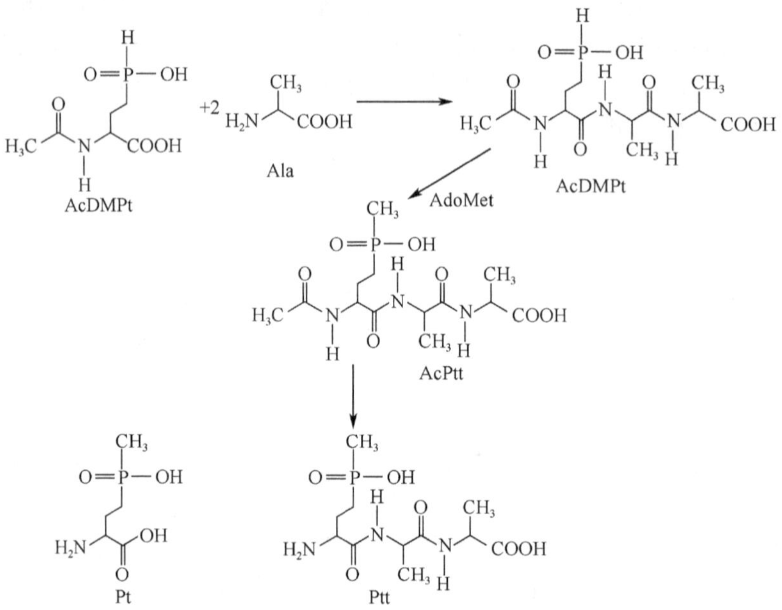

图 4-1　双丙氨膦的前体及其组装

hydantocidin-5′-磷酸盐结合腺苷酸琥珀酸合成酶的晶体结构分析可能有助于设计出更多有效的腺苷酸琥珀酸合成酶抑制剂。

（二）代谢产物除草

微生物能够分泌多种代谢产物，能够侵入宿主杂草破坏其内部结构，使其产生坏死和环状枯萎的病斑，导致致病，这些活性成分我们通常称为植物毒素(phytopathogenic toxin)。大多数情况下它们为微生物的次代谢产物，具有控制杂草的作用。它们在化学结构和分子大小上有很大差异，一部分为聚合肽、萜烯、大环内酯类和酚类。利用具有除草剂活性的微生物天然产物开发新型的除草剂已日益受到人们的重视，因为这些天然产生的植物毒素具有以下特点：①具有种的特异性；②具有各种不同的化学结构，且大多数是新的化学结构，用经典的农药化学合成方法难以合成；③对大多数哺乳动物无毒或低毒；④相对于化学除草剂而言更易于降解，不会引起生物灾害。

1. 来源于真菌的生物毒素

产植物毒素的真菌多来自于链格孢属、镰刀菌属、炭疽菌属等。从炭疽菌中分离出的一种植物毒素具有除草活性，对 7 种不同杂草的杀草谱实验表明，jointvevch 受害最严重；pigweed 和 florida beggarweed 遭受严重的灼伤，并被抑制生长；Johnsongras 虽未被杀死，但却被严重矮化。毒素提取纯化后经红外线光谱、核磁共振等实验分析发现，该毒素为高铁藏红花素，是一种铁离子载体，其作用机制可能与螯合物的形成有关。来源于真菌的其他植物毒素如 AAL- toxin、cornexistin 和 tentoxin 等都具有除草活性。AAL -toxin 及其一些结构类似物能抑制神经酰胺合成酶的活性，引起鞘氨醇的迅速积累，从而导致细胞膜的破裂。Corncxititin 表现为代谢抑制剂，与氨氧乙酸盐的作用相似，即抑制某一天冬酰胺转氨酶的活性，在加入天冬氨酸、谷氨酸或任一三羧酸循环的中间物后，毒素的作用消失。Tentoxin 有两种作用机制：一是通过阻断核编码质体蛋白质的形成过程，从而打断叶绿体的形成；另一种机制是作为 ATP 酶的偶联因子的能量转移抑制剂，进而抑制光合磷酸化。

2. 来源于细菌的生物毒素

产植物毒素的细菌大多是革兰氏阴性菌，如假单孢菌属（*Pseudomonas*）、欧文氏菌属（*Erwinia*）、黄单孢菌属（*Xanthomonas*）和少量革兰氏阳性菌，如链霉菌（*Streptomyces*）和一些非荧光假单胞菌（nonflurescent *pseudomonads*）。病原细菌（*Pseudomonas syringae* pv. *phaseolicola*）能使 Kudzu 的叶片出现萎黄病的病症，产生局部坏死。经研究发现这种缺绿症是该菌所产生的植物毒素 phaseolotoxin 所致，这种毒素一旦进入植物内部将向枝端感染，导致植株的矮化、失绿，严重的导致植物叶片坏死。Gurusiddaiah S. 导致旱雀麦病害的 *Psendomonas fluorescens* st rain D7 发酵液初步纯化后，发现毒素中至少含有 2 个多肽、1 个生色团、1 个脂肪酸酯和 1 个脂多糖基团。而当初毒素被进一步纯化后，发现几乎丧失了植物毒性，说明纯化过程中的某种物质或方法导致了毒素失活。为了进一步探索 D7 菌株的可能作用机制，通过对比实验，发现 D7 菌株对细胞分裂、呼吸作用及蛋白质、核酸、脂类的合成不产生明显的影响或影响很小，却明显抑制了膜的形成和脂类代谢。另一些研究发现，假单孢杆菌属的其他一些菌株产生的植物毒素具有不同的生理机制。如 *Pseudomonas syringae* pv. *phaseolicola* 产生的菜豆菌毒素是一种三肽化合物，通过与氨甲酰磷酸竞争鸟氨酸氨甲酰转移酶的结合位点，从而抑制精氨酸的合成；*Pseudomnas syringae* pv *tabaci* 产生的烟草丁香假单孢菌毒素其水解物能抑制谷氨酸合成酶的活性；*Pseudomonassyringae* pv. *syringae*产生的丁香霉素起先认为能导致膜的水解，进一步研究发现，丁香霉素能提高 K^+ 离子流量，并增强 H^+-ATP 酶的活性，同时又与 Ca^{2+} 的运输有关。

茴香霉素（anisomycin）是从 *Streptomyces* sp. 中分离得到的一种毒素，浓度 12.5μg/g 时对单子叶植物如水稻、稗、马唐以及双子叶植物紫花苜蓿和番茄等表现出对根的选择性生长抑制，在大于 50μg/g 时对幼苗具有抑制作用。除草菌素（herbicidins）及其类似物均来源于 *S. saganonensis*，它们都具有选择性触杀除草活性。这些类似物中至少有 4 种表现出相似的除草活性谱，通常对双子叶植物表现出更高的除草活性，而在单子叶植物中，对水稻最安全。除草菌素 A 在供试的水稻和其他植物之间所表现出的选择性优于除草菌素 B。herboxidiene 是一种从 *S. chromofuscus* 中提取的新型聚酮类化合物，已被用于水稻和大豆田杂草的防治。pyridazocidin 是从 *Streptomyces* sp. 培养液中得到的除草农用抗生素，对苘麻、裂叶牵牛、稗以及大狗尾草等几种杂草具有显著的苗期除草活性，其中对大狗尾草最敏感。pyridazocidin 在抑制植物生长的一定浓度范围内可以引起叶绿体中氧的快速消耗。

（三）活体除草

近30年来，这一领域的研究得到迅速发展，从最初的简单采集、分离和筛选植物病原菌到包括活体产品制剂、释放生物的生态学和流行病学，在组织学、生物化学和遗传学水平上植物病原菌的相互影响以及候选微生物除草剂基因操作等方面进行研究。以根际细菌活体释放来实现除草目的也成为现在细菌除草剂的研究热点之一。同时，某些根细菌对某些作物还有促进生长的作用。通过在作物上施用某些对杂草有害又可促进作物生长的根细菌，有可能增强作物的竞争机制。

四、微生物除草剂存在的问题和相应的措施

（一）活性物质不稳定，制剂加工困难

真菌孢子型制剂对环境条件要求严格，在批量生产、配方、储藏等技术问题上要求过高。细菌除草剂的活性物质稳定性和适合的剂型也是影响细菌除草剂储存和致病力的主要原因。因此，适当的助剂类型及制剂加工技术非常重要，科学合理的制剂不仅能促进和调节致病力，而且可以减少对环境的依赖性，提高防治效果和稳定性。

（二）寄主单一的限制

在农业生态系统中，常常是多种杂草并存。但目前的微生物除草剂通常只能防除一种或几种亲缘关系相近的杂草，只能在特定的场合发挥其特有的作用，很难达到理想的除草效果，大规模推广受到限制。可以将作用谱不同的两种或两种以上的微生物合用、虫菌并用等，以及细胞融合、DNA重组等技术对现有的除草微生物进行改造。

（三）环境因素的影响

现在，除了部分微生物除草剂是利用微生物代谢产物外，大多数是直接释放的活菌体，受环境因素的影响大，效果不是很稳定。可以通过基因工程或原生质体融合技术改善生物除草剂的药效。

第六节　产抗生素微生物的发酵生产

抗生素是生物体在生命活动中产生的一种次级代谢产物，这类有机物质能在低浓度下抑制或杀灭活细胞，这种作用又有很强的选择性，如医用的抗生素仅对造成人类疾病的细菌或肿瘤细胞有很强的抑制或杀灭作用，而对人体正常细胞损害很小，这就是抗生素为什么能用于医药的道理。目前人们在生物体内发现的6000多种抗生素中，约60%来自放线菌。抗生素主要用微生物发酵法生产，少数抗生素也可用化学方法合成，人们

还对天然得到的抗生素进行生化或化学改造，使其具有更优越的性能，这样得到的抗生素叫半合成抗生素，其数目已达到两万多种。抗生素不仅广泛用于临床医疗，而且已经用于农业、畜牧及环保等领域中。

青霉素是最早发现并用于临床的一种抗生素。为 1928 年英国人弗莱明（Fleming A.）发现，20 世纪 40 年代投入工业生产。在二战期间立即大显身手，它能有效控制伤口的细菌感染，挽救了数百万战争中受伤者的性命。在自然界中，有许多微生物能够抑制植物病原物生长发育或引起植物害虫致病死亡，从而起到保护植物的作用，其中主要是通过微生物所产生的抗生素对病虫草等有害生物进行控制。目前应用于防治植物病、虫、草害的抗生素，主要来源于放线菌中的链霉菌属，如放线菌酮被用于毒杀螟虫，土霉素被用来防治棉花红蜘蛛。其他具有杀虫作用的抗生素还有四抗生素、莫能菌素、杀粉蝶菌素等（表 4-4）。杀草素、茴香霉素等被用于杀死杂草。

表 4-4　主要的植物病虫害防治用抗生素及其来源

抗生素	来源	防治的病害
灭瘟素	灰色链霉菌（*Streptomyces griseochromogenes*）	稻瘟病
春日霉素	春日链霉菌（*S. kasugaensis*）	稻瘟病
庆丰霉素	庆丰链霉菌（*S. qinfengmyceticus*）	稻瘟病
放线菌酮	灰色链霉菌（*S. griseochromogenes*）	松疱锈病、樱桃叶斑病、小麦锈病
内疗素	吸水链霉菌（*S. hygroscopicus*）	苹果树腐烂病、甘薯黑斑病
灰黄霉素	青霉菌（*Penicillium* spp.）	苹果花腐病、瓜类蔓枯病
灭胞素	千叶链霉菌（*S. chibaensis*）	水稻白叶枯病
井冈霉素	吸水链霉菌变种（*S. hygroscopicus* var. *jinggangensis*）	水稻纹枯病、棉花立枯病
多氧霉素	可可链霉菌变种（*S. cocaoi* var. *asoensis*）	稻纹枯病、烟草赤星病、小麦白粉病
四抗霉素	金色链霉菌（*S. aureus*）	螨类
莫能霉素	肉桂地链霉菌（*S. cinnamonensis*）	叶蝉、豆象
阿维菌素	除虫链霉菌（*S. avermitilis*）	线虫、节肢动物

一、农用抗生素的类别

农用抗生素大致可分为 7 类：①氨基糖苷类抗生素（aminoglycoside antibiotics），由糖或氨基糖与其他分子结合而成，一般为碱性，可以与无机酸或有机酸形成盐，能够干扰细菌和真菌的蛋白质合成。井冈霉素和链霉素（streptomycin）即属于此类；②多烯类抗生素，由含有不饱和烃和发色基因的分子组成，易氧化，溶解度低，能够损伤真菌和动物细胞的细胞膜。两性霉素 B（amphotoricin B）、匹马霉素（pimaricim）即属于此类；③四环族类抗生素（tetracycline antibiotics），由 4 个芳香环组成，仅在其第 4、5、6、7 位碳原子上的取代基有所不同，是酸碱两性化合物，可干扰细菌蛋白质合成过程中的氨酰 tRNA 的合成；④多肽类的抗生素，其分子由肽键将多种不同的氨基酸结合而成。肝菌肽类的抗生素、多粘菌素即属于此类；⑤大环内酯类抗生素（macrocyclic antibiotics），是由糖苷、大环内酯构成的分子，为碱性物质，可与酸酐结合形成盐和酯。它能与细菌核糖蛋白的50S亚基相结合，抑制蛋白质的合成；⑥核苷酸类抗生素，由核苷及其类似物组成。它主要能够抑制DNA合成的前体物的形成和RNA多聚酶的活性。多氧霉素B、多氧霉素D，灭瘟素等都属于此类；⑦其他类型的抗生素，包括少数不属于上述六大类的抗生素，如放线酮。

二、产抗生素微生物的筛选过程

农用抗生素主要是由土壤微生物产生的，这类微生物的筛选过程如下。

（一）初　选

将土壤悬浮液稀释接种在琼脂平板培养基上，同时接种大量某种病原菌的菌体或孢子。若土壤中含有对这种病原菌具有抗性的菌种，则在该菌落的周围会形成抑菌圈。形成抑菌圈的菌种就是初选对象。经过分离纯化后，进行控制生长条件的培养，然后培养液用管碟法做较为精细的抑菌实验。

（二）复　选

用特定病原接种试验用植株发病。将初选菌株的培养液喷施在试验植株上，检验其对该病害的防治效果以及对植物是否有药害。经验表明，初选出的菌株能通过复选的概率仅为数千分之一。

（三）抗生素测定

鉴定复选出的菌株产生的抗生素类型，并通过化学鉴定来了解其结构成分。

（四）抗菌谱测定

了解此抗生素是否可以一药多用。

三、产杀虫抗生素链霉菌的选育和发酵生产

1975年，日本北里研究所从静冈县土样中筛选到一种除虫链霉菌（*Streptomyces avermitilis*）MA-4680。随后，美国默克（Merck）公司从该菌发酵液中提取出了一组由8个结构相近同系物组成的天然混合产物，并命名为阿维菌素（avermectin，AVM）。1981年，该公司实现了阿维菌素的产业化，并逐渐应用在农牧业和医疗卫生方面。20世纪80年代末，上海市农药研究所从广东揭阳土壤中分离筛选得到7051菌株，经鉴定证明该菌株与*S. avermitilis* MA-8460相似，所得产物与AVM的化学结构相同。AVM是一种新型抗生素类，具有结构新颖、农畜两用的特点。通过X射线衍射

^{13}C-NMR 和质谱分析，发现阿维菌素是一种十六元大环内酯类化合物。根据其分子结构中 C5，C22-23，C25 上所连接基团的不同分成 8 个组分。A 和 B 系列的差别在于 C5 上的连接基团，C5 位是甲氧基的称为 A 组分，是羟基的称为 B 组分；“1”和“2”系列的差别在于 C22-23 上，C22-23 呈双键的称为“1”组分，含有羟基的称为“2”组分；“a”和“b”系列的差别在于 C25 上，C25 上是叔丁基侧链的称为“a”组分，是异丙基侧链的称为“b”组分。其中 A1a、B1a、A2a、B2a 这四者为初发菌株发酵液的主要组分，A1b、B1b、A2b、B2b 为次要组分，尤以 B1a 为最重要。因该类化合物对寄生于动物体内的线虫和节肢动物有极强的驱杀作用，使用剂量由 mg/ kg 级降到 μg/ kg 级，并具有作用机制独特、安全性高等特点，所以该类药物首先被作为一种抗寄生虫药剂应用到牲畜体内外的寄生虫防治。据 1993 年美国食品与药物管理局（FDA）研究人员报道，AVM 不仅在自然环境中与土壤结合紧密，不易被冲刷和下渗，而且在光照条件下或在土壤微生物作用下迅速降解成无活性的化合物，其分子碎片最终作为碳源被植物和微生物分解利用，没有任何残留毒性。阿维菌素作为一类重要的抗生素，已经成为一种农用和兽用的高效生物源杀虫剂，被专家誉为继青霉素之后又一类对人类做出巨大贡献的产品。

目前已商品化的有阿维菌素、伊维菌素（Ivermectin）、甲氨基阿维菌素苯甲酸盐（emamectin bemoate）、乙酰氨基阿维菌素（eprinomectin）和道拉菌素（doramectin）等，其中阿维菌素为天然发酵组分的混合物，后 4 种药物则为阿维菌素的化学结构改造产物，改造后的新化合物克服了原母体化合物阿维菌素的某些不足，在防治范围，杀虫活性和对人畜及环境毒性等方面有了进一步的提高和改善。阿维菌素主要通过胃毒（咀嚼式和刺吸式昆虫）和触杀作用（可以通过昆虫的气孔或爪垫进入体内），杀虫、杀螨活性高，比常用农药高 5～50 倍，用药量仅为常用农药的 1%～2%。其作用方式是干扰害虫神经生理活动，刺激释放 γ-氨基丁酸（GABA），作用于神经与肌肉接头，增加氯离子的释放，阻断昆虫的神经传导系统，抑制神经接头的信息传递，导致害虫和害螨出现麻痹而中毒死亡。阿维菌素无内吸及熏蒸作用，对尚未完成胚胎发育的卵无效，但对即将孵化的卵有一定的杀伤作用。喷雾后对叶片有很强的渗透作用，残效期长，并可渗入植株体内杀死叶片表皮下的害虫，且受降雨的影响小。螨成虫、若虫中毒后，麻痹、不活动、停止取食、2～3d 后死亡。因其不引起昆虫迅速脱水，所以作用速度缓慢。阿维菌素对捕食性昆虫和寄生性天敌没有直接触杀作用，因为其在植物表面残留少，因此，对益虫的损伤小。与常用有机磷、拟除虫菊酯类农药和杀螨剂无交互抗性。阿维菌素可用于防治多种园林植物上的螨虫、鳞翅目、同翅目和鞘翅目的主要害虫。特别适合于防治对其他类型农药已产生抗药性的害虫，但不宜连续使用，也要轮换用药。

（一）阿维菌素发酵生产菌株

最初的阿维菌素产生菌是从日本北里大学收集的土壤样品中分离得到的，经一系列的生理代谢实验和培养特征确定，阿维菌素产生菌被列为链霉菌下单独的一个种，属于革兰氏阳性丝状菌。阿维菌素原始菌株发酵单位非常低，最先发现的菌株 MA-4680 的发酵单位只有 9μg/mL，经改变发酵条件后有了较大的提高，但也仅为 120μg/mL，不适合进行大规模发酵生产。该菌株经过紫外诱变，从中选出一株突变株，发酵单位可达到500μg/mL，相比原始菌株有了长足的提高。采用紫外线、诱变剂氯化锂、亚硝基胍并结合甲硫氨酸诱导等手段对原始菌株诱变处理进行了比较，得出采用紫外线及亚硝基胍诱变的方法结合甲硫氨酸诱导筛选，与原始菌株相比可以获得阿维菌素总效价及B1a组分显著提高的菌株。目前通过诱变育种以及培养基的优化，中国阿维菌素的发酵水平又有了很大提高，发酵单位已接近10 000μg/mL。

菌株诱变的主要程序：原始菌株经UV、NTG、MMS等诱变⟶涂布在含氮亮氨酸的平板培养基上⟶试管斜面⟶二级摇瓶发酵培养⟶HPLC测定阿维菌素B1a⟶高产菌株及突变株的确定⟶复筛。

1. 饱子悬浮液的制备

取在28℃恒温恒湿培养5d的阿维菌素链霉菌的新鲜斜面，加无菌水20mL，用无菌不锈钢签刮下孢子，移入装有无菌玻璃珠的三角摇瓶中，用强烈振荡器振荡（700 r/min，10 min），打散孢子链，用两层擦镜纸过滤，收集滤液（必要时用显微镜检查）。

2. UV诱变处理

吸取单孢子液9mL，加入到无菌的培养皿中，然后置于磁力搅拌器上，放入无菌的搅拌子，用紫外灯照射（功率为30W，距离为30cm）。设定不同的照射时间为不同的UV处理剂量，然后饱子悬浮液按一定的要求稀释，每个样品进行活菌计数，并与对照做比较，计算致死率。

3. NTG诱变处理

无菌条件下，设定用不同的pH缓冲液稀释单孢子液到10^{-1}，然后分别取10^{-1}稀释液9.0mL到无菌的空摇瓶中，加入1.0mL的浓度为10mg/mL的NTG，使各样品NTG的最终处理浓度为1mg/mL。将各样品瓶在强烈振荡器上振荡（700r/min），同时设定不同的处理时间为在不同的pH条件NTG诱变的另一个处理剂量。振荡结束后，把各样品倒入无菌的离心管中，3000r/min离心10min，弃上清，用0.85%的生理盐水洗涤单孢子悬浮液3次以洗去残余的NTG。最后按一定的要求稀释，每个样品进行活菌计数，并与对照做比较，计算致死率。

4. MMS诱变处理

无菌条件下，用pH 7.0缓冲液稀释单孢子液到10^{-1}，取10^{-1}稀释液10mL到无菌的空摇瓶中，加入0.05mL的MMS溶液，再加入一滴的无水乙醇，使MMS的最终质量分数为0.5%，然后用强烈振荡器振荡（700r/min），设定不同的振荡时间为不同的MMS处理剂量。振荡结束后，将各样品倒入无菌的离心管中，3000r/min离心10min，弃上清，用0.85%的生理盐水洗涤单孢子悬浮液3次以洗去残余的MMS。最后按一定的要求稀释，每个样品进行活菌计数，并与对照做比较，计算致死率。

5. Met 平板筛选

将一定量的 Met 溶于蒸馏水中灭菌后加入到分离培养基中，使其最终质量浓度为 0.11～0.13 g/L，制备成分离平板。将 NTG 处理后的孢子悬浮液稀释后涂布在分离平板上，28℃倒置培养 8d。

（二）阿维菌素发酵生产培养基

发酵培养基是一个发酵产品工业化中非常重要的一环，其组分直接影响阿维菌素的产量和生产成本。目前用于工业发酵的培养基种类很多，由于各种培养基成分产地不同，特别是天然组分对发酵产量的影响很大，因此选择一种较好的培养基组合及培养条件是非常必要的。

1. 碳源

主要有糖类、油脂、有机酸和低碳醇等。

2. 氮源

有机氮源有花生饼粉、黄豆饼粉、玉米浆、玉米蛋白粉、蛋白胨、鱼粉、酒糟等。

3. 氨基酸

DL-色氨酸具有刺激作用，DL-甲硫氨酸可能有刺激作用，其他氨基酸则无作用。

4. 盐类

研究发现，$CaCO_3$是在发酵培养基中必须加入的成分，如果在发酵培养基中不加入，则阿维菌素合成产率非常低。微量元素钴作为生长因子对阿维菌素的菌丝生长及代谢产物的积累起着双向调节作用。

5. 其他因素

酵母膏对于阿维菌素的产生是必不可少的。维生素、酵母核苷酸、味精及微量元素都不能代替其作用，而聚乙二醇-P200 可明显刺激阿维菌素的生成，使其产量有所提高。

（三）阿维菌素的发酵工艺

1. 斜面和平板培养基（g/L）

可溶性淀粉 20g，酵母膏 4.0g，KNO_3 1.0g，NaCl 0.5g，$MgSO_4 \cdot 7H_2O$ 0.5g，K_2HPO_4 0.5g，$FeSO_4 \cdot 7H_2O$ 0.01g，pH 7.2～7.4，用无离子水配制。冷冻管菌种、分离纯化后的菌种或斜面保藏菌种接种于上述的培养基中，于 28℃，40%湿度下培养 5d。

2. 种子培养基（g/L）

淀粉 25g，黄豆饼粉 10g，花生饼粉 10g，酵母粉 5g，$CoCl_2 \cdot 6H_2O$ 0.0005g，pH 7.0～7.2，用自然水配制。将成熟斜面上的孢子用无菌接种铲挖块接种于种子培养摇瓶中，种子摇瓶装量为 30mL/250mL 摇瓶，于 28℃，220r/min 旋转式摇床上培养 2d。

3. 发酵培养基（g/L）

淀粉 100g，黄豆饼粉 30g，花生饼粉 5g，酵母粉 5g，$CoCl_2 \cdot 6H_2O$ 0.0005g，pH 7.0～7.2，用自来水配制。接种量为 5%，装量为 30mL/250mL，于 28℃，220r/min 旋转式摇床上培养 8d。阿维菌素的摇瓶发酵采用二级发酵。

4. 固体发酵初筛

将培养好的各个平皿中的单菌落，随机挑取接斜面，在 28℃培养 8 d，孢子生长成熟后，用分光光度法进行效价测定，根据测定结果挑选高产菌株进行复筛。

5. 液体摇瓶复筛

从初筛得到的高产菌株斜面上铲取 0.15cm×0.15cm 大小的培养物接种于种子摇瓶中，在 220 r/min 摇床上 28℃培养 24 h 后，以 5 %（φ）的转种量接种于发酵摇瓶中，于 220 r/min 摇床上 28℃培养 7 d，用 HPLC 法测定阿维菌素的含量。

6. 发酵后处理

阿维菌素的发酵单位虽然高，但产物浓度仍然较低。现在常用的分离方法一般为浓缩结晶法。阿维菌素是一种胞内产物，它的提取一般是首先通过发酵得到菌丝，再用萃取剂萃取后浓缩结晶得到。工业上常用 95%的乙醇溶液、甲苯溶液、乙酸乙酯等作为萃取剂萃取干菌丝。结晶是阿维菌素精制工艺的关键。

四、产杀菌抗生素链霉菌的选育和发酵生产

井冈霉素（validamycin）是上海农药研究所于 1973 年从江西井冈山地区土壤中分离出的抗生素，是吸水链霉菌井冈变种（S. *hygroscopicus* var. *jinggangensis* Yen.）的代谢产物，为氨基糖苷类抗生素，是一种防治水稻纹枯病、小麦纹枯病极为有效的农用抗生素。井冈霉素的杀菌机制：井冈霉素由 A、B 等多种组分组成，主要成分 A 是由一种糖和氨基结合的假糖类化合物。纹枯病菌接触到井冈霉素后，误以为是糖类化合物，而将其吸收到菌丝体内，并从菌丝的一端向另一端传送，菌丝体内的海藻糖酶接触到这种物质后，阻碍海藻糖转化为葡萄糖，使菌丝顶端产生树枝状的异常分支，干扰菌丝的正常生长，使纹枯病菌失去致病的能力。该抗生素近 30 年来一直经久不衰，至今仍是防治水稻纹枯病的当家品种，使用面积达 866.67 万公顷以上。

（一）井冈霉素发酵生产菌种的选育

1. 菌悬浮液制备

将菌株置于天门冬素葡萄糖琼脂斜面上，在37℃时培养3 d挑菌筛选，将挑选好的菌株放入生理盐水（0.9%）中，再用玻璃棒捣烂制成菌悬浮液。

2. 悬浮液用生理盐水稀释成不同倍数

一般稀释浓度10^{-7}～10^{-4}倍即可。每次稀释后，取数滴于培养皿中的培养基（天冬素葡萄糖琼脂）上，用无菌推棒涂抹，置于温箱中37℃培养3 d；在锥形瓶内装入一定数量液体培养基，灭菌后用无菌操作接入孢子，放入摇床中恒温培养。

（二）井冈霉素的发酵生产

井冈霉素的生产为机械搅拌通风发酵形式，以稻米、淀粉为主要碳源，选择适当的氮源，发酵工艺可以为：

1. 斜面培养基及培养条件

葡萄糖1.0%，L-天冬酰胺0.05%，磷酸氢二钾0.05%，琼脂2.0%，pH7.0，灭菌接种后置恒温箱38～40℃下培养3～4d。

2. 摇瓶种子培养

500mL三角瓶内装种子培养基40mL，其组成为：大米粉3.0%，豆饼粉2.2%，酵母粉1.0%，氯化钠0.2%，磷酸氢二钾0.08%，灭菌接种后，在回转式摇床上（回转速度200r/min）38～40℃下培养20～25h。

3. 发酵罐发酵

发酵培养基组成为：玉米粉9.0%，豆饼粉4.0%，酵母粉0.5%，磷酸氢二钾0.1%，氯化钠0.1%，消沫油0.1%，经121℃、20min灭菌后，冷却到（39±1)℃，接入8%摇瓶种子液。

4. 发酵罐的培养条件

罐压0.05MPa，通风量：气升式1∶1.1L/(L·min)、机械搅拌式1∶0.8L/(L·min)，搅拌转速300r/min，温度（39±1)℃，培养时间45h。

第五章　分子生物学技术在植物保护上的应用

分子生物学是从分子水平研究生命本质的一门新兴边缘学科，它以核酸和蛋白质等生物大分子的结构、组成和功能，以及它们在遗传信息和细胞信息传递中的作用等为研究对象，是当前生命科学中发展最快并正在与其他学科广泛交叉和渗透的前沿领域；它包括研究核酸的结构及其功能的核酸分子生物学、研究蛋白质的结构与功能的蛋白质分子生物学和研究细胞信息传递与细胞信号传导的细胞分子生物学等。目前分子生物学技术广泛地应用于生物科学的各个领域。核酸分子生物学技术已形成了比较完整的理论和技术体系，是目前分子生物学中内容最丰富的一个领域，以致在很多情况下，人们将核酸分子生物学和分子生物学等同起来。

植物保护是研究植物的有害生物——病原物、害虫和杂草等的生物学特性、发生发展规律和防治方法的一门科学。因此，对有害生物进行诊断、检测和鉴定是植物保护研究的基础，只有正确认识了有害生物，才能“对症下药”，达到保护植物的目的。

有害生物的传统检测鉴定，主要是从症状、形态鉴定、接种鉴别寄主、病原物培养性状等方面来观察有害生物所表现的表型和性状来判断，受环境因素，人为因素等多种因素的影响，往往影响对结果的准确判断。此外，对于病害，许多传统的诊断程序一般都涉及两个过程：第一，先要对病原物质进行培养，培养后再分析它的生理生化特性；第二，确定到底是哪一类的病原物，是病毒、细菌还是其他的物质。这种诊断方法成本高、速度慢、效率低。如果病原体生长特别慢或者根本无法通过人工培养的方法获得，如有些衣原体、支原体就不能培养或很难人工培养，那么这种传统的诊断程序就很难有结果。而分子生物学研究表明，所有生命类型和不同物种差异的根源都是由遗传物质（DNA 或 RNA）决定的，而遗传信息又是核酸上的核苷酸序列所决定的。因此最准确的检测鉴定方法，就是测定一些基于核酸序列的分子生物学检测技术。

分子检测主要是指应用分子生物学的方法来对有害生物进行诊断检测鉴定。从理论上讲，任何一个决定特定生物学特性的 DNA 序列都应该是独特的，都可以用做专一性的检测标记，这就是分子诊断检测鉴定的理论基础。

不论是传统的常规检测，还是现代的分子技术，一种有效的检测方法都应该具备以下 3 个条件：①专一性（specificity）强，这指的是检测只对目标分子或只对某一种有害生物分子产生阳性反应；②灵敏度（sensitivity）高，是指即使只有微量的目标分子，或是在有很多干扰存在的情况下，也能够很灵敏地检测出所寻找的那种有害生物的分子；③操作简单（simplicity），主要是指在做大规模检测时，要求能够操作方便、简单、高效、廉价。

本章将对目前在有害生物诊断检测鉴定中应用的几种分子生物学技术检测的原理和方法以及分子生物学技术在植物保护上的应用进行介绍。

第一节　蛋白质检测技术

一、酶联免疫吸附测定

（一）酶联免疫吸附测定的原理

酶联免疫吸附测定（enzyme linked immunosorbent assay，ELISA）是以酶联免疫吸附试验为基础的测定技术。酶联免疫吸附试验创始于1971年，当时，瑞典学者Engvail和Perlmannn以及荷兰学者van Weerman和Schuurs分别报道将免疫技术发展为检测体液中微量物质的固相免疫测定方法，称为酶联免疫吸附试验。1974年，Voller等又将固相支持物改为聚苯乙烯微量反应板，使ELISA技术得以推广应用。ELISA是免疫测定技术中应用最广、最有发展前途的一种技术，可用于测定抗原，也可用于测定抗体。

酶联免疫测定方法的基本原理是：先将已知的抗体或抗原结合在某种固相载体上，并保持其免疫活性；测定时，将待检标本和酶标抗原或抗体按不同步骤与固相载体表面吸附的抗体或抗原发生反应；用洗涤的方法分离抗原抗体复合物和游离成分；然后加入底物显色，根据颜色深浅进行定性或定量测定。

最初发展的免疫酶测定方法，就是使酶与抗体或抗原结合，用以检查组织中相应的抗原或抗体的存在。后来发展为将抗原或抗体吸附于固相载体上，在载体上进行免疫酶染色，底物显色后用肉眼或分光光度计判定结果。

（二）酶联免疫吸附测定的试剂与材料

在酶联免疫吸附试验中，除酶标抗体和底物外，还需要抗原、抗体、抗抗体、阳性对照、阴性对照、标准品、封闭液、包被缓冲液、洗涤液、稀释液、底物工作液和反应终止液等试剂。以上试剂需用双蒸水或超纯水配置，材料主要是固相载体。

1. 固相载体

可作为ELISA固相载体的物质很多，如聚乙烯、聚丙烯酰胺、琼脂糖、玻璃和硅橡胶等，但现已不多用。理想的ELISA板应该是吸附性能好、空白值低、透明度高、各孔的大小和性能相同。目前最常用的是聚苯乙烯，因为它具有较强的吸附蛋白质的性能，并且既不损害蛋白质的免疫活性又不影响ELISA过程中的免疫反应和显色反应，价格低廉，来源容易，因此被普遍采用。

固相载体的形状有小试管、小圆珠和微量反应板3种。微量反应板适于微量标本的大量检测，是目前应用最广泛的。微量反应板可以根据实际需要采用不同的规格，如24孔/板、48孔/板、96孔/板。聚苯乙烯材料的反应板在经过射线或紫外线照射后，吸附蛋白质的性能增强。由于原料和工艺不同，产品之间的差异很大，因此对每批产品应事先检查。检查方法是以一定浓度的人IgG（10μg/L）包被ELISA板，加入适当酶标抗人 IgG，加底物显色。严格控制反应条件，各孔读数与平均读数之差不应大于10%。

2. 包被抗原或包被抗体

将抗原或抗体连接到固相载体上的过程称为包被（coating）。以聚苯乙烯微量反应板为例，通常先将抗原或抗体溶于 pH9.6 的碳酸缓冲液中，将包被液以 100μL/孔的量加到微孔板中，置 4℃过夜后洗涤即可。成功的包被应该是让抗原或抗体完全覆盖于孔表面，以免后来加入的标本或酶标物再结合到孔表面，引起实验误差。包被后再用 1%～5%牛血清白蛋白（BSA）包被一次，可以清除这种干扰。这一过程称为封闭（blocking）。包被好的 ELISA 反应板可置低温下存放一段时间照常使用。

3. 对照品和标准品

对照品分为阳性对照（positive control，PC）和阴性对照（negative control，NC），可检查试验的有效性，并作为结果判断的依据。标准品用于制作标准曲线，进行定量测定，标准品应至少包括检测范围内的 5～7 个浓度。

4. 稀释液

用于稀释酶标抗体及标本，常用含有无关高浓度蛋白（如 10%动物血清、1% BSA、1%明胶等）和非离子型表面活性剂（如 0.05%Tween 20 或 0.05%TritonX-100 等）的中性 PBS 或 Tris · HCl 缓冲液。

5. 洗涤液

一般与稀释液相同，常用 PBS 或 Tris-HCl 缓冲液。加入 0.05%Tween 20 可加强去除非特异性反应的作用。一些洗涤仪器设计有特殊的冲洗装置，用蒸馏水做洗涤液，同样有彻底的洗涤效果。

6. 酶反应终止液

HRP 在酸性条件下酶活性丧失，因此强酸常作为 HRP 酶反应的终止剂，如 2～4mol/L H_2SO_4，产物由橙黄色固定为棕黄色（OPD 显色），或由蓝色固定为黄色（TMB 显色），1～2h 内稳定不变色，OPD 显色可在 492nm 波长处测其最高吸收峰，TMB 显色可在 452nm 波长处测其最高吸收峰。

（三）ELISA 检测程序

ELISA 通常的检测过程包括以下几个步骤：①将待测样品结合在固相支持物上。常用的固相支持物是带有 96 孔的微量滴定板（micro titer plate）；②加入可以与目标分子特异反应的抗体，即一抗（primary antibody），反应后进行冲洗，将未结合上去的一抗洗去；③加入二抗（secondary antibody）。二抗通常只特异地识别一抗，而不识别目标分子。二抗上还连着一种酶，如碱性磷酸酶（alkaline phosphatase）、过氧化物酶

(peroxidase) 或脲酶 (urease) 等，这些酶都能够催化一种化学反应将无色底物转变成有色物质。一抗与二抗反应完成后，再次冲洗将未与一抗结合的二抗洗去，加入无色底物。如果一抗没有结合上样品中的目标分子，那么第一次冲洗时一抗就会被全部洗去，因而二抗也就无法结合，底物仍保持无色。但如果样品中带有目标分子，一抗即能够特异地与之结合，二抗可以与一抗结合，二抗上连带的酶就可以将无色的底物转变成有色物质，人们就能够通过颜色变化来判断出被测样品中是否带有目标分子了。颜色的深浅可用目测或酶标仪进行检测。如果只是定性鉴定，可以用目测法。如果是定量鉴定，则可以用酶标仪检测。

(四) 常用酶联免疫吸附测定诊断技术

根据检测目的和操作步骤的不同，常用的酶联免疫吸附测定方法有两种类型。用于测定抗原的技术类型有双抗体夹心法、双位点一步法和竞争法；用于测定抗体的技术类型有间接法、双抗原夹心法和竞争法。此外，还有捕获法。其中以双抗体夹心法 (DAS-ELISA) 在抗原测定上应用最广泛。

1. 双抗体夹心法

1) 原理

将已知抗体包被微量反应板，并和待检抗原反应，再加酶标抗体和底物，根据显色反应对抗原进行定性或定量分析。

病原体及其大分子物质进入有机体后都可能成为一种抗原，所以检测机体内的抗原同样可以判断有机体是否感染了相应的病原体。此法常用于测定抗原，该方法是将抗原免疫第一种动物（如兔子、小鼠、山羊、绵羊或豚鼠中的一种）获得第一种抗体。将第一种抗体吸附于固相载体（微量反应板）上，加入待测样品（如含有相应抗原的动物的血清等）与之结合。温育后洗涤，如果待测样品中含有相应的抗原，则该抗原将被吸附在抗体上从而保留在微孔板上。加入用相同抗原免疫的另一种动物产生的抗体（第二种抗体），同样保温洗涤后，第二个抗体也将与抗原结合而保留在微孔板上。最后加入抗第二种抗体的酶标抗体，保温、洗涤后将使酶标抗体也结合在微孔板上。加底物通过酶的催化反应显色，观察反应后颜色的有无及深浅，从而判断反应结果。若有颜色反应，说明检测样品中含有相应的抗体，所以是阳性反应。根据颜色深浅，还可以进行定量分析。反之，若为无色，说明样品中无相应抗体，为阴性反应。

2) 操作步骤

①用已知特异性抗体包被固相载体，孵育一定时间，使之形成固相载体，洗涤除去未结合的抗体和杂质；②加待检标本，经过温育使相应抗原与固相抗体结合，形成固相抗原抗体复合物，洗涤以除去无关的物质；③加酶标特异性抗体，经过温育使之形成固相抗体—待检抗原—酶标抗体夹心复合物，洗涤以除去未结合的酶标抗体；④加底物，

温育，固相上的酶催化底物产生有色产物，显色；⑤终止反应后，目测其定性结果或用酶标仪测量光密度值进行定量测定。

3）方法评价

双抗体夹心法是检测抗原最常用的方法，具有 ELISA 技术的优点，但仅适用于二价或二价以上的大分子抗原的检测，而不能用于测定半抗原等小分子物质。

2. 间接法

1）原理

标本中的待检抗体与固相抗原结合后，利用酶标抗抗体进行检测。

测定抗体的间接 ELISA 法的原理是病原体或其他外源大分子物质进入机体后都可能刺激机体产生相应的抗体，所以可以通过检测某种病原体的相应抗体来判断机体是否曾经被某种病原体所感染，达到诊断的目的。

此法是测定抗体最常用的方法。该方法首先将已知定量的抗原（如某个病原体的蛋白质）吸附（也称包被）于固相载体（微孔滴定板的微孔内），加入待检测的样品（第一抗体）与之结合。温育反应一定时间，此时，如果样品中含有该病原体蛋白质的抗体（第一抗体），则该抗体与固相抗原发生特异性结合。然后，加入酶标抗球蛋白抗体（第二抗体即酶标抗抗体，如血清为动物血清，则加入抗动物抗体的抗体），该酶标抗抗体就与已和固相抗原结合的第一抗体结合，形成抗原—抗体—酶标第二抗体的复合物；同样温育、洗涤后加入无色的酶底物，保温一定时间进行酶促反应。酶催化底物显色，观察反应后颜色的有无及深浅来判断反应结果。若有颜色反应，说明检测样品中含有相应的抗体，所以是阳性反应。根据颜色深浅，还可以进行定量分析。反之，若为无色，则说明样品中无相应抗体，为阴性反应。

2）操作步骤

①包被固相载体：用已知抗原包被固相载体，形成固相抗原，洗涤除去未结合的抗原和杂质；②封闭：用高浓度无关蛋白质封闭，阻止待检血清中非特异 IgG 吸附固相载体；③加待检标本：经过温育（37℃、2h），使相应抗体与固相抗原结合，洗涤以除去无关的物质；④加酶标抗抗体或酶标 SPA（金黄色葡萄球菌 A 蛋白）：再次温育（37℃、2h），使酶标抗抗体与固相载体上抗原抗体复合物结合，形成固相抗原—待检抗体—酶标抗抗体（或酶标 SPA）复合物，洗涤以除去未结合的酶标抗抗体；⑤加底物显色：温育（37℃、30min）；⑥终止反应判定结果：目测定性结果或用酶标仪测光密度值进行定量分析。

3）方法评价

间接法是检测抗体的最常用方法，应用广泛、反应敏感。一种酶标抗抗体可以用于检测一个种系内各种抗原的相应抗体。

3. 竞争法

竞争法可用于抗原和半抗原的测定，也可用于测定抗体。

1）原理

小分子抗原或半抗原缺乏可作双抗体夹心法的两个或两个以上位点，可用竞争法测定。其原理是将待检抗原和酶标抗原与相应固相抗体竞争结合，样品中抗原越多，与固相抗体结合的酶标抗原越少，与底物反应生成的颜色越浅，因此根据颜色深浅可定量测定。

将特异性抗体吸附于固相载体上；加入待测抗原和一定量的酶标已知抗原，使两者竞争与固相抗体结合；经洗涤分离，最后结合于固相抗体上的酶标抗原与待测抗原含量呈负相关。

2）操作步骤

①用已知特异性抗体包被固相载体（微孔板），形成固相抗体，洗涤以除去未结合物；②测定孔加入待检样品和一定量的酶标抗原，经过温育，使两者与固相抗体竞争结合；对照孔只加一定量的酶标抗原，使之与固相抗体直接结合；分别洗涤，除去未结合到固相抗体上的游离酶标抗原及其他未结合物；③加底物显色，对照孔由于只加酶标抗原，与固相抗体充分结合，故反应底物显色深；测定孔的显色程度则随待测抗原和酶标抗原与固相抗体竞争结合的结果而异。如待测抗原量多，它就会竞争性地抑制酶标抗原与固相抗体的结合，使固相抗体上结合的酶标抗原量减少，致使加入底物后显色反应较弱。其结果表明颜色的深浅与待测抗原量成反比。分别测定各孔的光密度（OD）值，根据对照孔与测定孔 OD 值之比，计算样品中待测抗原的含量。

同理，也可用固相抗原和酶标抗体做试剂，使固相抗原和样品中的待检抗原竞争结合酶标抗体。待检抗原竞争性地抑制酶标抗体与固相抗原的结合，即待检抗原越多，显色越浅。

测定抗体的竞争法与测定抗原的竞争法类似，把已知抗原进行包被，让待检抗体与酶标抗体与之竞争结合，然后加底物显色。待检抗体越多，颜色越浅；待检抗体越少，颜色越深。

ELISA 的工作原理主要是利用了一抗与目标分子的特异性结合。假定目标分子是一种蛋白质，那么要得到可用于检测的抗体，则首先需要纯化出这种蛋白质，然后用纯化的蛋白质免疫动物，一般都是免疫兔子；在免疫过的兔子的血清（serum）中就会产生不同的抗体，每一种抗体都能够特异的与目标分子上的不同的抗原决定簇（epitope）相结合，这种抗体混合体称为多克隆抗体。对于诊断检查来说，使用多克隆抗体有两大缺点：①同一抗体混合物中不同抗体的含量会有差异，而且每次制备的抗体之间量也会有差异；②无法区分相类似的目标分子。例如，如果病原分子与非病原分子之间只相差一个抗原决定簇，这时多克隆抗体就无法区分，因为在 ELISA 检测中都会发生颜色变化。因此要对某一目标分子进行诊断检查，最好是采用只与某一单个的抗原决定簇结合的抗体蛋白质，即单克隆抗体。由于单克隆抗体只结合抗原上某一单一的位置，因此采用单克隆抗体进行 ELISA 检测，其特异性就比多克隆抗体要高得多。目前人们已经成功地制备出了许多不同化合物和病原的单克隆抗体用于免疫诊断。

（五）酶联免疫吸附测定最佳工作浓度的选定

ELISA 反应试剂多，其不同的工作浓度对结果影响较大，因此必须进行最佳工作浓度的滴定和选择，找到最佳反应条件。程序如下：①包被抗原：常用棋盘滴定法滴定。在 ELISA 反应板上按行加入逐渐稀释的抗原进行包被，按列逐渐加入稀释的（1∶100）强阳性血清、弱阳性血清、阴性血清及空白对照，加工作浓度酶标抗动物 IgG，加底物显色。选择强阳性血清吸光度为 0.8 左右、阴性血清吸光度小于 0.1 的包被抗原稀释度作为工作浓度；②包被抗体：用棋盘滴定法滴定。将抗体稀释为 10mg/L、1mg/L、0.1mg/L 3 个含量，按行分别包被 ELISA 板；按列依次加入强阳性血清、弱阳性血清和阴性血清及空白对照，加入工作浓度的酶标抗体，加底物显色。选择强阳性抗原吸光度为 0.8 左右、阴性血清吸光度小于 0.1 的抗体浓度作为工作浓度；③酶标抗体：用工作浓度的抗体包被 ELISA 板，按棋盘滴定法按行加入强阳性抗原液、弱阳性抗原液和阴性抗原液，按列依次加入不同浓度的酶标抗体，加底物显色。选择强阳性抗原的吸光度为 0.8 左右、阴性抗原吸光度为 0.1 左右的酶标抗体浓度作为工作浓度。通常，可以将酶标抗体和包被抗体两者工作浓度的选择结合起来进行；④酶标抗抗体：用 100μg/L 的动物 IgG 包被 ELISA 板，加入不同稀释浓度的酶标抗动物 IgG，加底物显色。取吸光度为 1.0 时的浓度作为酶标抗抗体的工作浓度。

（六）酶联免疫吸附测定的局限性

ELISA 法在植物病毒诊断中优点突出：①灵敏度极高，可检出微量病毒，其检测极值为 1ng/ml；②所需反应物量少，每 1ml 抗血清可测定 10 000 个样品；③方法简便，工作效率高，每人每天可做 1000 个样品，而且可同时测定数种病毒；④试剂制备的费用少，稳定性高，同时可用肉眼和简单仪器观察结果，适用于设备条件差的实验室。因此，ELISA 检测已用于很多种病原物的诊断，总的来说实践证明是行之有效的。但是在很多情况下，仅凭 ELISA 结果是难以得出确定结论的。ELISA 的检测结果必须与其他检测方法的结果一起综合考虑才能够做出诊断结论。

二、免疫印迹技术

免疫印迹法（immunoblotting test，IBT）亦称酶联免疫电转移印斑法（enzyme linked immunoelectranstransfer blot，EITB），因与 Southern 早先建立的检测核酸的印迹方法 Southern 印迹相类似，亦被称为 Western 印迹。免疫印迹（Western blotting）是在蛋白质电泳分离和抗原抗体检测的基础上发展起来的一项检测蛋白质的技术。它将 SDS-聚丙烯酰胺凝胶电泳的高分辨率与抗原抗体反应的特异性相结合。极大的提高了分辨率和灵敏度，使其成为使用最广泛的蛋白质定性和相对定量的检疫方法。可用于有害生物的检测。

典型的免疫印迹法包括3个步骤：第一步为蛋白质的电泳分离，抗原等蛋白质样品经SDS处理后带负电荷，在聚丙烯酰胺凝胶中从阴极向阳极泳动，分子质量越小，泳动速度越快。此阶段分离效果肉眼看不见；第二步为电转移，将电泳后凝胶上已分离的蛋白质转移至固体膜上。此阶段分离的蛋白质条带肉眼仍不可见；第三步为免疫学检测，将印有蛋白质条带的固体膜上依次与特异性抗体和酶标第二抗体作用后，通过显色反应或化学发光显示蛋白质区带。阳性反应的条带清晰可辨，并可根据SDS-聚丙烯酰胺凝胶电泳时加入的分子质量标准，确定各组分的分子质量。

Western印迹综合了SDS-聚丙烯酰胺凝胶电泳的高分辨率和ELISA法的高特异性和敏感性，是一种有效的分析手段，不仅广泛应用于分析抗原组分及其免疫性，还可用于有害生物的诊断鉴定。抗原经电泳转移在固体膜上后，将膜切成小条，配合酶标抗体及显色底物制成的试剂盒，可方便地进行检测。根据出现显色条带的位置可判断有无目标有害生物的特异性抗体。

第二节　核酸杂交检测技术

核酸杂交是分子生物学最基本的方法，核酸分子杂交是指不同来源的两条核酸单链，由于具有一定的同源序列，在一定条件下按碱基互补配对原则形成异质双链的过程。核酸分子杂交和核酸复性的机制是一致的（图5-1），它是分子生物学领域中应用最为广泛的技术之一，具有灵敏度高、特异性强等优点。

一、原　　理

DNA和DNA单链、DNA和RNA单链或两条RNA链之间，只要具有一定的互补碱基序列就可以在适当的条件下相互结合形成双链。在这一过程中，如果一条链是已知的DNA或RNA片段，那么依据碱基互补配对原则就可以知道和它互补配对的另一条链的组成，这样就可以用已知的DNA或RNA片段来检测未知的DNA或RNA片段，这就是核酸分子杂交的原理，也是核酸分子杂交可以用于有害生物检测的原因。其中，已知的DNA或RNA片段被称为探针（probe），与探针互补结合的DNA或RNA片段被称为探针的靶（target）。

根据这一原理，将一种单链核酸标记成为探针，再与另一种单链核酸进行碱基互补配对，可以形成异源核酸分子的双链结构，这一过程称作杂交（图5-2）。单链核酸分子之间的互补碱基序列，以及碱基对之间非共价键的形成是核酸分子杂交的基础。杂交分子的形成并不要求两条单链的碱基顺序完全互补，所以不同来源的单链核酸只要彼此之间有一定程度的互补序列就可以形成杂交体（图5-1，图5-2）。

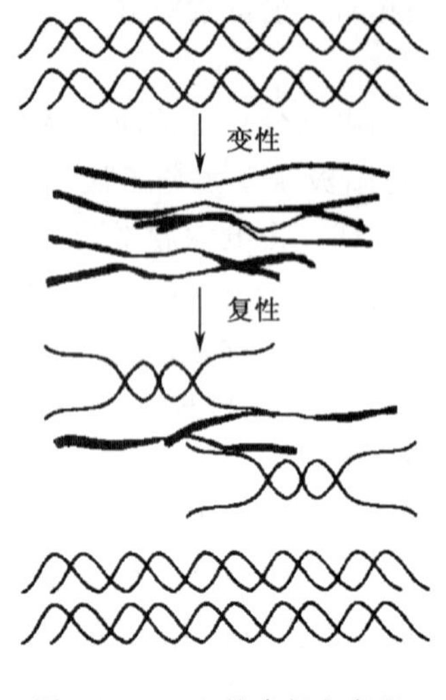

图 5-1　DNA 的变性与复性

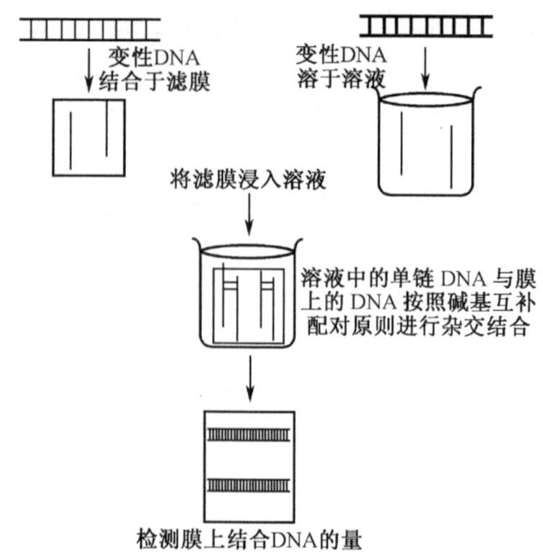

图 5-2　核酸分子杂交

二、核酸分子杂交中的探针

在化学及生物学意义上的探针是指能与特定的靶分子发生特异性相互作用的分子，并可以被特殊的方法所探知。例如，抗体—抗原、生物素—抗生物素蛋白、生长因子—受体等的相互作用都可以看作是探针与靶分子的相互作用。

所谓核酸分子探针则是指特定的已知核酸片段，能与互补核酸序列复性杂交，因此可以用于待测核酸样品中特定基因顺序的探测。要实现对核酸分子探针的有效探测必须将探针分子用一定的示踪物（标记物）进行标记。标记的核酸探针是核酸分子杂交的基础。从理论上说，任何一种核酸都可以作为探针使用，如双链 DNA、单链 DNA、寡核苷酸、mRNA 以及总 RNA 均可以作为探针使用。探针可以是单一的核酸，也可以是多种核酸的混合物。探针的长度以十几个碱基左右为宜。如果是为了检测基因的表达水平，就要设计长一些的核酸探针，长度可以达到 300 个碱基。

（一）核酸探针的种类

1. 根据组成分类

1）DNA 探针

DNA 探针是最常用的核酸探针，是指带有某种标记物的特异性核苷酸序列，长度一般在几百个碱基对以上。它多为某一基因的全部或部分序列，或某一非编码序列，可以是双链 DNA 也可以是单链 DNA。DNA 探针种类很多，有细菌、真菌、病毒、原虫、动物和人类等细胞的 DNA 探针。

2）cDNA 探针

cDNA（complementary DNA）探针亦是 DNA 探针的一种，它是以 mRNA 为模板

经过反转录酶催化产生的互补于 mRNA 的 DNA 链。cDNA 探针不含有内含子及其他高度重复序列，因此非常适用于对基因表达的检测，是一种较为理想的核酸探针。但 cDNA 探针不易获得，从而限制了它的广泛应用。

包括 cDNA 在内的 DNA 探针有三大优点：首先，这类探针多在质粒载体中克隆，条件合适的情况下可以无限繁殖，制备方法简便；其次，DNA 探针不易降解（相对 RNA 而言），一般 DNA 酶活性能有效地被抑制；第三，DNA 探针的标记方法较成熟，有多种方法可供选择，如缺口平移法、随机引物法等，能用于同位素和非同位素标记。

3）RNA 探针

RNA 探针可以是标记分离的 RNA，但常常是重组质粒在 RNA 聚合酶作用下的转录产物。由于 RNA 是单链，复杂性低，也不存在竞争性的自身复性，所以它与靶序列的杂交反应效率极高。早期采用的 RNA 探针是细胞 mRNA 探针和病毒 RNA 探针，这些 RNA 探针是在基因转录或病毒复制过程中标记的，标记效率往往不高，且受多种因素的限制，因此这类 RNA 探针主要用于研究而不是用于检测。随着体外反转录技术的不断完善，已成功地建立了高效的体外转录系统，采用这种系统，在 1h 内就可以合成近 10μg 的 RNA 产物，并且只要在反转录系统底物中加入适量的放射性或生物素标记的 dUTP，就可以高效标记 RNA，还可以通过控制探针的长度来提高标记分子的利用率。

与 DNA 探针相比，RNA 探针具有 DNA 探针无法比拟的高杂交效率，但 RNA 探针也存在易降解和标记方法复杂等缺点。

4）寡核苷酸探针

寡核苷酸探针短，一般由 17～50 个核苷酸组成，它们可以是寡聚脱氧核糖核酸、寡聚核糖核酸，也可以是修饰后的肽核酸，是采用化学方法人工合成的核苷酸片段。合成的寡核苷酸探针具有以下特点：①链短，其序列复杂度低，分子质量小，所以与靶位点完全杂交的时间短；②寡核苷酸探针可识别靶序列内很少的碱基，如 1 个碱基的变化，因为寡核苷酸探针很短，当靶序列出现很少的碱基变化而与探针发生错配时就能大幅度降低杂交体的 T_m 值，这样通过测定杂交体的 T_m 值变化，就可以知道靶序列少至 1 个碱基的变化；③一次可大量合成寡核苷酸探针，使得这种探针的价格低廉。

寡核苷酸探针的最大优势是可以区分仅仅是一个碱基差异的靶序列，最大的缺陷是寡核苷酸不如长的杂交核酸分子稳定，需优化杂交条件以保证寡核苷酸探针杂交的特异性。为此要设计高特异性的寡核苷酸探针，需要遵循以下原则：①长度以 18～50 个碱基为宜，杂交时间长，特异性好，较短探针的杂交时间较短，特异性较差；②G+C 含量控制在 40%～60%，超出此范围则会增加非特异杂交；③探针分子内不应存在互补区，即应避免出现长于 4 个或 4 个以上碱基的反向互补配对，否则探针内部会出现抑制杂交的“发夹”状结构；④避免单一碱基的重复出现，应避免同一碱基连续出现 4 次以上；⑤应将合成的核酸序列与核酸库中各基因的核酸序列进行同源性比较（通常是在计算机上，与各已知基因的序列进行同源性比较），探针序列应与靶核酸序列杂交，而与非靶区域不应该有超过 70%的同源性或有连续 8 个或更多个碱基相同，否则该探针不能使用。

通常寡核苷酸探针是根据蛋白质的氨基酸序列进行合成的，在根据氨基酸序列设计合成探针时还应该注意：①尽量选择那些只含有一种编码氨基酸组成的多肽作为合成寡核苷酸探针的参照；②优先选用使用频率最高的密码子；③由于在真核基因中极少有CG序列的出现，所以当两个相邻氨基酸的最高频密码子相连而导致CG序列出现时，应将其中一种氨基酸的密码子换为次高频密码子，通常是将前一个密码子NNC换成NNT；④参考同一基因家族的基因序列；⑤合成各种可能组合的寡核苷酸探针，然后分别或混合进行探测，以考察探针的优劣。

5）肽核酸探针

肽核酸（PNA）是以中性酰胺键为骨架的一类新的DNA类似物。它以甘氨酸结构单元为骨架，碱基部分通过亚甲基羰基连接于骨架，其结构与天然核酸具有相似性而使PNA对核酸分子具有独特的序列识别能力。由于整个分子不带电，不存在静电排斥作用，因此与互补序列的DNA或RNA杂交比类似的DNA杂交具有更高的亲和性，其次它对酶引起的降解稳定，还具有很高的特异性，使得PNA能成为理想的杂交探针。

2. 根据来源分类

根据来源，探针可以分为克隆探针和人工合成探针。其中前者包括上述前3种探针，后者是指寡核苷酸探针和肽核酸探针。

合成探针的过程比较简单，通常是在适当的条件下，采用核酸合成仪自动合成。克隆探针的制备比较麻烦，由于种类较多，各种探针的制备方法也有差异，但是基本的过程是相同的。首先是分离提取特异性的DNA片段（探针DNA），然后将其插入质粒并转入宿主细胞中进行扩增，最后分离质粒，并将插入片段探针DNA从质粒中分离出来。显然克隆探针的制备过程非常复杂，耗时也较多。

一般情况下，只要有克隆的探针，就不用寡核苷酸探针，因为克隆探针有很多优点：一是克隆探针一般较寡核苷酸探针的特异性强，因为通常克隆探针比合成探针长，复杂度也高，这样它们随机碰撞非靶互补序列的机会就比短核酸序列的合成探针少，自然特异性就强；二是克隆探针可获得较强的杂交信号，因为克隆探针比寡核苷酸探针掺入的可检测标记信号更多；三是克隆探针较长，它对靶序列变异的识别能力相对较低，这样在仅存在单个碱基或少数碱基不配的情况下，克隆探针就不能区分它们，因此在检测有害生物时，不会因有害生物DNA的少许变异而漏诊，当然这也是一个缺点，因为这样就不能用于检测核酸的点突变或进行有害生物的分类鉴定。这时应该采用化学合成的寡核苷酸探针和肽核酸探针。

3. 根据适用性分类

根据探针的用途不同，探针又可以分为检测探针和捕获探针等，前者带有标记物，能产生特定的信号，用于对杂交的情况进行分析；后者通常不带标记物，一般在核酸杂交中起桥梁作用。

（二）探针的标记

由分子杂交的定义可以知道，探针只和其靶核酸序列通过碱基互补配对的形式进行结合，而和非靶核酸不结合，所以，杂交后分析是否存在探针与靶序列结合的复合物以及它们的结合情况，是分子杂交中最重要的环节之一，而这一般是通过检测探针上连接的标记物所产生的信号来实现的。也就是说，探针特别是检测探针，在用于杂交之前一般首先要进行标记。

1. 标记物

一个理想的探针标记物，应具备以下主要特性：①高度灵敏性；②标记物与核酸探针分子的结合，应绝对不能影响其碱基配对特异性；③应不影响探针分子的主要理化特性，如杂交特异性和杂交稳定性，杂交体的 T_m 值应无较大的改变；④当用酶促方法进行标记时，应对酶促活性无较大影响；⑤检测方法要求高度灵敏，高度特异；⑥具有较高的化学稳定性、保存时间长、标记及检测方法简单、对环境无污染、对人体无损伤、价格低廉等。

根据标记物种类的不同，探针标记法分为放射性同位素标记法和非放射性化合物标记法。放射性同位素标记法以同位素为标记物，常用的同位素包括 ^{32}P、^{3}H 和 ^{35}S 等，其中 ^{32}P 因其能量高、信号强，所以最常用。放射性同位素标记的探针具有敏感度高的优点，但却存在辐射危害和半衰期短的限制。由于同位素标记的探针在使用过程中存在着上述缺点，所以近年来，非放射性化合物标记法得到了很大的发展。目前非放射性标记物主要包括金属（如 Hg）、荧光素（如 FITC）、半抗原（如地高辛）、生物素和酶类（如辣根过氧化物酶、半乳糖苷酶或碱性磷酸酶）等。放射性物质标记的探针用放射自显影进行检测；非放射性物质标记的探针，根据各自的生物化学性质或光学特性进行检测。

2. 标记方式

1）根据标记的方式，可将核酸分子探针的标记法分为体内（*in vivo*）标记法和体外（*in vitro*）标记法

体内标记法是指将经放射性同位素等标记的核苷酸作为底物引入活细胞内，经过细胞的生理代谢作用而将核酸分子加以标记的方法。体外标记法是在细胞外，通过控制适当的条件，将标记物掺入探针中的方法。目前体外标记方法较为常用。

2）在体外标记法中，根据反应种类的不同，又可以分为化学标记法和酶促标记法

化学标记法是利用标记物分子上的活性基团与探针分子上的基团发生化学反应而将标记物接到探针分子上的方法。该法的优点是简单、快速、标记均匀。酶促标记法是指将标记物预先标记在核苷酸上，然后利用酶促方法将核苷酸掺入到探针分子中，或将核苷酸上的标记基团交换到探针分子上的方法。酶促标记法适用于各种同位素标记以及部

分非放射性标记的生物素标记法和地高辛标记法等。

3. 标记方法

1）切口平移法

在 Mg^{2+} 的存在下，微量 DNA 酶 I 的内切核酸酶活性在待标记的 DNA 双链上随机切割形成单链切口，然后利用大肠杆菌 DNA 聚合酶 I 的 5′→3′外切核酸酶活性在切口处将旧链从 5′端逐步切除，顺序将其中含有一种或几种经过标记的 dNTP（如 ^{32}P-dCTP）连接到切口 3′-OH 上，再以互补的 DNA 单链为模板，合成新的 DNA 单链，从而形成标记的 DNA 探针。

该法是目前实验室中最常用的一种 DNA 探针标记法，适用于各种双链 DNA 的标记，但是不适用于单链 DNA 和 RNA 的标记，也不太适用于双链 DNA 小片段（特别是小于 100bp 的双链 DNA）的标记。

2）随机引物法

首先将待标记的 DNA 双链变性后与随机引物（所谓随机引物是指含有各种可能排列顺序的寡核苷酸片段的混合物，可与任意核酸序列杂交）一起杂交，筛选能与待标记的 DNA 单链杂交的随机引物，然后以该随机引物为引物，以待标记的 DNA 单链为模板，利用大肠杆菌 DNA 聚合酶 I 的 Klenow 片段的 5′→3′聚合酶活性将含有一种或几种经过标记的 dNTP（^{32}P-dNTP）顺序连接到切口 3′-OH 上，以延伸合成新的 DNA 单链，从而形成标记的 DNA 探针。

随机引物法是近年发展起来的一种较理想的核酸探针的标记方法。该法除了能进行双链 DNA 标记外，也适用于单链 DNA 和 RNA 探针的标记，探针标记活性高，可不经 Sephadex G-50 纯化而直接用于杂交，也可以直接在低熔点琼脂糖溶液中进行标记。该法操作简便，避免了切口平移法中因 DNA 酶 I 处理浓度掌握不当所带来的问题，现已成为实验室中 DNA 探针标记的常规方法。

3）末端标记法

与切口平移法和随机引物法不同，末端标记法并不对 DNA 片段进行全长标记，而只对其末端（5′端或 3′端）进行部分标记，即 DNA 片段并非均匀地被标记，因此标记活性不高。该法一般较少用于分子杂交探针的标记，而主要用于 DNA 序列测定时所需片段的标记。根据标记过程中所用酶的不同，可以分为大肠杆菌 DNA 聚合酶 I 的 Klenow 片段末端标记法、T4 DNA 聚合酶末端标记法、T4 多核苷酸激酶末端标记法和末端脱氧核苷酸转移酶末端标记法等。

4）生物素标记法

采用切口平移或末端加尾标记法将生物素标记到核苷酸上，如将生物素-11-dUTP 掺入核酸中，就可以得到生物素标记的探针。生物素标记的探针是应用最广泛的一种探针。在杂交时，通过探针上的生物素与亲和素-酶（过氧化物酶或碱性磷酸酶）结合以实现杂交的分析与检测。

5）地高辛标记方法

地高辛（digoxigenin），又称为异羟基洋地黄毒苷，是一种固醇类的半抗原。其通过不稳定的酯键连接到 dUTP 上，然后再以随机引物法将其引入 DNA 中形成 DNA 探针。在杂交时，地高辛与连接有酶（如碱性磷酸酶）抗地高辛抗体的 Fab 片段连接，从而实现杂交的检测。

三、核酸分子的杂交方法

（一）杂交方法的分类

核酸分子杂交有多种分类方法。根据杂交核酸分子的种类不同，可以分为 DNA 与 DNA 杂交、DNA 与 RNA 杂交、RNA 与 RNA 杂交。根据杂交探针标记的不同，可以分为同位素杂交和非同位素杂交。根据杂交反应所处的介质不同，可分为固相杂交（solid hybridization）和液相杂交（liquid hybridization）两大类型。所谓固相杂交是将参加反应的一条核酸链先固定在固体支持物上，另一条反应核酸链则游离在溶液中。常用的固体支持物有硝酸纤维素滤膜、尼龙膜、乳胶颗粒、磁珠和微孔板等。液相杂交中参加反应的两条核酸链都游离在溶液中。固相杂交和液相杂交各有优缺点，根据反应介质和操作方式等的不同，它们又可以进一步分类，下面将分别进行介绍。

1. 固相杂交

依据支持物的不同，固相杂交又可以分为膜杂交（以硝酸纤维素滤膜和尼龙膜等为支持物）、乳胶颗粒杂交、磁珠杂交和微孔板杂交等，其中以膜杂交最常见。

在固相膜杂交中，未杂交的游离片段可容易地漂洗除去，膜上留下杂交物，具有容易检测和能防止靶 DNA 自我复性等优点。固相膜杂交还可以进一步分为菌落原位杂交（colony in situ hybridization）、斑点或狭缝杂交（spot or line blotting hybridization）、Southern 印迹杂交（Southern blotting hybridization）、Northern 印迹杂交（Northern blotting hybridization）和固相夹心杂交（solid sandwich hybridization）等。

1）菌落原位杂交

首先，将待检测的样品或样品的富集物稀释后涂布琼脂平板，或将已分离纯化的待检测分析菌株点接于琼脂平板上，培养至菌落出现后，以硝酸纤维素滤膜小心覆盖在平板菌落上，将菌落从平板转移到硝酸纤维素滤膜上（对于纯化待检的菌株，也可以先将滤，膜紧贴在琼脂平板上，然后将菌株直接点接在膜上，培养出现菌落后，将膜小心取下），然后将滤膜上的菌落裂解以释放出 DNA，烘干将 DNA 固定于膜上并与 ^{32}P 标记的探针杂交，放射自显影检测菌落杂交信号并与平板上的菌落对位（图 5-3），从而实现杂交分析。

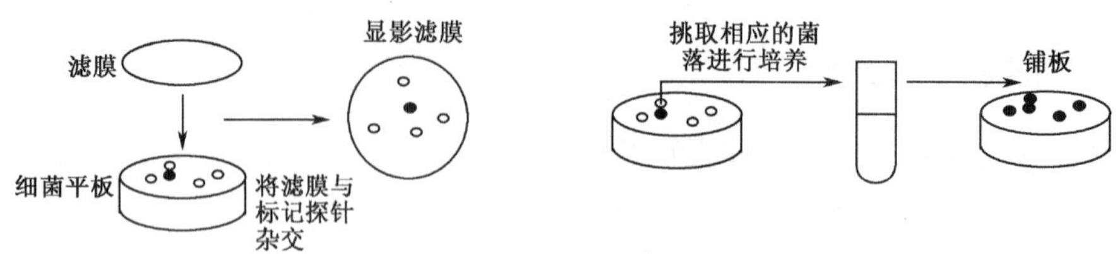

图 5-3　菌落原位杂交

2）斑点（dot blot）或狭缝（slot blot）杂交

将粗制或纯化的核酸样品，或细胞直接点于膜上，变性、中和、干燥固定后，标记的探针直接和滤膜上的核酸杂交，再用放射自显影或其他方法检测杂交结果。因为没有电泳和转移的过程，操作过程完成较快。但结果不能提供核酸样品片段大小的信息，也无法区分样品溶液中存在的不同靶序列。

点样点为圆形时称为斑点杂交，点样点为线形时称为狭缝杂交。这种杂交方法具有简单、快速、灵敏、样品集中且用量少等优点，一张膜上可同时检测多个样品，可用于基因组中特异基因的定性和半定量分析。

3）Southern 印迹杂交

Southern 印迹杂交得名于它的发明者 E. D. Southern。Southern 印迹法的基本原理是：硝酸纤维膜或尼龙滤膜对单链 DNA 的吸附能力很强，DNA 经限制性内切核酸酶消化后，琼脂糖凝胶电泳分离 DNA 片段，凝胶经碱处理使 DNA 变性，覆盖滤膜于凝胶表面，DNA 因为毛细管虹吸作用被转移到滤膜上。转移是原位的，即 DNA 片段的位置保持不变。转移结束后，经过 80℃烘烤的 DNA，将其原位固定于膜上。当含有特定基因的片段已经原位转移到膜上后，即可与同位素标记了的探针进行杂交，并将杂交的信号显示出来。杂交通常在塑料袋中进行，袋内放置上述杂交滤膜，加入含有变性后的探针的杂交溶液后，在一定温度下让单链探针 DNA 与固定于膜上的单链基因 DNA 分子按碱基对互补原理充分结合。Southern 印迹法克服了凝胶易碎且操作不便的问题。

Southern 印迹杂交是研究 DNA 图谱的基本技术，在有害生物鉴定、DNA 图谱分析及 PCR 产物分析等方面起着重要作用。

4）Northern 印迹杂交

Northern 印迹杂交和 Southern 印迹杂交的过程基本相同，区别在于靶核酸是 RNA 而非 DNA。RNA 在电泳前已经变性，进一步经变性凝胶电泳分离后，不再进行变性处理。首先将 RNA 从琼脂糖凝胶中转印到硝酸纤维素膜上，然后采用与 Southern 印迹杂交相似的方法进行杂交。

5）固相夹心杂交

有两个探针，一个是与固相支持物相连接的捕获（吸附）探针，另一个是检测探针，前者起着将待检测的靶核酸与固相支持物相连接的桥联作用，后者则与靶序列结合，并提供检测信号。两个探针都能与靶序列结合靠近而又互相重叠，形成夹心状，所以被称为夹心杂交。在固相夹心杂交中，样品通过捕获探针与固相支持物，而不是直接固定在支持物上，所以可以不对样品进行纯化，对粗制样品就可以做出可靠的检测；另外，由于在固相夹心杂交中使用了双探针，只有两个探针同时与靶核酸杂交并形成夹心物才可以完成整个杂交过程，所以其特异性比其他膜杂交方法强。

固相夹心杂交除了可以用膜作为支持物外，还可以用乳胶颗粒和磁珠等小珠，以及微孔板等固定、吸附（捕获）探针。使用小珠作为支持物可更好地进行标准化试验和更容易对小量样品进行操作；利用微孔板进行夹心杂交，可进行大量样品的检测。

6）组织原位杂交

它也是固相杂交中的一种，和其他固相杂交不同的是，它通常将待检测的细胞或组织固定在载玻片上，在分析杂交结果时，通常还要借助显微镜或电镜等。组织原位杂交是指组织或细胞的原位杂交，它与菌落原位杂交不同，菌落原位杂交需要裂解细菌释出DNA，然后进行杂交，而原位杂交是经适当处理后，使细胞的通透性增加，让探针进入细胞内与DNA或RNA杂交，因此原位杂交可以确定探针互补序列在胞内的空间位置，具有生物学和病理学意义。例如，对细胞分裂期间的核DNA进行原位杂交，可研究特定DNA序列在染色质内的功能排布；对细胞中的RNA进行原位杂交，可精确分析任何一种RNA在细胞和组织中的分布情况。用于原位杂交的探针可以是单链或双链DNA，也可以是RNA。通常探针的长度以100～400个核苷酸为宜，过长则进入细胞困难，杂交率减低。最近的研究结果表明，寡核苷酸探针（16～30核苷酸）能自由出入细菌和组织细胞壁，杂交效率明显高于长探针，因此，寡核苷酸探针和小DNA探针或体外转录标记的RNA探针是组织原位杂交的首选探针。

7）基因芯片技术

核酸分子杂交技术在现代最大的突破就是基因芯片技术。基因芯片（又称DNA芯片）技术是集成化的核酸分子杂交技术。在一张固相支持介质上同时固定成百上千个核酸片段，再将扩增的核酸样品与之杂交，反应结果用同位素法、化学荧光法、化学发光法或酶标法显示，然后用精密的扫描仪或CCD摄像技术记录，通过计算机软件分析，综合成可读的总信息（第六节专门介绍）。

2. 液相杂交

所谓液相杂交是探针和靶核酸序列都存在于溶液中，不需固相支持物，杂交在溶液中完成。和固相杂交相比，液相杂交的反应条件均一，各种反应参数容易确定，反应速度快，通常是固相杂交反应速度的5～10倍。

液相杂交是一种研究最早且操作简便的杂交类型，但是由于液相杂交后，过量的未杂交探针在溶液中除去较为困难和误差较高，所以不如固相杂交那样普遍。近几年来，由于杂交检测技术的不断改进，和荧光标记探针的使用，推动了液相杂交技术的迅速发展。

1）吸附液相杂交

吸附液相杂交是在杂交完成后，采用选择性吸附介质，将存在于液体中的杂交体进行吸附，使其与没有参与杂交的探针及其他成分分开，从而减少背景的干扰，提高灵敏度。根据选择性吸附介质的不同，吸附液相杂交又可以分为羟基磷灰石（HAP）层析或吸附杂交，亲和吸附杂交和磁珠吸附杂交等几种。

2）发光液相杂交

发光液相杂交是首先将探针用发光物质（荧光物质）进行标记，当探针与靶核酸杂交后，通过测定光强计算靶核酸的量。可分为能量传递法和吖啶嗡酯标记法。①能量传递法。将两个与靶核酸杂交后靠得很近的探针用不同的物质标记（光发射标记），一个探针的一端用化学发光基团（发光供体）标记，另一个探针的一端用荧光物质（发光受体）标记，当两个探针与特异的靶杂交后，发光供体和发光受体靠得很近，这样前者发射的光被后者吸收，并重新发出不同波长的光，以光波检测仪测定第二次发射光的波长，计算靶核酸的浓度；由于只有当两个探针分子靠得很近时，才能产生激发光，所以这种方法受背景的干扰少，有较好的特异性。这种方法已应用于实时荧光定量 PCR（real-time PCR）。②吖啶嗡酯标记法。吖啶嗡酯标记的探针与靶核酸杂交后，未杂交的标记探针分子上的吖啶嗡酯可以用专门的方法选择性除去，所以杂交探针的化学发光与靶核酸的量成比例，这样通过测定光强就可以计算出靶核酸的量。

3）液相夹心杂交

液相夹心杂交与固相夹心杂交一样包括两个探针，吸附探针用生物素标记，当吸附探针和检测探针与靶核酸结合形成夹心杂交体后，将液体转移至预先经亲和素包被的试管或微孔内，这样杂交体通过同生物素与亲和素的结合而结合到固相支持物上，测定检测探针的信号，就可以知道靶核酸的含量。本方法保持了固相夹心杂交的高度特异性。

4）复性速率液相分子杂交

复性速率液相分子杂交的原理是细菌等原核生物的基因组 DNA 通常不包含重复顺序，它们在液相中复性（杂交）时，同源 DNA 比异源 DNA 的复性速度要快，同源程度越多，复性速率越快，杂交率越高。利用这个特点，可以通过分光光度计直接测量变性 DNA 在一定条件下的复性速率，进而用理论推导的数学公式来计算 DNA-DNA 之间的杂交（结合）度。

（二）杂交的过程

由上述可知，杂交的种类较多，各种杂交方法的具体操作过程也有较大的差别，特别是液相杂交基本上没有一个固定的模式。相对而言，固相杂交的杂交过程基本一致，基本上都是先将核酸（通常是靶核酸）固定在固体支持物上，然后再进行杂交。以下以固相膜杂交中的 Southern 印迹杂交和 Northern 印迹杂交为例，对杂交的基本操作过程进行介绍。

1. 膜的选择

常用于杂交的膜是硝酸纤维素膜和尼龙膜，它们都具有多孔、表面积大等特性，核酸一旦固定在膜上，就可用杂交法进行检测。这两种膜各有其特点和适用范围，在使用时应根据实验要求进行选择。

1）硝酸纤维素膜

它是最常用的杂交膜，用于放射性和非放射性标记探针都很方便，产生的本底（背景）浅，与核酸结合的方式尚不很清楚，推测为非共价键结合，经 80℃烤干 2 h 和杂交处理后，核酸仍不会脱落。另外，硝酸纤维素膜和蛋白质非特异性结合弱。硝酸纤维素膜的缺点是结合核酸能力的大小取决于印迹条件和高浓度盐，因此不适于电泳转移印迹。另外，与小片段核酸（<200bp）结合不牢，因此在同一张膜上不适宜反复进行杂交；其质地脆弱（特别是经烘烤后），不易操作。

2）尼龙膜

它在某些方面比硝酸纤维素膜好，其强度大，耐用，可与小至 10bp 的片段共价结合，在低离子强度缓冲液等多种条件下，都可与 DNA 单链或 RNA 链紧密结合，且多数膜不需烘烤。尼龙膜韧性好，可反复处理与杂交，而不丢失被检标本，它通过疏水键和离子键与核酸结合，结合力为 350～500$\mu g/cm^2$，比硝酸纤维素膜（80～100$\mu g/cm^2$）强许多。尼龙膜的缺点是对蛋白质有高亲和力，不宜用于非同位素探针，另外杂交信号本底较高。

2. 核酸的制备

通过一定的方法获得具有相当纯度和完整性的核酸是核酸分子杂交的前提。在具体的核酸提取过程中，因实验材料和实验目的不同，应注意的问题也各不相同，但都必须注意的问题是要尽可能地抑制 DNA 酶和 RNA 酶的活性，防止它们在提取过程中对 DNA 和 RNA 的降解。获得核酸后，对于 Southern 印迹杂交，应采用限制性内切核酸酶彻底消化（分解）DNA，如果酶解不完全，就可能出现比实际数目更少或片段更长的杂交区带，从而导致错误的结果；对于 Northern 印迹杂交，应采用甲醛、乙二醛或羟基汞等变性剂处理 RNA，使其二级结构解体，从而使其在电泳时能严格按照分子质量大小分布。

3. 电泳

采用琼脂糖凝胶电泳将待测核酸片段分离，根据核酸片段的大小，琼脂糖凝胶的含量可以为 0.5%～1.5%，大片段的核酸采用低含量，小片段的核酸采用高含量。例如，分离大分子 DNA 片段（800～12 000bp）用低含量琼脂糖（0.7%），分离小分子片段（500～1000bp）用高含量琼脂糖（1.0%），300～500bp 的片段则用 1.3%的琼脂糖凝胶。

4. 印迹

所谓印迹（blotting）就是将电泳分离后的琼脂糖凝胶中的核酸片段转移到尼龙膜或硝酸纤维素膜上的过程，转移后核酸片段保持相对位置不变。印迹方法包括虹吸印迹

(siphoning blotting)、电泳印迹（electrophoric blotting）和真空印迹（vacuum blotting）三种。

所谓虹吸印迹就是利用毛细管的虹吸作用由印迹缓冲液带动核酸分子从凝胶上转移到膜上，虹吸印迹装置见图 5-4。

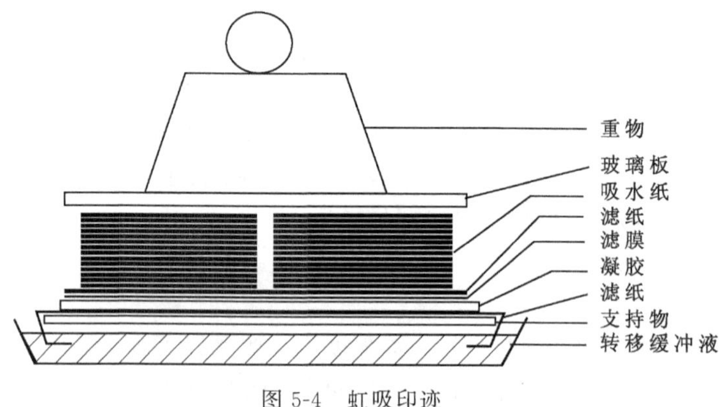

图 5-4　虹吸印迹

电泳印迹是利用电泳作用将核酸从凝胶转移至膜上的方法，它具有快速、简单和高效等优点，特别适合于虹吸印迹转移不理想的大片段核酸的转移，图 5-5 是电泳印迹装置的纵切面示意图。

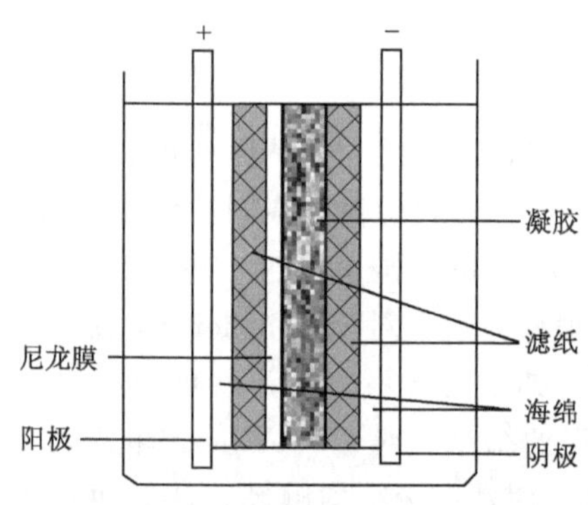

图 5-5　电泳印迹装置的纵切面示意图

真空印迹是指利用真空泵将印迹缓冲液从上层容器中通过凝胶抽滤到下层真空室中，同时带动核酸分子转移至凝胶下面的膜上。真空印迹方法是近年来兴起的一种简单、快速的核酸印迹方法，图 5-6 是真空印迹的示意图。

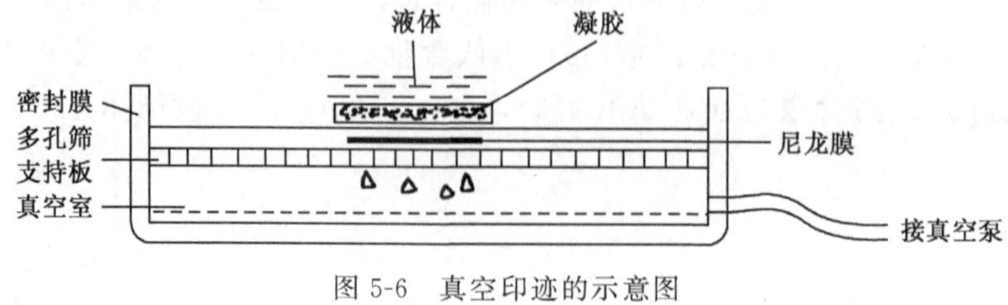

图 5-6　真空印迹的示意图

印迹完成后，取下印迹膜，置于缓冲溶液中漂洗一下，自然晾干，80℃真空烘烤

2h，这样靶核酸就被固定在膜上，可以直接用于杂交，也可以室温密封保存。

5. 预杂交

所谓预杂交（prehybridization）是指为了减少非特异性的杂交反应，在杂交前采用适当的封阻剂（blocking agent），将核酸中的非特异性位点和杂交膜上的非特异性位点进行封阻，以减少探针的非特异性吸附，从而降低非特异性吸附对杂交结果的影响。常用的封阻剂有两类，一是变性的非特异性 DNA，常用的是鲑鱼精 DNA（salmon sperm DNA）或小牛胸腺 DNA（calf thymus DNA）；另一类是一些高分子化合物如聚蔗糖 400、聚乙烯吡咯烷酮和牛血清白蛋白，也可使用脱脂奶粉，效果也很好。

6. 杂交

用标记探针和膜上核酸进行杂交。杂交时的各种条件，如温度、时间、离子强度、探针的长度和杂交溶液体积等都对杂交结果产生影响，因此，在实验前应充分了解它们对实验结果的影响，必要时还应做预备实验进行确定，在实验中应特别注意控制好这些条件。

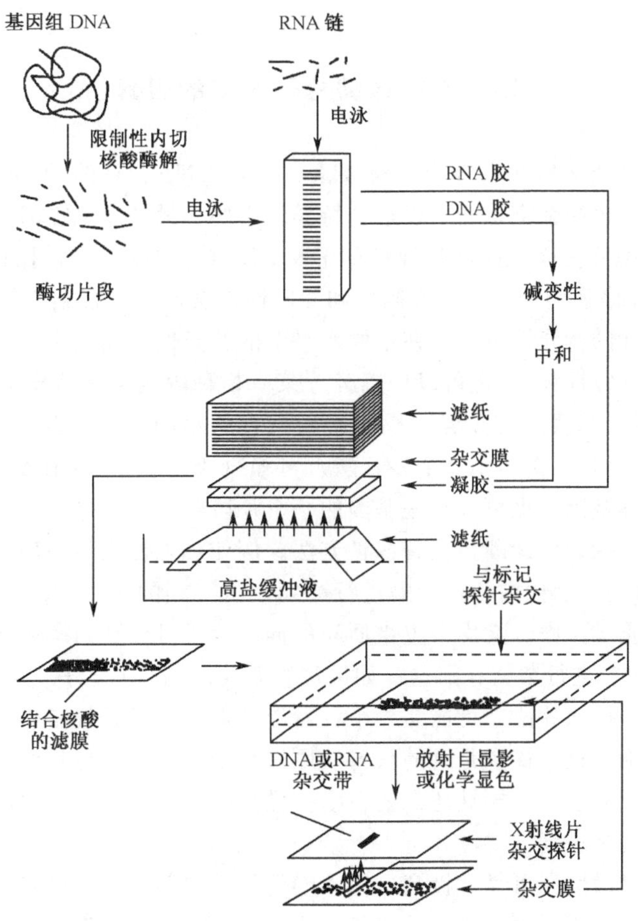

图 5-7　膜杂交过程示意图

7. 洗膜

杂交完成后，为了将膜上没有与核酸结合（杂交）的探针去除，需要在一定的条件下对膜进行洗涤。由于非特异性杂交形成的双链稳定性差，解链温度（melting temperature，T_m）低，所以在一定的温度下，一般在低于特异性杂交链 T_m 值 5～12℃进行洗脱，非特异性的杂交双链变成单链而被洗掉，而特异性的杂交双链则保留在膜上。

洗膜的温度对杂交结果影响很大，温度过高或过低都会影响实验结果，温度过高时，除了非特异性杂交的双链会被洗掉外，特异性的杂交双链也可能被洗掉，这样就可能产生假阴性；相反，如果温度过低，则非特异性杂交的双链仍保留在膜上，这样就可能产生假阳性。

8. 检测

根据探针标记物的不同，选择放射性自显影或化学显色等方法显示标记探针的位置和含量，从而对待测核酸片段的大小和含量等进行分析。整个膜杂交的过程如图 5-7 所示。

四、影响核酸分子杂交的因素

通常一个核酸杂交检测有 3 个关键要素：探针 DNA、目的 DNA 和信号检测。把握好这三个要素，核酸杂交诊断可以达到特异性极好，灵敏度也很高的水平。

用做杂交的探针应该是高度特异性的 DNA 片段。也就是说，探针 DNA 必须只与特定的目标 DNA 序列杂交。否则假阳性和假阴性都会严重干扰杂交技术在诊断领域中的应用。杂交探针的特异性可以是在不同水平上的特异性，如杂交探针可以用来区分两个或多个物种（种级探针），也可以用以区分某一物种内的某些特定的株系（亚种级探针），甚至可以区分基因间的差异。根据诊断检查的不同要求，杂交探针可以是 DNA 也可以是 RNA；可长（大于 100 个核苷酸）可短（小于 50 个核苷酸）；可以是化学合成的或克隆的完整基因，也可以只是基因的一个片段。

要分离出杂交探针作诊断检查有多种方法。例如，先提取某一病原微生物株系的染色体 DNA，然后用限制性内切核酸酶进行酶切，将得到的酶切片段克隆到一个质粒载体中，构建一个质粒文库。文库中重组质粒的插入片段可分别同病原性微生物和非病原性微生物的核 DNA 进行杂交、筛选；如果重组质粒的插入片段只与病原性微生物有杂交信号，那么这个插入片段就可能是一个种特异的探针；然后就需要用更多的微生物株系来做杂交，以确定这个探针是真的只与病原株系杂交，而不与其他非病原株系及亲缘相近的株系杂交。对于每个探针还需要在模拟样品的条件下检测，如通过加入混合的培养液以检测探针的灵敏度。

核酸杂交的灵敏度和可靠性极高，但人们仍然希望杂交诊断过程更加简单，最好能够直接用样品做，而不要再经过培养或是纯化等复杂耗时的过程。目前，人们已经成功地用探针直接对组织样品中的目标 DNA 进行杂交，这些杂交无需预先纯化 DNA，大大提高了检测的效率。假设样品中的目标分子非常小，那就需要先通过 PCR 将目的序列扩增，然后再进行杂交检测。从理论上讲，用 DNA 杂交来诊断有害生物，可用于对所有的有害生物的检测。

第三节　PCR 技术

聚合酶链反应（polymerase chain reaction，PCR）又称无细胞分子克隆系统或特异性 DNA 序列体外引物定向酶促扩增法，是 1985 年由美国 PE-Cetus 公司人类遗传研究室的 Mullis 等人创立的一种体外酶促扩增特异 DNA 片段的方法。PCR 创立之前，DNA 的扩增非常困难，首先将 DNA 酶切、连接和转化后，构建成含有目的基因或基因片段的载体，然后导入细胞中扩增，最后从细胞中分离筛选目的基因。操作麻烦，耗时长。PCR 技术的发明大大地简化了 DNA 的扩增过程，克服了上述扩增方法的诸多不足，使人们梦寐以求的体外无限扩增核酸片段的愿望成为现实。自 1985 年首次报道 PCR 方法以来，PCR 被广泛应用于分子生物学、微生物学、医学、分子遗传学、农学和军事等诸多领域，并发挥着越来越大的作用，该技术的发明人 Mullis 也因此获得了 1993 年诺贝尔化学奖。

PCR 技术由于可以在短时间内将极微量的靶 DNA 特异地扩增上百万倍，从而大大提高了对 DNA 分子的分析和检测能力，能检测单分子 DNA 或对每 10 万个细胞中仅含 1 个靶 DNA 分子的样品进行分析，因而此方法在疾病诊断、法医判定、考古研究、动植物有害生物和食品转基因成分的检测等方面也得到了广泛的应用，并显示出巨大的发展前景。

一、PCR 的原理

和天然 DNA 的复制过程一样，PCR 在试管中进行 DNA 的复制反应，其基本原理与体内相似，可按下列 3 个连续过程描述：

（一）变性（denature）

是指模板 DNA 在 95℃左右的高温下，双链 DNA 解链成单链 DNA，并游离于溶液中的过程。

（二）复性（annealing）

是指人工合成的一对引物在适合的温度下（通常是 50～65℃）分别与模板 DNA 需要扩增区域的两翼进行准确配对结合的过程。

（三）延伸（extension）

是指变性复性引物与模板 DNA 结合后，在适当的条件下（温度一般为 70～75℃），以 4 种 dNTP 为材料，通过 DNA 聚合酶的作用，单核苷酸从引物的 3′端掺入，沿模板按引物 5′→3′方向不断延伸合成新的 DNA 链。

这 3 个基本步骤组成一轮循环，理论上每一轮循环将使目的 DNA 扩增一倍。这些经过合成产生的 DNA 又可作为下一轮循环的模板，经过 25～35 轮循环就可使靶 DNA 片段呈指数增加。PCR 原理的示意图见图 5-8。

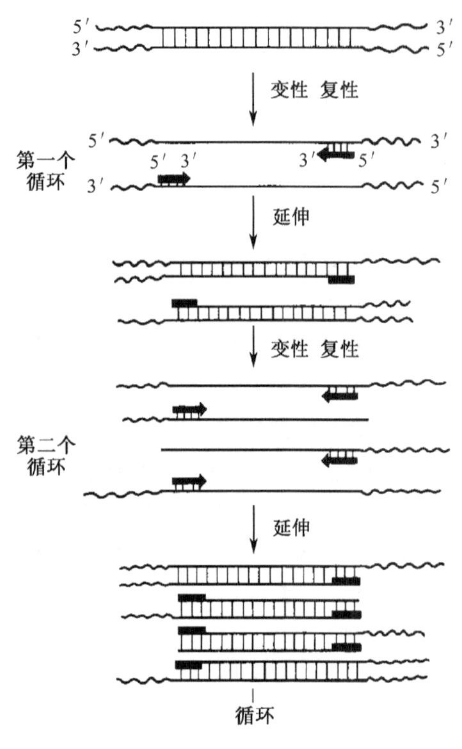

图 5-8 PCR 原理示意图

PCR 的扩增倍数（即 DNA 的扩增量）$Y=(1+E)^n$，这里 Y 是扩增量，n 为 PCR 的循环次数，E 为 PCR 循环扩增效率。假设 PCR 扩增效率 E 为 100%、循环次数 $n=25$ 次，靶 DNA 将扩增到 33 554 432 个拷贝，即扩增 3355 万倍；若 E 为 80%、$n=25$，则扩增数量将下降到 2 408 865 个拷贝，即扩增产物约减少 93%；若 $E=100\%$、$n=20$，则扩增数量只有 1 048 576 个拷贝，扩增产物约减少 97%。可见 PCR 循环扩增效率及循环次数都对扩增数量有很大影响。PCR 扩增属于酶促反应，所以，DNA 扩增过程遵循酶促动力学原理。靶 DNA 片段的扩增最初表现为直线上升，随着靶 DNA 片段的逐渐积累，当引物∶模板 DNA∶聚合酶达到一定比值时，酶促化反应趋于饱和，此时靶 DNA 产物的浓度不再增加，即出现所谓平台效应。PCR 反应达到平台期的时间主要取决于反应开始时样品中靶 DNA 的含量和扩增效率，起始模板量越多到达平台期的时间就越短，扩增效率越高到达平台期的时间也越短。另外，酶的含量、dNTP 浓度和非特异性产物的扩增等都对到达平台期的时间有影响。

一般地，整个 PCR 过程包括 20～30 个循环，靶 DNA 能达到 10^6～10^7个拷贝。

二、PCR 反应中的主要成分

PCR 反应体系主要由模板 DNA、*Taq* DNA 聚合酶、引物以及四种 dNTP 和 PCR 缓冲液组成。在下面的内容中将就这些成分的准备、组成和它们对 PCR 的影响等进行阐述。

（一）模　板　DNA

PCR 对于模板的用量和纯度要求都很低，在模板数量方面有时甚至 2 个拷贝的模板就可以进行 PCR；在纯度方面，细胞的粗提液可以直接进行 PCR 扩增，这也是 PCR

的显著特点。但是，在大多数情况下仍需要制备一定数量（通常为 10^2～10^5 个拷贝的DNA）和一定纯度的模板 DNA，以保证扩增的效率和反应的特异性。按照一般程序制备的 DNA 完全可以满足 PCR 的要求，但是一般的 DNA 制备过程包括细胞破碎、蛋白质沉淀、核酸分离与浓缩等，过程复杂，且费时费力。近年来，根据 PCR 的特点和不同的实验要求，产生了很多快速简便的 DNA 制备方法，如：

（1）蛋白酶 K 消化裂解法。将样品经离心和漂洗后，将蛋白酶 K 直接加入样品中进行消化处理，随后离心，吸取上清，于 95～97℃或煮沸 10min 灭活蛋白酶 K 后，就可以直接作为核酸模板用于 PCR 扩增。如果杂质较多，还应经酚-氯仿抽提后，再用于 PCR 反应。此法蛋白质及其他杂质消除彻底，*Taq* 酶活性不受影响，具有良好的重复性与稳定性。

（2）直接裂解法。样品经缓冲液洗涤和离心处理后，加消化裂解液裂解样品细胞，离心，取上清进行 PCR 扩增。

（3）碱变性法。加入高浓度的碱溶液（如 1mol/L NaOH）使样品溶解和变性，然后以高浓度（1mol/L）的盐酸等中和，离心，取上清，用于 PCR 扩增。

（4）煮沸法。样品经离心洗涤后，加适量的缓冲溶液混匀，100℃煮沸 10～15min，离心，取上清做 PCR 扩增。

以上介绍的是几种提取 DNA 的简易方法，不一定适合于各种样品的 DNA 提取，在具体的实验中，应根据实验材料、实验目的和要求等的不同，以及前人相关的报道斟酌采用，也可以结合实践情况，自己研究一些适用的方法。如果对简易的方法没有把握，最好采用常规的 DNA 提取方法。

（二）DNA 聚合酶

DNA 聚合酶在 PCR 中至关重要，因为它在 PCR 中起着非常重要的作用。PCR 技术的发明人 Mullis 最初使用的 DNA 聚合酶是大肠杆菌 DNA 聚合酶 I 的 Klenow 片段，但是该酶具有两个致命的缺点：①Klenow 酶不耐高温，90℃会变性失活，所以每次循环后都要重新加酶，这给 PCR 操作添了不少困难；②引物链延伸反应在 37℃下进行，容易发生模板和引物之间的碱基错配，PCR 产物特异性较差，合成的 DNA 片段不均一。

1988 年初，Keohanog 改用 T4 DNA 聚合酶进行 PCR，其扩增的 DNA 片段很均一，真实性也较高，只含有所期望的一种 DNA 片段，但是由于该酶不耐热，所以每循环一次，仍需加入新酶。同年 Saiki 等从温泉中分离的一株水生嗜热杆菌（*Thermus aquaticus*）中提取到一种耐热 DNA 聚合酶，为了与 Klenow 片段区别，将此酶命名为 *Taq* DNA 聚合酶（*Taq* DNA polymerase）。该酶基因全长 2496 个碱基，编码 832 个氨基酸，酶蛋白相对分子质量为 94 000，其比活性为 200 000 单位/mg。该酶具有如下特性。

1. 耐高温

该酶有良好的热稳定性，在 92.5℃、95℃、97.5℃时，PCR 混合物中的 *Taq*DNA

聚合酶分别经 130min、40min 和 5～6min 后，仍可保持 50%的活性。实验表明，当 PCR 反应的变性温度为 95℃时，经 50 个循环后，*Taq* DNA 聚合酶仍有 65%的活性。

2. 离子依赖性

Taq DNA 聚合酶是 Mg^{2+} 依赖性酶，该酶的催化活性对 Mg^{2+} 浓度非常敏感。实验表明，当 Mg^{2+} 的浓度为 2.0mmol/L 时，该酶的催化活性最高，Mg^{2+} 过高会抑制酶活性，如当 Mg^{2+} 浓度在 10mmol/L 时可抑制 40%～50%的酶活性。在 PCR 中 Mg^{2+} 能与 dNTP 结合而影响 PCR 反应液中游离的 Mg^{2+} 浓度，因而在反应中 Mg^{2+} 浓度至少应比 dNTP 总浓度高 0.5～1.0mmol/L。另外，适当浓度的 KCl 能使 *Taq* DNA 聚合酶的催化活性提高 50%～60%，其最适浓度为 50mmol/L，高于 75mmol/L 时明显抑制该酶的活性。

3. 忠实性

Taq DNA 聚合酶具有 5′→3′聚合酶活性和 5′→3′外切酶活性，而无 3′→5′外切酶活性，它不具有 Klenow 片段的 3′→5′校对活性，所以在 PCR 反应中如发生某些碱基的错配，该酶是没有校正功能的。*Taq* DNA 聚合酶的碱基错配率为 21 万分之一。

4. 抑制剂

低浓度的尿素、甲酰胺、二甲基甲酰胺和二甲基亚砜对 *Taq* DNA 聚合酶的催化活性没有影响，但是极低浓度的离子表面活性剂如脱氧胆酸钠、十二烷基肌氨酸钠和十二烷基磺酸钠（SDS）对该酶的活性抑制作用非常强，例如，0.01%的 SDS 就可抑制 90%的酶活性，而非离子表面活性剂在较高浓度，如 Tween 20、NP-40 和 Triton X-100 在大于 5%时方能抑制该酶的活性，低浓度的 NP-40（0.05%）和 Tween 20（0.05%）还能增强 *Taq* DNA 聚合酶的活性；低浓度 SDS 对该酶的抑制作用，可通过加入一定浓度的 NP-40 和 Tween 20 抵消。

由上述可知，尽管 *Taq* DNA 聚合酶仍有一些不足，但是由于 *Taq* DNA 聚合酶的热稳定性好，在热变性时不会被钝化，所以不必在每次扩增反应后再加新酶，这样大大地简化和加速了 PCR 的过程。目前 *Taq* DNA 聚合酶是 PCR 中最常用的酶之一。此外，Stoffel、Vent 和 Pfu 耐热 DNA 聚合酶也有采用。

（三）引　　物

引物在 PCR 中同样占有十分重要的地位，引物的序列及其与模板的特异性结合是决定 PCR 反应特异性的关键。如前所述，所谓引物，实际上就是两段与待扩增靶 DNA 两端序列互补的寡核苷酸片段，两引物间距离决定扩增片段的长度，即扩增产物的大小由引物限定。引物决定 PCR 扩增产物的特异性与长度。因此引物设计是决定 PCR 反应成败的关键。

引物可以根据与其互补的靶 DNA 序列人工合成，在合成引物时必须遵循一定的原则，否则由于设计的不合理，PCR 的特异性和扩增效率都会降低，这些原则包括：

1）引物长度的确定

统计学分析表明，长约 17 个碱基的寡核苷酸序列在人的基因组中重复出现的概率是 1 次。因此，引物长度一般最低不少于 16 个核苷酸，而最高不超过 30 个核苷酸，最佳长度为 20～24 个核苷酸。有时可在 5′端添加不与模板互补的序列，如限制性酶切位点或启动因子等，以完成基因克隆和其他特殊需要，而在引物 5′端的生物素标记或荧光标记可用于微生物检测等各种目的。

2）引物扩增跨度

以 200～500 bp 为宜，特定条件下可扩增长至 10 kb 的片段。

3）引物碱基

（G+C）含量以 40％～60％为宜，（G+C）太少扩增效果不佳，（G+C）过多易出现非特异性条带。ATGC 四种碱基最好随机分布，尽量避免含有相同碱基的多聚体出现在引物中。另外，两个引物中（G+C）的含量应尽量相似，在待扩增片段（G+C）的含量已知的情况下，引物中（G+C）的含量应尽可能接近待扩增片段的（G+C）的含量。

4）避免引物内部形成明显的次级结构，尤其是发夹结构

两个引物之间不应发生互补，特别是在引物 3′端，即使无法避免，其 3′端互补碱基也不应大于 2 个碱基，否则易生成“引物二聚体”或“引物二倍体”（primer dimer）。所谓引物二聚体实质上是在 DNA 聚合酶作用下，一条引物在另一条引物序列上进行延伸所形成的与两条引物长度相近的双链 DNA 片段，是引物设计时常见的副产品，有时甚至成为主要产物。另外，两条引物之间应避免有同源序列，尤其是连续 6 个以上相同碱基的寡核苷酸片段，否则两条引物会相互竞争模板的同一位点；同样，引物与待扩增靶 DNA 或样品 DNA 的其他序列也不能存在 6 个以上碱基的同源序列，否则，引物就会与其他位点结合，使特异扩增减少，非特异扩增增加。

5）引物 3′端的碱基

特别是最末及倒数第二个碱基，要求严格和靶 DNA 配对，以避免因末端碱基不配对而导致 PCR 失败。

6）引物中有或加上合适的酶切位点

被扩增的靶序列最好有适宜的酶切位点，这对酶切分析或分子克隆很有好处。

7）引物的特异性

引物应与核酸序列数据库中的其他序列无明显同源性。

（四）dNTP

四种脱氧核苷三磷酸（dATP、dCTP、dGTP、dTTP）是 DNA 合成的基本原料，其质量与浓度和 PCR 扩增效率有密切关系。dNTP 粉呈颗粒状，如保存不当易变性失

去生物学活性。dNTP 溶液呈酸性，使用时应配成高浓度，并以 1mol/L NaOH 或 1mol/L Tris · HCl 的缓冲液将其 pH 调节到 7.0～7.5，然后小量分装，－20℃冰冻保存，避免多次冻融，否则会使 dNTP 降解。在 PCR 反应中，应控制好 dNTP 的浓度，尤其是注意 4 种 dNTP 的浓度应等摩尔配制，如其中任何一种浓度不同于其他几种时（偏高或偏低），都会引起错配。另外，PCR 反应中 dNTP 含量太低，PCR 扩增产量太少，易出现假阴性；过高的 dNTP 浓度会导致聚合而将其错误掺入，引起错配，所以一般将 dNTP 的浓度控制在 50～200μmol/L。

（五）Mg^{2+}

Mg^{2+} 浓度对 *Taq* DNA 聚合酶影响很大，它可影响酶的活性和真实性，影响引物复性和解链温度，影响产物的特异性以及引物二聚体的形成等。通常 Mg^{2+} 浓度范围为 0.5～2mmol/L。对于一种新的 PCR 反应，可以用 0.1～5mmol/L 递增浓度的 Mg^{2+} 进行预实验，选出最适的 Mg^{2+} 浓度。在 PCR 反应混合物中，应尽量减少有高浓度的带负电荷的基团，如磷酸基团或 EDTA 等可能影响 Mg^{2+} 离子浓度的物质，以保证最适的 Mg^{2+} 浓度。

（六）反应缓冲液

反应缓冲液一般含 10～50mmol/L Tris · Cl（20℃下 pH8.3～8.8），50mmol/L KCl 和适当浓度的 Mg^{2+}。Tris · Cl 在 20℃时 pH 为 8.38～8，但在实际 PCR 反应中，pH 为 6.87。8.50mmol/L 的 KCl 有利于引物的复性。另外，反应液中可加入 5mmol/L 的二硫苏糖醇（DDT）或 100μg/ml 的牛血清白蛋白（BSA），它们可稳定酶活性。各种 *Taq* DNA 聚合酶商品都有自己特定的一些缓冲液。

三、PCR 反应参数

PCR 操作简便，但影响因素很多，因此应该根据不同的 DNA 模板，摸索最适的条件，以获得最佳的反应结果。影响 PCR 的因素主要包括温度、时间、循环次数和反应体系中各种成分的浓度等。

（一）温度与时间的设置

由 PCR 原理可知，PCR 包括变性⟶复性⟶延伸 3 步，因此应设计 3 个温度点。在标准反应中采用三温度点法，即双链 DNA 在 90～95℃变性，再迅速冷却至 40～60℃，引物复性并结合到靶序列上，然后快速升温至 70～75℃，在 *Taq* DNA 聚合酶的作用下，使引物链沿模板延伸。对于较短的靶基因（长度为 100～300 bp 时）可采用二温度点法，即除变性温度外，复性与延伸温度可合二为一，一般采用 94℃变性，65℃左右复性与延伸（因为此温度下 *Taq* DNA 酶仍有较高的催化活性）。下面具体讨论以上各温度点的温度与时间的关系。

1. 变性温度与时间

一般情况下，93～94℃ 1min 足以使模板 DNA 变性，若低于 93℃则需延长时间，而温度过低则可能会使解链不完全而导致 PCR 失败，但温度也不能过高，否则过高的温度将影响酶的活性。因此变性温度一般应控制在 90～95℃之间。

2. 复性温度与时间

变性后温度快速冷却至 40～60℃，可使引物和模板发生结合。由于模板 DNA 比引物的分子质量大且复杂得多，所以引物和模板之间相互碰撞结合的机会远远高于模板互补链之间的碰撞结合。复性温度与时间取决于引物的长度、碱基组成及其浓度，以及靶 DNA 序列的长度。对于 20 个核苷酸、（G+C）含量约 50%的引物，选择 55℃为复性起始温度较为理想。引物的复性温度可通过以下公式帮助选择合适的温度：

T_m 值（解链温度）＝4（G+C）＋2（A+T）

复性温度＝T_m 值－（5～10℃）

在引物 T_m值允许范围内，选择较高的复性温度可以大大减少引物和模板间的非特异性结合，提高 PCR 反应的特异性。复性时间一般为 30～60s，这足以使引物与模板之间完全结合。

3. 延伸温度与时间

由前述 *Taq* DNA 聚合酶的特性可知，温度高于 90℃时，DNA 合成几乎不能进行，75～80℃时每个酶分子每秒钟可延伸约 150 个核苷酸，70℃延伸速率大于 60 个核苷酸/s，55℃时只为 24 个核苷酸/s，所以 PCR 反应的延伸温度一般选择在 70～75℃之间，常用温度为 72℃，温度超过 72℃时不利于引物和模板的结合。PCR 延伸反应的时间，可根据待扩增片段的长度而定，一般 1kb 以内的 DNA 片段，延伸时间 1min 就足够了，3～4kb 的靶序列需 3～4min，而 10kb 则需要 15min。另外，对低浓度模板的扩增，延伸时间也要稍长些。但是，应该注意的是延伸进程过长会导致非特异性扩增带的出现，从而影响 PCR 的扩增效果。

（二）循环次数

PCR 循环次数主要取决于模板 DNA 的浓度。一般的循环次数控制在 25～35 次之间，此时 PCR 的产物累积量最大。随着循环次数的增加，一方面由于产物浓度过高，导致它们自身相互结合而不与引物结合，或产物链缠在一起，从而使扩增效率降低；另一方面，随着循环次数的增加，DNA 聚合酶活性下降，引物和 dNTP 浓度降低，容易产生错误掺入，导致非特异性产物增加，因此在获得足够 PCR 产物的前提下应尽可能地减少循环的次数。

（三）PCR 反应体系中各种成分的浓度

PCR 反应体系中适当的 dNTP、引物、DNA 模板、DNA 聚合酶、Mg^{2+} 与添加剂等的浓度也是非常重要的。通常：

（1）模板 DNA 控制在 10^2～10^5个拷贝。

（2）每条引物的浓度为 0.1～1μmol/L。

（3）*Taq* DNA 聚合酶浓度控制在 2～2.5 U（当总反应体积为 100μL 时）。

（4）dNTP 的浓度应为 50～200μmol/L。

（5）Mg^{2+}浓度以 2.0mmol/L 最好，此时 *Taq* DNA 聚合酶的活性最高。

（6）50mmol/L 浓度的 KCl 能使 *Taq* DNA 聚合酶的催化活性提高 50%～60%。

四、PCR 扩增产物的检测

PCR 扩增结束后，根据实验目的的不同，可以采用多种方法对扩增产物进行分析。

（一）凝胶电泳分析

PCR 产物电泳，溴化乙锭（EB）染色，紫外仪下观察，初步判断产物的特异性，包括琼脂糖凝胶电泳和聚丙烯酰胺凝胶电泳。

1. 琼脂糖凝胶电泳

根据扩增片段的大小，采用适当浓度的琼脂糖制成凝胶，取 PCR 扩增产物 5～10μL 点样于凝胶中、电泳、EB 染色、紫外灯下观察，成功的 PCR 扩增可得到分子质量均一的一条区带，对照标准分子质量谱带对 PCR 产物条带进行分析。

2. 聚丙烯酰胺凝胶电泳

6%～10%聚丙烯酰胺凝胶电泳分离效果比琼脂糖好，条带比较集中，可用于科研及检测分析。

（二）分子杂交

包括斑点杂交、Southern 印迹杂交和微孔板夹心杂交等。在这些杂交中，通过分析 PCR 的扩增产物与相应探针结合后的杂交体，从而判断出 PCR 产物是否为预先设计的目的片段，还能鉴定出产物中是否存在突变，以及扩增产物的大小和特异性等。

（三）限制性内切核酸酶分析

选择适当的限制性内切核酸酶对 PCR 扩增产物进行酶切，之后再进行电泳，通过分析电泳图谱可以判断出扩增产物的特异性和是否存在突变等。

（四）高效液体层析法（HPLC）

采用 HPLC 分析 PCR 的扩增产物，在几分钟内就可以将结果显示或（和）打印出来。另外，采用 HPLC 还可以对扩增产物进行分离制备。

（五）核酸序列分析

分析 PCR 产物的序列，是检测 PCR 产物特异性的最可靠方法。

（六）颜色互补分析法

颜色互补分析法是利用三原色原理，当不同 DNA 片段（如在多重 PCR 中 A 和 B 两个片段）同时扩增时，用引物 5′端修饰技术将不同引物用不同颜色的荧光素标记（A 片段引物标记绿色的荧光素，B 片段引物标记红色的罗丹明）。如果仅有一条片段被扩增，扩增产物激发后，只有一种颜色（红色或绿色）；如果两条不同大小的片段均被扩增，通过电泳分离、紫外激发后可观察到不同颜色的两条带，如果两条被扩增片段大小相同，电泳后可见一条红绿互补的黄色带；如果不用电泳法分离扩增片段，通过一定手段除去未掺入引物，亦可观察到扩增产物的颜色，此时，扩增产物无论大小，只要均被扩增，就可见一条红绿互补的黄色带。

该法简便、易于自动化，可用于检测基因缺失、染色体转位和病原微生物，如采用多重 PCR，结合颜色互补分析法，通过观察 PCR 产物的颜色，可以同时快速检测多种病原菌。

（七）PCR-ELISA 法

首先将检测探针和带有多聚腺嘌呤核苷酸（poly dA）尾巴的捕获探针同时加入 PCR 产物中，与靶序列杂交形成夹心杂交体，然后将上述反应溶液加入预先以多聚胸腺嘧啶（poly dT）包被的微孔板内，夹心杂交体通过 poly dA 与微孔板上的 poly dT 结合而固定在微孔内，洗涤去除没有结合的各种成分，随后加入酶标记的抗夹心杂交体抗体与夹心杂交体结合，洗涤除去没有结合的酶标抗体，最后加入底物，测定酶反应后的颜色变化就可以计算出 PCR 产物的量。

五、PCR 操作过程

（一）反应体系

标准 PCR 的反应体积为 20～100μL，其中含有：①1×PCR 缓冲溶液［50mmol/L KCl，10mmol/L Tris · HCl（pH 8.3）］；② 2mmol/L $MgCl_2$；③ 4 种 dNTP 各

20μmol/L；④一对引物各 0.25μmol/L；⑤DNA 模板 0.1μg 左右（10^2～10^5个拷贝的 DNA）；⑥*Taq* DNA 聚合酶 2 个单位。

（二）反应步骤

在 0.5 ml 的小离心管中依次加入 PCR 反应缓冲液、4 种 dNTP、一对引物、DNA 模板，混匀，95℃加热 10min，以除去样品中的蛋白酶、氯仿等对 *Taq* DNA 聚合酶的影响，然后，每管加入 2 个单位的 *Taq* DNA 聚合酶，混匀，离心 30s，加 50μL 液体石蜡油封盖反应体系以防止反应液挥发（现在有些 PCR 仪由于具有很好的密封性，也可以不加液体石蜡）。实验设阴性对照（不加模板 DNA）和阳性对照（含目的序列的 DNA）。

（三）设程序进行 PCR

将离心管置于 PCR 仪中，根据实验要求设计 PCR 仪的各种循环参数，进行 PCR 循环。

（四）PCR 扩增产物的检测

参见本章本节“四”的部分。

六、PCR 的特点

（一）特异性强

PCR 反应的特异性主要来自于 PCR 反应中引物与模板 DNA 按照碱基互补配对原则进行特异性结合，以及 *Taq* DNA 聚合酶的耐高温特性和合成反应的忠实性。其中，引物与模板的正确结合是关键，引物与模板的结合及引物链的延伸都必须遵循碱基互补配对原则，从而确保 PCR 的特异性。另外，*Taq* DNA 聚合酶合成反应的忠实性和耐高温特性，使反应中模板与引物的结合（复性）可以在较高的温度下进行，从而使结合的特异性大大增加，被扩增的靶基因片段也就能保持很高的正确度。

（二）灵敏度高

理论上 PCR 可以按 2^n（n 为 PCR 的循环次数）倍数使靶 DNA 扩增 10^8倍以上，而实际应用中由于一些因素的影响，扩增效率有所降低；但是，实验证实可以将极微量的靶 DNA 成百万倍以上地扩增到足够检测分析数量的 DNA，能从 100 万个细胞中检出一个靶细胞，或将皮克（pg）级的起始靶 DNA 扩增到微克（μg）级水平。在病毒的检测中，PCR 的灵敏度可达 3 个空斑形成单位，而在细菌学中最小检出率可达到 3 个细菌。

（三）操作简便快速

在 PCR 中，一次性地加好各种反应物后，即可在 PCR 扩增仪中自动进行变性⟶复性⟶延伸反应，一般在 2～4h 完成扩增反应。扩增产物可直接进行序列分析和分子克隆，摆脱繁琐的基因操作方法，可直接从 RNA 或染色体 DNA 中或部分 DNA 已降解的样品中分离目的基因，省去常规方法中需先进行克隆后再做序列分析的冗繁程序。

（四）对标本纯度要求低并且无放射性污染

不需要分离病毒或细菌及培养细胞，DNA 粗制品及总 RNA 均可作为扩增模板，省去费时繁杂的提纯程序，扩增产物用一般电泳分析即可，不一定用同位素，无放射性，易于推广。

（五）可扩增 RNA 或 cDNA

先按通常方法用寡脱氧胸苷引物和反转录酶将 mRNA 转变成单链 cDNA，再将得到的单链 cDNA 进行 PCR 扩增。

七、PCR 的类型

PCR 技术自诞生以来，发展迅速，应用面广。因实验材料、实验目的和实验要求等的不同，在标准 PCR 的基础上，已衍生出近几十种不同类型的 PCR，这些 PCR 和标准 PCR 的原理相同，但是由于实验目的的不同，具体的操作过程有些不同，下面简要地介绍其中的一些。

（一）不对称 PCR（asymmetric PCR）

在标准 PCR 中两引物的浓度是相同的，如果引物的浓度不同，那么经过若干轮循环后，低浓度的引物被消耗尽，以后的循环就只产生由高浓度引物引导产生的产物，结果就可以产生大量的由高浓度引物引导产生的单链 DNA（ssDNA），这些单链 DNA 可以作为探针或 DNA 测序的核酸。在这种 PCR 中由于两引物的浓度不同，所以被称为不对称 PCR。不对称 PCR 中的一对引物分别称为非限制性引物与限制性引物，其比例一般为（50～100）：1，在 PCR 反应的最初 10～15 个循环中，其扩增产物主要是双链 DNA，但当限制性引物（低浓度引物）消耗完后，非限制性引物（高浓度引物）引导的 PCR 就会产生大量的单链 DNA。还有一种方法是先用等浓度的引物进行 PCR 扩增，制备双链 DNA（dsDNA），然后以此 dsDNA 为模板，以其中的一条引物进行第二次 PCR，制备 ssDNA。

（二）多重 PCR（multiplex PCR）

一般 PCR 仅应用一对引物，通过 PCR 扩增产生一个核酸片段，而在多重 PCR（又称多重引物 PCR 或复合 PCR）中，在同一 PCR 反应体系里含有两对或两对以上引物，同时扩增出多个核酸片段。多重 PCR 有以下几方面的用途。

1. 多种病原微生物的同时检测或鉴定

在同一 PCR 反应管中同时加入多种病原微生物的特异性引物，进行 PCR 扩增，并结合 PCR 产物的颜色互补分析法，就可以快速实现多种病原菌的同时检测和分析。对具有多种病菌引起的同一症状，通过多重 PCR，可以知道到底是什么病原菌或者是几种病原菌同时存在导致了该病的发生。

2. 对大片段 DNA 同时进行多处扩增分析

在有些情况下，需要对上千 kb 大小的基因进行检测和分析，以确定基因上发生的突变或（和）缺失，如果存在多个突变或缺失，并且这些突变和缺失发生在基因上的多处，并相距数十甚至数百个 kb，那么要对整个基因的变异进行分析，采用标准 PCR 必须分段多次扩增（因为标准 PCR 每次扩增的 DNA 片段的长度是有限的），这样既费时又费力，而且实验结果的准确性也将受到影响。如果采用多重 PCR，那么就可以一次性地分析整个基因的变异情况，从而节约时间和费用，并增加实验结果的准确性。

多重 PCR 的特点有：①高效性，在同一 PCR 反应管内同时检出多种病原微生物；②系统性，多重 PCR 很适宜对症状相同或基本相同的一组病原菌进行分析；③经济简便性，多种病原体在同一反应管内同时检出，将大大节省时间和试剂，节约经费开支。

（三）巢居 PCR（nested PCR）

巢居 PCR，又称套式引物（nested primer）PCR，有两对引物：一对引物对应的序列在模板 DNA 的外侧，称为外引物（outer-primer）；另一对引物对应的序列在同一模板 DNA 的外引物的内侧，称为内引物（inter-primer），即外引物的扩增产物中含有内引物的互补序列，外引物扩增后的产物成为内引物的模板，这样经过两次 PCR 扩增可以大大提高检测的灵敏度，从而实现对模板 DNA 含量很少（如单拷贝 DNA）的样品的分析和检测。同时，巢居 PCR 减少了引物非特异性复性，从而增加了特异性扩增，提高了扩增效率，也提高了检测的灵敏度。巢居 PCR 对环境样品中微生物的快速检测和单拷贝的基因靶 DNA 的扩增是非常有效的。

（四）锚定 PCR（anchored PCR）

标准 PCR 扩增 DNA 片段时，必须知道 DNA 片段两侧 DNA 的序列，这样才能合成相应的引物进行扩增，但是在有些情况下，只知道 DNA 片段一端的序列，显然标准

PCR 是不能对其进行扩增和分析的，运用锚定 PCR，又称固定 PCR 则可以克服这一限制。其原理是在基因未知末端添加已知的同聚物尾（polytailor），人为地赋予基因未知末端特定的序列，再合成和同聚物尾互补的 DNA 序列作为引物（称为锚定引物），与基因已知末端的引物一起对基因进行扩增和分析。

（五）反向 PCR（inverse PCR）

标准 PCR 只能对两引物之间的 DNA 片段进行扩增，而不能对引物外侧的 DNA 序列进行扩增，反向 PCR 则可以很好地解决这一问题，从而实现对已知 DNA 片段两侧未知片段的扩增，它是扩增未知 DNA 序列的一种简捷方法。其原理是首先用限制性内切核酸酶消化（酶切）DNA，使 DNA 片段的大小合适［因为太短（＜200～300kb）不能形成环状，无法完成接下来的环化过程，而太长则受到 PCR 本身扩增片段有效长度的限制］，消化后的 DNA 环化形成环状，然后再选择适当的内切核酸酶，酶切已知序列的 DNA 片段，使环状 DNA 线性化，最后根据已知序列合成相应的引物就可以对未知的 DNA 片段进行扩增和分析。在上述过程中，选择合适的内切核酸酶是非常重要的，用于消化 DNA 片段的内切核酸酶，必须在已知的 DNA 序列上没有酶切位点，另外如果酶切后能产生黏性末端则有利于环化的完成；而用于酶切环状 DNA 使其成线性的内切核酸酶，则必须在已知的 DNA 序列中有唯一的酶切位点，在未知 DNA 序列中没有酶切位点。

（六）增敏 PCR（booster PCR）

在标准 PCR 中，引物的浓度一般为 0.25μmol/L，当模板 DNA 数小于 1 000 个拷贝时，由于引物浓度过高而容易导致引物二聚体的形成和非特异性产物竞争引物与酶，从而使 PCR 的产量明显减少。如果分两次将引物加入则可以避免上述不足，首先采用浓度仅为每升数十皮摩尔的引物，适当延长复性时间，使引物和靶 DNA 结合，进行 20 轮左右的 PCR 扩增后，再将引物的浓度增加至 0.25μmol/L，同时适当地缩短复性时间，再进行 20 轮左右的 PCR 扩增。由于第一次添加引物扩增后，模板 DNA 的浓度大大增加，所以第二次添加引物再扩增就可以大大提高 PCR 的产量，从而提高检测的灵敏度。这种 PCR 就称为增敏或增效 PCR。

采用这种方法可以将样品中的数十个菌甚至一个菌检测出来，可以大大缩短样品的富集时间，从而加快检测速度。

（七）反转录 PCR（reverse transcript PCR，RT-PCR）

反转录 PCR 是指在反转录酶的作用下将 mRNA 反转录成 cDNA，然后再采用 PCR 对 cDNA 进行扩增和分析，从而实现对 mRNA 分析的方法。该方法将反转录和 PCR 结合在一起，是一种快速、简便、灵敏测定 mRNA 的方法，运用这种方法可以检测出单个细胞中少于 10 个拷贝的 mRNA。在 RT-PCR 中，以 RNA 为模板，联合反转录反应

(reversetranscription，RT）与 PCR，从而为 RNA 病毒检测提供了方便，也为获得与特定 RNA 互补的 cDNA 提供了一条极为有利和有效的途径。

RNA 扩增包括两个步骤：①在单引物的介导下和反转录酶的催化下，合成 RNA 的互补链 cDNA；②加热使 cDNA 与 RNA 链解离，然后与另一引物复性，并由 DNA 聚合酶催化引物延伸生成双链靶 DNA，最后扩增靶 DNA。

在 RT-PCR 中，关键步骤是 RNA 的反转录，cDNA 的 PCR 与一般 PCR 条件一样。由于引物的高度选择性，细胞总 RNA 无需进行分级分离，即可直接用于 RNA 的 PCR。但 RT-PCR 对 RNA 制品的要求极为严格，作为模板的 RNA 分子必须是完整的，并且不含 DNA、蛋白质和其他杂质。RNA 中即使含有极微量的 DNA，经扩增后也会出现非特异性扩增。另外，如果蛋白质未除净，与 RNA 结合后会影响反转录和 PCR；还有，残存的 RNA 酶极容易将模板 RNA 降解掉。

（八）原位 PCR 技术

原位 PCR（*in situ* PCR）就是在组织细胞里进行的 PCR 反应，它结合了具有细胞定位能力的原位杂交和高度特异敏感的 PCR 技术的优点，既能分辨、鉴定带有靶序列的细胞，又能标出靶序列在细胞内的位置，对在分子和细胞水平上研究疾病的发病机制等有重要的实用价值，并且其特异性和敏感性都高于一般的 PCR。原位 PCR 的基本操作步骤是：①将组织切片或细胞固定在玻片上；②蛋白酶 K 消化处理组织切片或细胞；③加适量（如 30μL）的 PCR 反应液于处理后的材料处，盖上盖玻片，并以液体石蜡密封，然后直接放在扩增仪的金属板上，进行 PCR 循环扩增；④PCR 扩增结束后，用标记的寡核苷酸探针进行原位杂交；⑤显微镜观察结果。原位 PCR 由于是在玻片上进行 PCR，所以有时又称为玻片 PCR（slide-PCR）。

（九）定　量　PCR

定量 PCR 包括定量 DNA-PCR 和定量 mRNA-PCR。前者用同位素标记的探针与电泳分离后的 PCR 扩增产物进行杂交，根据放射自显影后底片曝光强弱可以对模板 DNA 进行定量；后者则可以对 mRNA 进行定量分析，但是操作过程比定量 DNA-PCR 复杂。利用浓度已知且与待测靶 mRNA 序列相同的内对照 mRNA（其片段长短不同，便于 PCR 扩增后产物的分离，相当于竞争 PCR 中的竞争模板），在同一体系中，用相同的由 ^{32}P 标记的引物与待测 mRNA 一同进行反转录和 PCR 扩增，扩增产物电泳后，分别测定二者产物放射性强度，由预先制备的标准曲线推算出每个样本特异 mRNA 的量。采用这种方法可以在 1 pg 总 RNA 中对小于 1 pg 的特异 mRNA 进行定量。

（十）免疫-PCR

免疫-PCR（immuno-PCR）是新近建立的一种灵敏、特异的抗原检测系统。它利用抗原-抗体反应的特异性和 PCR 扩增反应的极高灵敏性来检测抗原，尤其适用于极微量抗原的检测。

免疫-PCR 主要包括三个步骤：①抗原-抗体反应；②与嵌合连接分子结合；③PCR 扩增嵌合连接分子中的 DNA（一般为质粒 DNA）。该技术的关键环节是嵌合连接分子的制备，它在免疫-PCR 中起桥梁作用，有两个结合位点，一个与抗原-抗体复合物中的抗体结合，一个与质粒 DNA 结合。例如，链霉亲和素-蛋白 A 复合物（streptavidin-protein A）就可以作为嵌合体，它具有双特异性结合能力，一端为链霉亲和素，可以与被生物素标记的质粒 DNA 结合，另一端的蛋白 A 可以与 IgG 的 Fc 段结合，从而可特异地把生物素化的质粒 DNA 分子和抗原-抗体复合物连接在一起。

免疫-PCR 的基本原理与 ELISA 相似，不同之处在于其中的标记物不是酶而是质粒 DNA，在操作反应中形成抗原抗体-连接分子-DNA 复合物，通过 PCR 扩增 DNA 来判断是否存在特异性抗原。

免疫-PCR 优点为：①特异性较强，因为它建立在抗原抗体特异性反应的基础上；②敏感度高，PCR 具有惊人的扩增能力，免疫-PCR 比 ELISA 敏感度高 10^5 倍以上，可用于单个抗原的检测；③操作简便，PCR 扩增质粒 DNA 比扩增靶基因容易得多，一般实验室均能进行。

（十一）芯片 PCR（chip PCR）

芯片 PCR 是一种微流量连续式的 PCR 反应过程，在一块玻片上用三块恒温的铜片作为热源，当 PCR 反应的混合液流经不同的温度区时，自动变温，在流动中实现解链、复性和延伸。芯片 PCR 的体积小，变温迅速，当流速为5.8～79nL/s 时，三温（95℃、50～65℃、72～77℃）循环的温度转变速率小于 100ms，流过 10μL 反应液的时间为 1.5～18.8min，完成 20 次循环，比一般扩增仪所需的 2～3h 快得多。图 5-9 是芯片 PCR 的示意图。

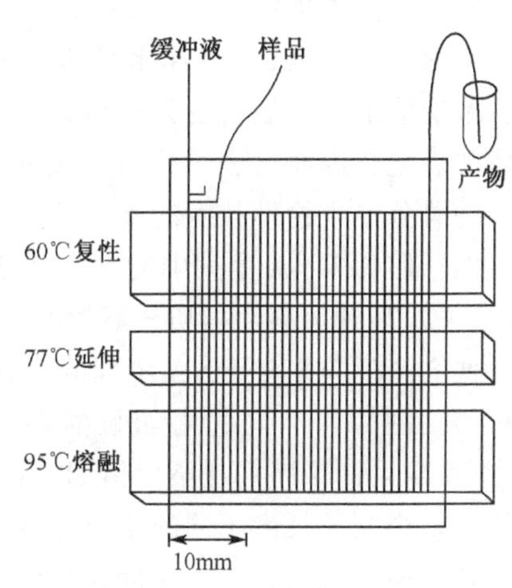

图 5-9　芯片 PCR 的示意图

（十二）竞 争 PCR

所谓竞争 PCR（competitive PCR）就是在 PCR 扩增的同时加入靶核酸模板和竞争核酸模板，它们在反应体系中竞争各反应底物，当靶 RNA 模板的浓度高时，其扩增产物多，相应地竞争 RNA 模板的扩增产物就少；反之，靶 RNA 模板的产物少，竞争 RNA 模板的产物多。将不同浓度的竞争模板和特定量靶模板混合后，分别进行扩增，分析两种扩增产物的比值，以竞争 RNA 模板浓度为横坐标，两种扩增产物的比值为纵坐标作图，得到竞争曲线。当两种产物的比值等于 1 时，靶模板和竞争模板的量相等；因此，从曲线上可以得到靶模板的含量，从而实现靶模板的定量检测。

（十三）实时荧光定量 PCR

传统的 PCR 分析包括 PCR 核酸模板的提取、PCR 扩增以及扩增产物的检测三个基本操作过程，耗时长、操作复杂。实时荧光定量 PCR 检测技术（real-time fluorescent PCR）将液相杂交技术和荧光探针引入传统的 PCR 中，使 PCR 扩增和检测相结合，从而实现 PCR 扩增产物的实时检测和分析。准确地说，这里的“实时”是指在每一个 PCR 循环后检测扩增产物，当 PCR 扩增反应结束后，就可以得到每个样品的 PCR 扩增产物变化曲线，通过分析这些反应曲线，不但可以得到靶目标（如有害生物）的定性检测结果，还可以对靶目标的数量进行精确定量（第五节专门介绍）。

第四节　DNA 分子标记

DNA 结构在不同种类的生物体内存在着相当大的差异。随着对基因认识的不断深入，发现在同种生物的不同个体之间，尽管其蛋白质产物的结构和功能完全相同或仅存在细微的差异，但在 DNA 水平却存在着差异，尤其在不编码蛋白质的区域以及没有重要调节功能的区域表现更为突出。DNA 序列上的大多数突变是中性突变，即不影响生物体的表型，因而过去对这些突变不太重视，也无法用传统的遗传学方法来研究。但是，随着分子生物学技术的不断发展，使人们从 DNA 水平上直接分析生物体的突变成为可能。假如 DNA 序列中的某个碱基发生了突变，使突变所在部位的 DNA 序列产生（或缺失）某种限制性内切核酸酶的位点。这样，利用该限制性内切核酸酶消化此 DNA 时，便会产生与正常 DNA 不同的限制性片段。限制性内切核酸酶是一类具有特殊功能的核酸切割酶，不同的内切核酸酶可以辨认并作用于特异的 DNA 序列，并在此将 DNA 切断，而该序列在染色体 DNA 上不止一次地出现。所以，一条完整的 DNA 链被酶切后，会断成长度不同的多个片段，就是限制性片段。它所代表的是基因组 DNA 在内切核酸酶消化后，产生片段在长度上的差异，这样，在同种生物的不同个体中会出现不同长度的限制性片段类型，即限制性片段长度多态性（restriction fragment length polymorphism，RFLP）。对有害生物的检测来说，通过分子生物学技术获得的供试目的有害生物仅有的特异的 DNA 片段既不同长度的限制性片段就是该生物的分子指纹。它可作为待测生物区别其他生物的分子标记。

一、第一代分子标记

（一）RFLP 技术

1. RFLP 技术的基本原理

RFLP 是根据不同品种（个体）基因组的限制性内切核酸酶的酶切位点碱基发生突变，或酶切位点之间发生了碱基的插入、缺失，导致酶切片段大小发生了变化，这种变化可以通过特定探针杂交进行检测，从而可比较不同品种（个体）的 DNA 水平的差异

(即多态性)，多个探针的比较可以确立生物的进化和分类关系。所用的探针为来源于同种或不同种基因组 DNA 的克隆，位于染色体的不同位点，从而可以作为一种分子标记(marker)，是最早应用的第一代分子标记技术。构建分子图谱，当某个性状（基因）与某个（些）分子标记协同分离时，表明这个性状（基因）与分子标记连锁。分子标记与性状之间交换值的大小，即表示目标基因与分子标记之间的距离，从而可将基因定位于分子图谱上。分子标记克隆在质粒上，可以繁殖及保存。不同限制性内切核酸酶切割基因组 DNA 后，所切的片段类型不一样，因此，限制性内切核酸酶与分子标记组成不同组合进行研究。常用的限制性内切核酸酶一般是 *Hind*Ⅲ、*Bam*HⅠ、*Eco*RⅠ、*Eco*RⅤ、*Xba*Ⅰ，而分子标记则有几个甚至上千个。分子标记越多，则所构建的图谱就越饱和。构建饱和图谱是 RFLP 研究的主要目标之一。

2. RFLP 技术分析的方法

分别提取标准有害生物和待测有害生物的基因组 DNA 或质粒 DNA，用限制性内切核酸酶消解，然后经聚丙烯酰胺凝胶电脉、溴化乙锭染色照相，对待测有害生物与标准有害生物的 DNA 指纹图谱进行比较分析，即可确定有害生物的类型。

RFLP 技术是一种 DNA 分析鉴定技术，在有害生物的分类鉴定和亲缘关系分析等方面已有广泛的应用。特别是对近似种或种下的分类鉴定上具有广阔的前景。

但是，在进行 RFLP 分析时，需要对该位点的 DNA 片段做探针，通常用放射性同位素及核酸杂交技术，这样既不安全又不易自动化。另外，RFLP 对 DNA 多态性检出的灵敏度也不高，RFLP 连锁图上还有很多大的空间区（gap）。

（二）RAPD 技术

1. RAPD 技术的基本原理

运用随机引物扩增寻找多态性 DNA 片段可作为分子标记的方法，即为 RAPD 技术。RAPD 技术建立于 PCR 技术基础上，它是利用一系列（通常为数百个）不同的随机排列碱基顺序的寡聚核苷酸单链（通常为 10 聚体）为引物，所用的一系列引物 DNA 序列各不相同，但对于任一特异的引物，它同基因组 DNA 序列有其特异的结合位点。这些特异的结合位点在基因组某些区域内的分布如符合 PCR 扩增反应的条件，即引物在模板的两条链上有互补位置，且引物 3′端相距在一定的长度范围之内，就可扩增出 DNA 片段。因此如果基因组在这些区域发生 DNA 片段插入、缺失或碱基突变就可能导致这些特定结合位点的分布发生相应的变化，而使 PCR 产物增加、缺少或发生分子质量的改变。通过对 PCR 产物检测即可检出基因组 DNA 的多态性。分析时可用的引物数很大，虽然对每一个引物而言其检测基因组 DNA 多态性的区域是有限的，但是利用一系列引物则可以使检测区域几乎覆盖整个基因组。因此 RAPD 可以对整个基因组 DNA 进行多态性检测。另外，RAPD 片段克隆后可作为 RFLP 的分子标记进行作图分析。

2. RAPD 技术分析的方法

分别提取标准有害生物和待测有害生物的基因组 DNA 或质粒 DNA，对所研究基因组 DNA 进行 PCR 扩增，聚丙烯酰胺或琼脂糖电泳分离，经 EB 染色或放射性自显影来检测扩增产物 DNA 片段的多态性，这些扩增产物 DNA 片段的多态性反映了基因组相应区域的 DNA 多态性。

尽管 RAPD 技术诞生的时间很短，但由于其独特的检测 DNA 多态性的方式以及快速、简便的特点，使这个技术已渗透于基因组研究的各个方面。与 RFLP 相比，RAPD 方便易行，DNA 用量少，设备要求简单，不需 DNA 探针，设计引物也不需要预先克隆标记或进行序列分析，不依赖于种属特异性和基因组的结构；合成一套引物可以用于不同生物基因组的分析，用一个引物就可扩增出许多片段，并且不需要同位素，安全性好。但 RAPD 技术的影响因素很多，实验的稳定性和重复性差。

（三）AFLP 技术

1. AFLP 技术的基本原理

AFLP（amplified fragment length polymorphism）技术是 1993 年由荷兰科学家 Zabeau 和 Vos 发展起来的一种检测 DNA 多态性的方法。基因组 DNA 经限制性内切核酸酶完全消化后，在限制性片段两端连接上人工接头作为扩增的模板。设计的引物与接头和酶切位点互补，并在 3′端加上 2 或 3 个碱基，因此在基因组被酶切后的无数片段中，只有小部分限制性片段被扩增，即只有那些与引物 3′端互补的片段才能进行扩增。为了对扩增片段的大小进行灵活的调节，一般采用两个限制性内切核酸酶，扩增的片段主要是两个酶组合产生的酶切片段，适合于在序列胶（6%聚丙烯酰胺凝胶）上进行分离。

2. AFLP 技术分析的方法

分别提取标准有害生物和待测有害生物的基因组 DNA 或质粒 DNA，用限制性内切核酸酶消解，对限制性片段 DNA 进行 PCR 扩增，聚丙烯酰胺电泳分离，银染检测扩增产物 DNA 片段的多态性，这些扩增产物 DNA 片段的多态性反映了基因组相应区域的 DNA 多态性。

AFLP 是揭示 DNA 指纹的一种新技术，其原理非常简单，引物设计十分巧妙，它实际上是 RFLP 与 PCR 相结合的产物，因此既有 RFLP 的可靠性，也有 RAPD 的灵敏性。

AFLP 技术的多态性丰富，在建立指纹图谱、构建遗传图谱上有很大优势，在发明后不久就广泛地被应用。目前人们认为 AFLP 是构建遗传图谱最好的分子标记，在鉴定遗传多样性和物种亲缘关系的研究中有较大的优势。

此外，在 RAPD 和 RFLP 技术基础上建立了 SCAR（sequence characterized amplified region，序列特异性扩增区域），CPAS（cleaved amp lifiedpolymorphic sequence，酶切扩增多态序列）和 DAF（DNA amplified fingerprint，DNA 扩增指纹）等标记技术。这些技术的出现，进一步丰富和完善了第一代分子标记，增加了 DNA 多态性的研

究手段。

二、第二代分子标记

第二代分子标记利用存在于真核生物基因组中的大量重复序列，如重复单位长度在15～65个核苷酸左右的小卫星DNA（minisatellite DNA），重复单位长度在2～6个核苷酸左右的微卫星DNA（microsatellite DNA），后者又称为简短重复序列（short tandem repeat polymorphism缩写为STR、STRP、或者simple sequence length polymorphism缩写为SSLP）。小卫星和微卫星DNA分布于整个基因组的不同位点。由于重复单位的大小和序列不同以及拷贝数不同，从而构成了长度多态性。微卫星多态性有助于遗传图谱的建立，为比较基因组学分析奠定了基础。微卫星标记的特点：①保守性，微卫星标记在哺乳动物种间，特别是关系亲缘较近的物种间具有一定程度的保守性；②共显性遗传，微卫星标记的等位基因呈孟德尔共显性遗传，可以区别纯合显性和杂合显性个体；③多态信息量大，微卫星DNA在基因组中随机分布，几乎遍布整个基因组，可获得比RFLP更多的多态性；④检测容易，省时，重复性较好。在基因组多态性分析中，可采用VNTR（varible number of tandem repeats，数目可变的串联重复多态性）标记技术区别这些小卫星或微卫星DNA。VNTR的基本原理与RFLP大致相同，只是所用的探针核苷酸序列必须是小卫星或微卫星序列，经分子杂交和放射自显影后，即可获得反映个体特异性的DNA指纹图谱。VNTR同RFLP标记一样，实验操作程序繁杂，检测时间长，成本较高。

Moore等于1991年结合PCR技术创立了SSR（simple sequence repeat，简单重复序列）。SSR即微卫星DNA，是一类由几个（多为1～5个）碱基组成的基序（motif）串联重复而成的DNA序列，其长度一般较短，广泛分布于基因组的不同位置，如(CA)*n*，(AT)*n*，(GGC)*n*等重复。不同遗传材料重复次数的可变性，导致了SSR长度的高度变异性，这一变异性正是SSR标记产生的基础。SSR标记的基本原理：根据微卫星重复序列两端的特定短序列设计引物，通过PCR反应扩增微卫星片段。由于重复的长度及数目变化极大，所以这是检测多态性的一种有效方法。在SSR技术中，采用PCR反应必须知道扩增DNA片段两侧序列，在大多数情况下，某些序列本身或其旁侧序列并不清楚，这就限制了SSR技术的应用。1994年，Zietkiewicz等对SSR技术进行了发展，建立了加锚微卫星寡核苷酸（anchored microsatellite oligonucleotide）技术。他们用加锚定的微卫星寡核苷酸作引物，即在SSR的5′端或3′端加上2～4个随机选择的核苷酸，这可引起特定位点复性。这样就能导致在与锚定引物互补的间隔不太大的重复序列间的基因组片段进行PCR扩增。这类标记又被称为简单重复序列间扩增ISSR（inter simple sequence repeat），锚定简单重复序列扩增ASSR（anchored simple sequence repeat）。在所用的两端引物中，一个可以是锚定引物，另一个是随机引物。

三、第三代分子标记

单核苷酸多态性（single nucleotide polymorphism，SNP）标记被称为第三代

DNA 分子标记。这种分子标记是分散于基因组中的单个碱基的差异。这种差异包括单个碱基的缺失和插入，但更常见的是单个核苷酸的替换。其优点是：①SNP 在种群中是二等位基因性的，在任何种群中其等位基因频率都可估计出来；②位点丰富，SNP 几乎遍布于整个基因组中；③部分位于基因内部的 SNP 可能会直接影响蛋白质的结构或基因表达水平，因此它们本身可能就是遗传机制的候选改变位点；④遗传稳定性高；⑤易于进行自动化分析。

SNP 与第一代的 RFLP 及第二代的 STR 标记的不同之处有两个方面：一是它不再以 DNA 片段的长度变化作为检测手段，而直接以序列变异作为标记；二是 SNP 标记分析完全摒弃了经典的凝胶电泳，代之以最新的实时荧光 PCR 以及 DNA 芯片技术。

第五节 实时荧光定量 PCR 检测技术

PCR 是一敏感特异的检测核酸分子的定性方法，在有害生物诊断鉴定中起重要作用。但传统的 PCR 技术在应用中会遇到一些难以克服的问题。如 PCR 后处理需手工操作、难以实现定量、PCR 产物的污染等。1996 年由美国 Applied Biosystems 公司推出了 PCR 和核酸杂交以及荧光电信号放大结合同步的实时荧光定量 PCR 技术，由于该技术不仅实现了 PCR 从定性到定量的飞跃，而且与常规 PCR 相比，它结合了 PCR 技术的高灵敏度和核酸杂交技术的特异性，具有特异性更强、有效解决 PCR 污染问题、自动化程度高、检测速度快（一般只需 1～2h 就可完成整个检测过程）等特点。广泛用于昆虫、病原真菌、细菌、线虫、病毒等的鉴定和分类，特别是对难培养菌以及近似种或种下的分类鉴定。目前它被认为是有害生物鉴定和病害诊断的革新，将对病害诊断产生重大影响并将成为有害生物鉴定的标准方法。

一、实时荧光定量 PCR 技术的原理

实时荧光定量 PCR 技术，它是在常规 PCR 基础上，添加了一条标记了两个荧光素标记的探针，可以在一条寡核苷酸上，也可以在两条寡核苷酸上。一个标记在探针的 5′端，称之为荧光报告基团（R）；另一个标记在探针的 3′端，称之为荧光猝灭基团（Q）。探针完整或位置很近时，两者可构成能量传递结构，报告基团发射的荧光信号被猝灭基团吸收，PCR 扩增时，*Taq* 酶的 5′→3′外切核酸酶活性将探针酶切降解，使报告荧光基团和猝灭荧光基团分离，或因温度过高两探针从模板上解链而分离开来，使二者距离增大很多时，抑制作用消失，从而引起报告基团荧光信号的增长。从而荧光监测系统可接收到荧光信号，即每扩增一条 DNA 链，就多一个荧光分子发荧光，实现了荧光信号的累积与 PCR 产物形成完全同步。这样利用荧光信号积累可以实时监测整个 PCR 进程，还可以通过标准阳性荧光信号的大小对未知样品荧光信号的强弱进行定量。

二、实时荧光定量 PCR 技术的种类

目前应用于实时荧光定量 PCR 检测中的探针主要有三种：分子信标探针、杂交探

针、TaqMan 探针，用得较多的是 TaqMan 探针。

（一）分子信标探针实时荧光 PCR 技术

就是在同一寡核苷酸探针的 5′端标记荧光素（FAM、TET 等），3′端标记猝灭基团（DABCYL、TAMRA 等）。分子信标探针末端与末端几个碱基互补，形成发夹结构，探针的环状结构 DNA 碱基互补，环两侧为与目的 DNA 无关的碱基互补的臂。当无目标 DNA 时，探针形成发夹结构，荧光素与猝灭剂接得很近，荧光素接受的能量通过共振能量转移至猝灭剂，结果不会产生荧光。当探针遇到目的 DNA 分子以及在一定的条件时，由于碱基互补配对，形成一个比两臂杂交更长也更稳定的杂交，探针自发进行构型变化，使两臂分开，荧光素和猝灭剂也随之分开，此时在紫外照射下，荧光素产生荧光（图 5-10）。

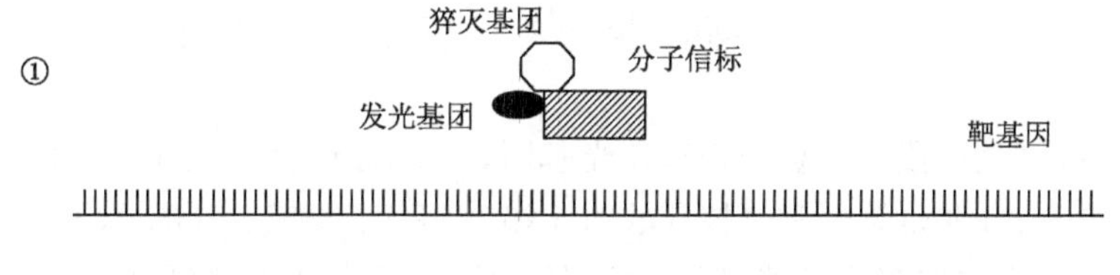

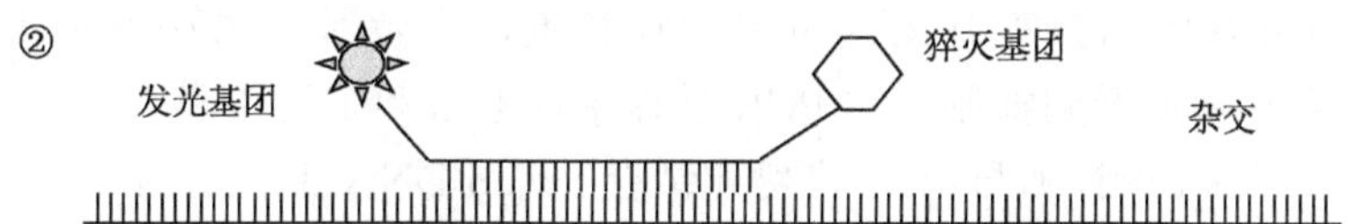

图 5-10　分子信标工作原理示意图

① 发夹结构的探针，发光基团和猝灭基团靠近，表现为不产生荧光；② 探针与基因杂交，探针呈线性状，发光基团和猝灭基团分开，表现为产荧光。

（二）杂交双探针实时荧光 PCR 技术

杂交双探针是两条分别带有不同标记的寡核苷酸，两条探针均与引物结合区之间的目标核酸序列发生特异性结合，且结合后的两条探针之间只相隔 1～2 个碱基。结合于靶序列 5′端上的探针在其自身的 3′端标记了一种供体荧光染料，结合于靶序列 3′端上的探针在其自身的 5′端标记了另一种受体荧光染料。当两条探针均呈游离状态时，受体荧光染料不发荧光；而在 PCR 的复性阶段，两条探针均与模板相结合时，两个荧光染料靠得很近，它们之间发生了荧光共振能量转移，供体荧光染料被激发出的荧光信号可以被受体荧光染料所吸收而发出另一种波长的荧光，此时用一种特殊的检测仪器便可以接收到该荧光；随着引物介导的新链形成，两条探针被逐一从模板上取代下来，当两条探针由模板上被取代下来重新成为游离状态时，仪器就不能检测到受体荧光染料所发出的荧光了（图 5-11）。

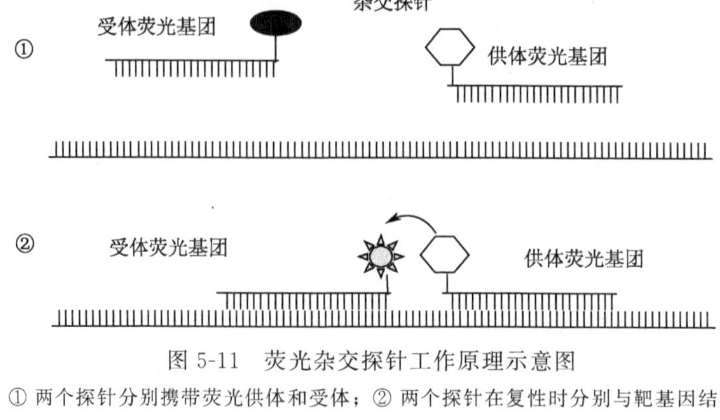

图 5-11　荧光杂交探针工作原理示意图

① 两个探针分别携带荧光供体和受体；② 两个探针在复性时分别与靶基因结合，使荧光供体和受体靠近，表现为产生荧光。

（三）TaqMan 探针实时荧光 PCR 技术

TaqMan 探针是一段 5′端标记报道荧光基团，3′端标记猝灭荧光基团的寡核苷酸。报道荧光基团如 FAM 共价结合到寡核苷酸的 5′端。TET、VIC、JOE 及 HEX 也常用作报道荧光基团。所有这些报道荧光基团通常都由位于 3′端的 TAMRA 所猝灭。当探针完整时，由于报道基团与猝灭基团在位置上很接近，导致其报道荧光的发射主要由于 Forster 型能量传递而受到抑制。在 PCR 过程中，上游和下游引物与目标 DNA 的特定序列结合，TaqMan 探针则与 PCR 产物相结合。*Taq* DNA 聚合酶的 5′→ 3′外切核酸酶活性将 TaqMan 探针水解。而报道荧光基团和猝灭荧光基团由于探针水解而相互分开，导致报道荧光信号的增加。探针与产物的结合发生于 PCR 的每一循环，但并不影响 PCR 产物的指数积累。报道荧光基团与猝灭荧光基团的分离导致报道荧光信号的增加，

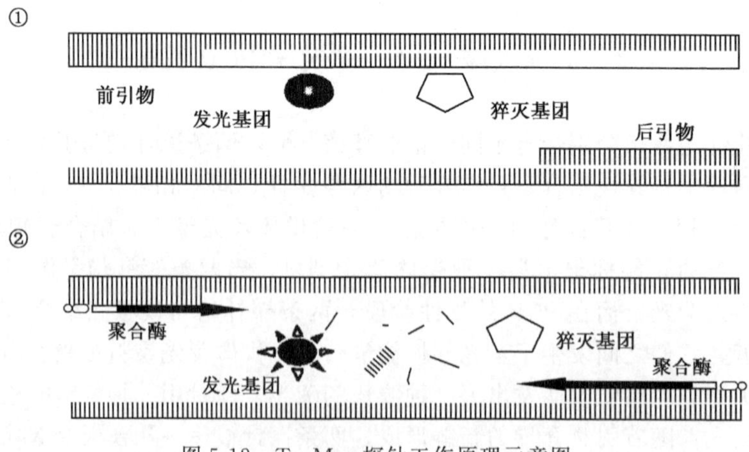

图 5-12　TaqMan 探针工作原理示意图

① 由于发光基团和猝灭基团在一条链上靠得近，所以表现为不产生荧光；② 复性时 TaqMan 探针与靶基因结合，TaqMan 探针被 *Taq* 聚合酶水解，发光基团和猝灭基团分离，表现为产生荧光。

而荧光信号的增加可被系统检测到，它是模板被 PCR 扩增的直接标志（图 5-12）。

（四）分子信标探针、杂交探针、TaqMan 探针的区别

分子信标探针、杂交探针、TaqMan 探针实时荧光 PCR 技术的基本原理相同，其主要区别见表 5-1。

表 5-1　TaqMan 探针、分子信标和荧光杂交探针的特点比较

荧光探针类型	探针形式	荧光标记	荧光检测原理
TaqMan 探针	单条探针	5′端标记发光基团，3′端标记猝灭基团	PCR 反应延伸时，探针被 *Taq* 酶切断，检测脱离于猝灭基团控制的发光基团所发出的荧光信号
分子信标	1 条具有发夹结构的探针	5′端标记发光基团，3′端标记猝灭基团	探针和模板结合，发夹结构被打开，检测远离猝灭基团控制的发光基团所发出的荧光信号
荧光杂交探针	2 条相邻的探针	1 条探针的 3′端标记激发基团，相邻探针的 5′端标记发光基团	2 条相邻的探针同时和模板结合，检测发光基团受相邻的激发基团激发而产生的荧光信号

三、实时荧光定量 PCR 技术的特点

实时荧光定量 PCR 不仅具有传统 PCR 的高灵敏性和特异性，而且由于应用了荧光探针，还可以通过光电传导系统直接探测 PCR 扩增过程中荧光信号的变化以获得定量结果，所以还具有光谱技术的高精确性，并且克服了传统 PCR 的许多缺点，实时荧光定量 PCR 技术较传统 PCR 具有更大的优越性，主要表现在：从早期的斑点杂交到竞争性 PCR，PCR-ELISA 方法，一直面临的三大难题——PCR 的假阳性污染、定量准确性差、大样品量 PCR 产物检测困难的问题。用这些方法进行检测，都有依赖于各种不同类型的 PCR 后处理过程，而这些处理过程很容易使 PCR 产物飞散到空气中，使 PCR 产物污染，产生假阳性。另一方面，所有这些方法的定量都是针对 PCR 终产物进行的，PCR 的平台效应大大干扰了 PCR 的原始模板数量和终产物之间的相关性，使定量准确度难以提高（通常相对误差大于 10 %）。实时荧光定量 PCR 系统采用在扩增的同时进行探针检测，PCR 反应管完全封闭，不需要 PCR 后处理，不仅避免了交叉污染机会，而且大大节约了检测所需的时间，采用 48 或 96 孔板同时进行，使 PCR 产物检测数量不太受限制。从检测开始到定量结束，整个过程耗时短，操作全部由仪器完成，实现自动化检测。

例如，传统 PCR 产物都需通过琼脂糖凝胶电泳和溴化乙锭染色，经紫外光观察结果，或通过聚丙烯酰胺凝胶电泳和银染检测等，不仅需要多种仪器，而且费时费力，所使用的染色剂溴化乙锭对人体还有害。另外，这些繁杂的实验过程又给污染和假阳性提供了机会。实时荧光定量 PCR 只需在加样时打开一次盖子，其后的过程完全是在荧光

PCR仪中自动完成，无需进行PCR后处理，可以快速、动态地检测PCR扩增产物并减少外来核酸造成的污染。

第六节 生物芯片技术

生物芯片是指包被在硅片、尼龙膜等固相支持物上的高密度的组织、细胞、蛋白质、核酸、糖类以及其他生物组分的微点阵。芯片与标记的样品进行杂交，通过检测杂交信号即可实现对生物样品的分析。

一、工作原理

生物芯片的工作原理包括芯片制备、样品制备、杂交、图像的采集和分析。

（一）芯片制备

芯片的制备方法不尽相同。以DNA芯片为例，基本上可分为两大类：一类是原位合成（即在支持物表面原位合成寡核苷酸探针），适用于寡核苷酸；一类是预合成后直接点样，多用于大片段DNA，有时也用于寡核苷酸，甚至mRNA。

1. 原位合成

有两种途径，一是原位光刻合成（Affymerix公司专利技术），该方法的主要优点是可以用很少的步骤合成极其大量的探针阵列。某一含N个核苷酸的寡聚核苷酸，通过$4\times N$个化学步骤能合成出$4N$个可能结构。例如，欲合成8核苷酸探针，通过32个化学步骤、8h可合成65 536个探针。而如果用传统方法合成后点样，则工作量之巨大将不可想像。同时，用该方法合成的探针阵列密度高达10点/cm。另一种原位合成是压电打印法。原理与普通的彩色喷墨打印机相似，所用技术也是常规的固相合成方法。不过芯片喷印头和墨盒有多个，墨盒中装的是4种碱基合成试剂，喷印头可在整个芯片上移动。支持物经过包被后，根据芯片上不同位点探针的序列需要将特定的碱基喷印在芯片上特定位置；冲洗、去保护、偶联等则与一般的固相合成技术相同。该技术采用的化学原理与传统的DNA固相合成一致，因此不需要特殊制备的化学试剂。每步产率可达到99%以上，可以合成出长度为40～50个碱基的探针。尽管如此，原位合成方法仍然比较复杂，除了在基因芯片研究方面享有盛誉的Affymetrix等公司使用该技术合成探针外，其他中小型公司大多使用合成点样法。

2. 点样法

是将预先通过液相化学合成好的探针、或PCR技术扩增cDNA或基因组DNA经纯化、定量分析后，通过阵列复制器（ARD）或阵列点样机及电脑控制的机器人，准确、快速地将不同探针样品定量点样于带正电荷的尼龙膜或硅片等的相应位置上（支持物应事先进行特定处理。如包被带正电荷的多聚赖氨酸或氨基硅烷），再由紫外线交联固定后即得到DNA微阵列或芯片。点样的方式分两种，其一为接触式点样，即点样针直接与固相支持物表面接触，将DNA样品留在固相支持物上。其优点是探针密度高，通常可点2 500点/cm，缺点是定量准确性及重现性不好，点样针易堵塞且使用寿命有限；其二为非接触式点样，即喷点是以压电原理将DNA样品通过毛细管直接喷至固相支持物表面。喷印法的优点是定量准确、重现性好、使用寿命长，缺点是喷印的斑点大，因此探针密度低，通常只有400点/cm。点样机器人有一套计算机控制的三维移动装置、多个打印/喷印头、一个减震底座，上面可放内盛探针的多孔板和多个芯片。根据需要还有温度和湿度控制装置、针洗涤装置。打印/喷印针将探针从多孔板取出直接打印或喷印于芯片上。检验点样仪是否优秀的指标包括点样精度、点样速度、一次点样的芯片容量、样点的均一性、样品是否有交叉污染及设备操作的灵活性、简便性等。

（二）样品的制备

1. 核酸样品的制备

根据样品来源、基因含量、检测方法和分析目的的不同，采用的基因分离、扩增及标记方法也各异。为了获得基因的杂交信号必须对目的基因进行标记，标记方法有荧光标记法、生物素标记法、同位素标记法等。目前采用的最普遍的荧光标记方法与传统方法如体外转录、PCR、反转录等在原理上并无多大差异，只是采用的荧光素种类更多，可以满足不同来源样品的平行分析。RNA样品通常需要首先反转录成cDNA并进行标记才可进行检测。目前标记的方法有多种，均可实现对基因表达的检测，其中间接法大大提高了标记效率，而有学者采用的体外转录方法可使检测的灵敏度明显提高，增加了低丰度表达基因的检出率。目前由于检测灵敏度所限，尚难以用普通探针对极少量的核酸分子进行杂交和检测，需要对样品或后续测试信号进行适当的放大。多数方法需要在标记和分析前对样品进行适当程度的扩增，如通过PCR方法使样品核酸的拷贝数提高到检测的灵敏度。除了检测前对样品分子的放大外，通常仍需要有高灵敏度的检测设备来采集、处理和分析生物信息。

2. 蛋白质及其他生物样品的制备

蛋白质芯片在进行检测和分析时，可以将待分析的蛋白质样品用荧光素或其他物质进行标记，然后与生物芯片上的生物大分子进行相互作用，最后依据标记物质的不同采取相应的检测方式采集、分析样品和芯片上生物大分子相互作用的结果。对于非核酸类的生物大分子，存在的问题是有时不便于对其进行扩增和放大，因为其他结构相对比较复杂，不能进行扩增，因此灵敏度要求更高。

（三）杂　　交

互补杂交应根据探针的类型、长度以及研究目的选择优化杂交条件。如用于基因表达检测，杂交时需要高盐浓度、高样品浓度、低温和长时间（往往要求过夜），但严谨性要求则比较低，这有利于增加检测的特异性和低拷贝基因检测的灵敏度；若用于突变检测，要鉴别出单碱基错配，需要在短时间内（几小时）、低盐、高温条件下高严谨性杂交。多态性分析或者基因测序时，每个核苷酸或突变位点都必须检测出来，通常设计出一套四种寡聚核酸，在靶序列上跨越每个位点，只在中央位点碱基有所不同。根据每套探针在某一特定位点的杂交严谨程度，即可测定出该碱基的种类。杂交反应还必须考虑杂交反应体系中盐浓度、探针 GC 含量和所带电荷、探针与芯片之间连接臂的长度及种类、检测基因二级结构的影响。有资料显示，探针和芯片之间适当长度的连接臂可使杂交效率提高 150 倍；连接臂上任何正或负电荷都将降低杂交效率。由于探针和检测基因均带负电荷，影响它们之间的杂交结合，为此，Jorg Hoheisel 等提出用不带电荷的肽核酸（PNA）做探针效果更好。虽然 PNA 的制备比较复杂，但与 DNA 探针比较有许多优点，如不需要盐离子，可防止检测基因二级结构的形成及自身复性。由于 PNA-DNA 结合更加稳定和特异，因此更有利于单碱基错配基因的检测。

（四）图像的采集和分析

生物芯片和样品探针杂交完毕后需要对杂交结果进行图像采集和分析。一般膜芯片的杂交都用同位素^{32}P,^{33}P 作标记，其信号的检测需通过传统的磷屏成像系统完成。用荧光标记的玻璃芯片杂交后的检测，需要用专门的荧光芯片扫描仪。

1. 磷屏成像系统

其工作原理是同位素标记的杂交结果在磷屏上曝光，曝光过程为 P 等核素核衰变同时发射 p 射线，首先激发磷屏上的分子，使磷屏吸收能量分子发生氧化反应，以高能氧化态形式储存在磷屏分子中。激光扫描磷屏对于激发态高能氧化态磷屏分子发生还原反应，即从激发态回到基态时多余的能量以光子形式释放，从而在 PMT 捕获进行光电转换，磷屏分子回到还原态。计算机接受电信号，经处理形成屏幕图像，并进一步分析和定量。一般化学发光物质如荧光染料标记样品成像过程与放射性成像类似。

2. 荧光芯片扫描

目前专用于荧光扫描的扫描仪根据原理不同大致分为两类：一种是激光共聚焦显微镜，其原理是基于光电倍增管（PMT）的检测系统（另文介绍）；另一种是电荷偶合装置（CCD），其摄像原理为检测光子。以 PMT 为基础的荧光扫描仪是以单束固定波长的激光扫描，需要激光头或目的芯片的机械运动使激光扫到整个面积，扫描时间长；CCD 一次可成像较大的面积区域，但亦有其缺点：目前性能最优越的 CCD 数码相机的成像面积只有 16 mm× 12mm，欲达到整个芯片的面积（20mm×60mm），需要数个数码相机同时工作，或以降低分辨率为代价来获得扫描精度不是很高的图像。扫描后的图像还需要进一步的处理，要求一定的软件支持。现有的分析软件包括：Biodiscovery 的 ImaGene 系列，Axon Instruments 的 GenePix 系列，GSI 的 QuantArray 系列等。

（五）靶点荧光信号分析

用激光激发芯片上的样品发射荧光，严格配对的杂交分子，其热力学稳定性较高，荧光强；不完全杂交的双键分子热力学稳定性低，荧光信号弱（不到前者的1/35～1/5），不杂交的则无荧光。不同位点的信号可被激光共焦显微镜，或落射荧光显微镜等检测到，由计算机软件处理分析。美国GS1Lumonics公司开发了专业基因芯片检测系统（ScanArray系列），采用激光共聚焦扫描原理进行荧光信号采集，由计算机处理荧光信号，并对每个点的荧光强度数字化后采用QuantArray软件包对扫描的荧光信号进行分析，比较每个克隆在不同组织间表达水平的差别。

（六）Microarray数据分析

Microarray数据分析指对Microarray高密度杂交点阵图像处理，并从中提取杂交点的荧光强度信号进行定量分析，通过有效数据的筛选和相关基因表达谱的聚类，最终整合杂交点的生物学信息，以发现基因的表达谱与功能可能存在的联系。Microarray数据分析主要包括图像分析（Biodlscovery Imagene 4.0/Quantarray分析软件）、标准化处理、Ratio值分析、基因聚类分析。

1. 图像分析

激光扫描仪Scaner得到的Cy3/Cy5图像文件通过划格，确定杂交点范围，过滤背景噪音，提取得到基因表达的荧光信号强度值，最后以列表形式输出。

2. 标准化处理

由于样本差异、荧光标记效率和检出率的不平衡，需对Cy3和Cy5的原始提取信号进行均衡和修正才能进一步分析实验数据，这就需要用Normalization进行校对。Normalization的方法有多种：一组内参照基因（如一组持家基因）、校正Microarray所有的基因、阳性基因、阴性基因、单个基因。

3. Ratio分析

Cy3/Cy5的比值，又称R/G值。一般该值在0.5～2.0范围内的基因被认为不存在显著表达差异，该范围之外则认为基因的表达出现显著改变。由于实验条件的不同，此域值范围会根据可信区间有所调整。处理后得到的信息再根据不同要求以各种形式输出，如柱形图、饼形图、点图、原始图像拼图等。将每个spot的所有相关信息如位标、基因名称、克隆号、PCR结果、信号强度、Ratio值等自动关联并根据需要筛选数据。每个spot的原始图像另存文件，可根据需要任意排序，得到原始图像的拼图，对于结果分析十分有利。

4. 聚类分析

实际是一种数据统计分析。通过建立各种不同的数学模型，可以得到各种统计分析结果，确定不同基因在表达上的相关性，从而找到未知基因的功能信息或已知基因的未知功能。聚类分析的方法又分为多种：非监督聚类法（又称配对平均连锁聚类分析），是分层聚类的一种形式，非常类似系统发生分析，是基于标准相关系数的计算。Kmean 方法是 unsupervised 聚类法的一个变化，目前 Stanford University 的 Botstein 实验室和 NHGRI 的 Trent 实验室都采用该分析方法。混合聚类法是通过将每一数据点傅立叶变换寻找那些表达呈周期性变化的基因，如细胞周期涉及的基因。所谓混合聚类就是先 unsupervised 聚类再 supervised 聚类。其优点是可以整合以前手工聚类法得到的数据，尤其适合确认细胞周期调控的特征性表达谱。神经网络方法运用自组织图并结合 supervised 法进行聚类，优点是分类标准明确；优化的次序好于其他聚类法；用一种次序风格处理大量数据，易于被生物学家接受。

5. 基因表达数据库

基因表达数据库是整个基因表达信息分析管理系统的核心。Microarray 数据库起着数据储存和查询、各种相关信息的整合的作用；可以包含用户的管理信息、原始实验结果（图像文件、信号强度值、背景平均值行列号、基因号等)、各种实验参数（plate/unigene/set/cluster)、探针相关信息、clone 相关信息（基因名称、基因序列、GenBank accession 号、克隆标志符、代谢途径标志符、内部克隆标志符)、分析处理结果、芯片设计相关的资源和数据等。

二、生物芯片的分类

生物芯片根据点在芯片上的探针的不同分为基因芯片、蛋白质芯片、糖芯片及芯片实验室。根据原理，生物芯片还可分为元件型微阵列芯片、通道型微阵列芯片、生物传感芯片等。

（一）基因芯片

基因芯片又称 DNA 芯片，是在基因探针的基础上研制而成的。根据碱基互补配对的原理，利用基因探针在基因混合物中识别特定基因。其将大量探针分子固定于支持物上与标记的样品进行杂交，通过检测杂交信号的强度及分布来进行分析。基因芯片目前主要有检测基因突变的基因芯片和检测基因表达水平的基因表达谱芯片。基因芯片技术主要包括芯片微阵列制备、样品制备、杂交、信号的检测和分析等。

基因芯片的支持介质可以是硝酸纤维薄膜、玻片、硅片、聚丙烯膜、尼龙膜等，但需经特殊处理。其探针可以是检测点突变的寡核苷酸探针，也可以是用于基因表达水平检测的 cDNA 探针。基因芯片技术由于同时将大量探针固定于支持物上，所以可以一次性对样品大量序列进行检测和分析，从而解决了传统核酸印迹杂交技术操作繁杂、自动化程度低、操作序列数量少、检测效率低等不足。

（二）蛋白质芯片

与基因芯片的基本原理相同，但其利用的不是碱基配对而是抗体与抗原结合的特异性，即免疫反应来检测。蛋白质芯片构建的简化模型为：选择一种固相载体能够牢固地结合蛋白质分子（抗原或抗体），从而形成蛋白质的微阵列，即蛋白质芯片。蛋白质芯片主要是蛋白质如抗原或抗体在载体上的有序排列，依据蛋白质分子、蛋白质与核酸相互作用的原理进行杂交、检测和分析。从不同的组织内进行活体解剖后取出圆柱状的组织，然后包埋在受体区域内，这样的石蜡块集成体便构成了组织芯片。

（三）糖　芯　片

Wang 为研究糖基介导的分子识别及抗感染反应在生物医学研究领域中的作用，研制了以微生物多糖为靶点的糖芯片。将微生物多糖固定在以非化学结合的表面修饰的玻璃片上，一张玻片上可固定大量的微生物抗原（20 000 个点），可将大多数病原体囊括在玻片上。不同糖结构结合的糖结合物可以用于微阵列的制造。经空气干燥的微阵列可以稳定的长期保存。同时检测大量抗体只需几微升的血清样本。

（四）细胞及组织芯片

是通过微细加工技术将细胞或组织制备在同一张芯片上，用于药物的筛选或组织基因表达或其他分析。

（五）芯片实验室

为高度集成化的集样品制备、基因扩增、核酸标记及检测为一体的便携式生物分析系统，最终目的是将生化分析的全过程全部集成在一张芯片上完成，从而使现有的许多繁琐、费时、不连续、不精确和难以重复的生物分析过程自动化、连续化和微缩化，属于未来生物芯片的发展方向。

第七节　其他检验技术

在我们所熟悉的一些分子检验技术迅速发展的同时，一些新的技术也不断诞生。这些技术与 PCR 等分子技术互为补充，共同构成了分子技术的大家族。下面将介绍其中几种。

一、连接酶链反应

连接酶链反应（ligase chain reaction，LCR）是一种新的 DNA 体外扩增和检测技术，主要用于点突变的研究及靶基因的扩增。LCR 的基本原理为利用 DNA 连接酶特异地将双链 DNA 片段连接，经变性-复性-连接三步骤反复循环，从而使靶基因大量扩增。在模板 DNA、DNA 连接酶、寡核苷酸引物以及相应的反应条件下，首先加热至一定温度（94～95℃）使 DNA 变性，双链打开，然后降温复性（65℃），引物与互补的模板 DNA 结合并留下一缺口，如果引物的核酸序列和与其杂交结合的靶序列完全互补，DNA 连接酶即可连接封闭两引物之间的这一缺口，则 LCR 中变性-复性-连接三个步骤就能反复进行，每次连接反应的产物又可在下一轮反应中做模板，使更多的寡核苷酸被连接与扩增；如果与引物结合处的靶序列有点突变，引物不能与靶序列精确结合，缺口附近核苷酸的空间结构发生变化，连接反应不能进行，也就不能形成连接产物。

LCR 的引物是两对分别互补的引物，引物长度为 20～26 个核苷酸，以保证引物与靶序列的特异性结合，LCR 识别点突变的特异性高于 PCR，其特异性首先取决于引物与模板的特异性结合，其次是耐热连接酶的特异性。LCR 连接反应温度接近寡苷酸的解链温度（T_m），因而识别单核苷酸错配的特异性极高。

LCR 的扩增效率与 PCR 相当，用耐热连接酶做 LCR 只用两个温度循环，94℃变性和 65℃复性并连接，循环 30 次左右，其产物的检测也较方便灵敏。目前该方法主要用于点突变的研究与检测，以及微生物病原菌的检测及定向诱变等。

二、依赖核酸序列的扩增

依赖核酸序列的扩增（nucleic acid sequence-based amplification，NASBA），又称自主序列复制系统（self-sustained sequence replication，3SR）或再生长序列复制技术。该技术主要用于 RNA 的扩增、检测及测序。

在 NASBA 反应体系中包括 AMV 反转录酶、T7 RNA 聚合酶、核酸酶 H（RNaseH）、dNTP、NTP、模板 RNA、两种特殊的引物（引物Ⅰ与引物Ⅱ）和缓冲液。引物Ⅰ的 3′端与靶序列互补，5′端含 T7 RNA 聚合酶的启动子，这一引物是用于合成 cDNA 的。引物Ⅱ的碱基序列与 cDNA 的 5′端互补。

在 NASBA 反应时，首先引物Ⅰ与 RNA 模板复性结合，AMV 反转录酶催化合成 cDNA，RNaseH 水解 cDNA 上的 RNA，形成一条单链的 DNA，然后引物Ⅱ随即与此 cDNA 的 5′端结合，反转录酶在此 DNA 模板的指导下合成第二条 DNA 链，形成 DNA 双链；按上述条件形成的 DNA 双链含有 T7 RNA 聚合酶的启动子，该酶能以此双链 DNA 为模板，转录出与样品 RNA 序列相同的 RNA 链，而且每条 DNA 模板在该酶的作用下可合成约 100 个拷贝的 RNA，每条新的 RNA 又可作为反转录酶的模板合成 cDNA，如此反复进行，可获得更多的 RNA 和 cDNA。

NASBA 的特点为操作简便、不需特殊仪器、不需温度循环，整个反应过程由三种酶控制，循环次数少，忠实性高，其扩增效率高于 PCR，特异性好。

三、转录依赖的扩增系统

转录依赖的扩增系统（transcript-based amplification system，TAS）主要用于扩增RNA。在TAS反应体系中包括反转录酶、T7 RNA聚合酶、dNTP、NTP、模板RNA、两种特殊的引物（引物A与引物B）和缓冲液，引物A的3′端与待扩增模板RNA互补，其5′端有T7 RNA聚合酶的启动子信息。首先反转录酶以A引物为起点合成cDNA，引物B与此cDNA3′端互补合成cDNA第二链（反转录酶除具有反转录活性外，还有DNA聚合酶及RNaseH的活性），然后T7 RNA聚合酶以此双链DNA为模板转录出与待扩增RNA一样的RNA，这些RNA又可作为下轮反应的模板。T7 RNA聚合酶的催化效率很高，一个模板可转录10～103个RNA拷贝，因而反应液中待检RNA的数量以10的指数方式扩增。

TAS的主要特点是扩增效率高，因为其RNA拷贝数呈10的指数方式增加，只需6个循环，靶序列的拷贝数就能达到2×10^6。另外，由于TAS只需进行6次温度循环，错掺率低，所以特异性高，但是其循环过程复杂，需重复加入反转录酶和T7 RNA多聚酶。

四、Qβ复制酶反应

Qβ复制酶是一种RNA指导的RNA聚合酶，能够催化RNA模板自我复制。Qβ复制酶反应（Q-betareplicasereaction），在常温下30min，能将其天然模板MDV-1（一种质粒）的RNA扩增至109个拷贝。该酶具有以下特点：①不需寡核苷酸引物的引导就可启动RNA的合成；②能特异地识别RNA基因中由于分子内碱基配对而形成的特有的RNA折叠结构；③在Qβ复制酶的天然模板MDV-1的RNA非折叠结构区插入一段短的核酸序列不影响该酶的复制，并且插入核酸序列也能被Qβ复制酶复制扩增，所以可以将靶基因序列插进MDV-1质粒中，复制扩增。

第八节　分子生物学技术在植物保护上的应用

随着科学技术的不断发展，现代植物保护学科发展的总趋势是朝着微观、宏观两个方向发展，同时在宏观指导下进行微观研究，并将微观资料进行宏观分析和处理，不断发展有害生物综合治理的新理论和新技术。在宏观方面，应用生态学和系统工程学的原理和方法建立农业生态系统中有害生物监控决策体系；在微观方面，以分子生物学和基因工程的理论和技术为基础对有害生物灾变机制进行分析，并为决策提供依据。有害生物的检测鉴定研究已进入了分子水平，许多有害生物已建立了分子检测方法，这些较常规的检测方法，在特异性、灵敏度、准确性及缩短检验时间、简化检测程序方面都有了长足的发展。

一、分子生物学技术在植物病害诊断上的应用

ELISA 具有快速、灵敏、特异、操作简便的特点，在病毒、细菌检测等方面已有广泛应用，但在植物真菌病害方面的应用尚不多。1982 年，Liese 等曾将其用于向日葵种子霜霉病菌的检测，1995 年中国将其用于烟草种子赤星病菌的检测。2002 年王丽焕等应用近似菌免疫吸附的方法，获得了特异性抗血清，建立了酶联免疫检测玉米弯孢菌叶斑病的技术。

据王娜等 2004 年统计，PCR 及其相关技术在我国植物病害检测上已得到了广泛应用，已有 3 种真菌、6 种细菌、37 种植物病毒以及松材线虫、植原体和类病毒等进行了检测研究。

（一）在病毒检测方面的应用

朱水芳等（1995）报道用 PCR 和 Dig-cRNA 探针检测番茄环斑病毒，陈京等（1996）报道应用反转录 PCR 检测番茄环斑病毒，孔宝华（2000）用 RT-PCR 的方法对李坏死环斑病进行了检测，Roberts 等（2000）采用 TaqMan 实时定量 RT-PCR 技术成功检测了少至 500fg 的番茄斑萎病毒，Eun 等（2000）同时检测了少至 5fg 的剑兰花叶病毒和齿兰环斑病毒。RT-PCR 在植物病毒病害的检测方面有较多研究。王朝辉等（2001）利用 RT-PCR、斑点杂交法和聚丙烯酰胺凝胶电泳 3 种方法同时检测水稻黑条矮缩病毒，结果显示 RT-PCR 是斑点杂交法灵敏度的 10 倍。陈建军等（2003）比较 RT-PCR、IC-RT-PCR（immuno-capture reverset ranscriptase polymerase chain reaction）和 DAS-EL ISA（double antibody sandwich enzyme-linked immunosorbent assay）3 种检测葡萄卷叶病毒Ⅲ的方法，结果显示 RT-PCR 可用来检测病毒含量极低的或其他两种方法无法检测出的病毒，在灵敏性和可靠性上均为最佳。叶明等（2002）根据 *Taq* 酶既有聚合酶活性又有反转录酶活性的特点，发现在 *Taq* 酶单独作用下可完成 RT-PCR 扩增，反转录阶段复性温度在 37℃、循环数不少于 10 次的情况下，可得到马铃薯纺锤块茎类病毒的特异条带，单酶法 RT-PCR 检测的步骤更为简单，且成本低廉。朱建裕（2003）用实时荧光定量 RT-PCR 和杂交诱捕 RT-PCR-ELISA 对李坏死环斑病毒进行了检测。

基因芯片将 PCR 与核酸分子杂交完美结合，通过对植物病毒基因组的分析，将该病毒的外壳蛋白等高度保守序列作为鉴定指标，可以直接对植物病毒提取液进行检测。因其利用核酸杂交的特异性高的特点，通过平行分析 PCR 扩增产物来快速、准确地鉴别多种病原体，避免了 PCR 技术使用过程中由于非特异性产物增多导致假阳性检测结果的出现，可用于高通量、大规模的病毒分型。由于随机突变的发生，单核苷酸的多态性使相同基因型病毒的不同株的杂交结果不同，基因芯片的检测结果可为不同亚型的确定提供依据，因此基因芯片在植物病毒感染的分子鉴定方面前景广阔。另外，基因芯片技术可通过检测被感染的宿主细胞基因表达情况的改变，提供一种新型的研究植物病毒与宿主相互作用的重要手段。2005 年 3 月，Abdullahi 等通过搜索 GENEBANK 数据

库，设计马铃薯侵染病毒特异性寡核苷酸探针并在两端修饰报告集团花菁素，在玻璃介质的微矩阵（DNA array）基因芯片上与病毒cDNA杂交，结果显示安第斯马铃薯斑驳病毒、马铃薯黑环病毒和马铃薯纺锤形块茎类病毒的杂交反应信号强烈，而其他对照株系无检测信号出现，证明了基因芯片成功地检测出以上几种马铃薯病毒。

（二）在细菌检测方面的应用

早在1989年Zellerh等就建立了梨火疫病菌DNA杂交技术，1992年又建立了该病菌的PCR反应体系。后又建立了一系列的检测技术，使检测灵敏度达到单个菌体。2003年朱建裕等人建立了梨火疫细菌实时荧光定量PCR和诱捕PCR-ELISA的方法。

水稻细菌性条斑病菌是国内重要的检疫性有害生物，Raymundo等（1995）利用探针对该菌进行RFLP分析，姬广海等（1999）对水稻细菌性条斑病菌、稻短条斑病菌、李氏禾条斑病菌进行了RAPD分析，RAPD-DNA的指纹分析和致病性测定表明稻短条斑病菌与李氏禾条斑病菌为同一菌原菌，与水稻细菌性条斑病菌菌株的DNA指纹图谱具有丰富的多态性。廖晓兰等（2003）应用实时荧光PCR建立了水稻白叶枯病菌与水稻条斑病菌两变种间区别鉴别体系。整个检测过程只需2h，在检验检疫中具有广阔的应用前景。

基因芯片检测植物病原细菌的原理应基于细菌的rRNA的高度保守性。一般认为，对于同一种细菌其基因组的同源性应大于70％。对16S rRNA而言，如果出现3个碱基以上的差异就可以断定细菌不属于同一种属，因此可用于细菌的分类和鉴别。SzemesM等（2005）研制开发了通用植物健康芯片（ plant health chip），通过设计Padlock探针检测了11种植物病原微生物。

（三）在真菌检测方面的应用

分子生物学的方法解决了植物病原真菌鉴定中形态难以区分，或种苗内部少量带菌时难以鉴定的问题。

大丽轮枝菌是重要的土传病原菌，能引起数十种作物的病害，由该菌引起的棉花黄萎病是全国农业植物检疫对象。用其特异性引物直接进行了土壤中病菌的检测；朱有勇等（1998）在对大丽轮子枝孢菌（*Verticillium dahliae*）核糖体基因ITS区段测序的基础上，设计并合成了一对特异性引物，其扩增的分子片段可作为鉴定探测大丽轮枝菌的分子标记。

小麦矮腥黑穗病菌、印度腥黑穗病菌都是重要的检疫性有害生物，但在形态特征上，它们的冬孢子与小麦普通腥黑穗病菌、稻粒黑粉病菌等其他同属病菌都较相似，用形态特征进行鉴定非常困难。Smith等（1996）报道用PCR技术鉴定印度腥黑穗病菌取得成功，用冬孢子直接进行检测的最少孢子数为1000个；吴新华等（1998）用特异性引物对冬孢子DNA扩增后，对其产物进行二次扩增，使检测灵敏度得到提高，对100个冬孢子即可进行稳定的检测。但对小麦矮腥黑穗病菌目前还没有稳定、有效、快速的分子生物学检测方法。

在我国已应用RAPD对水稻纹枯病菌、高粱丝黑穗病菌、落叶松—杨栅锈菌、香蕉炭疽菌、棉花黄萎病病菌、弯孢类炭疽菌和中国松树枯梢病菌等植物病原体进行了鉴定和检测。

（四）在其他病原检测上的应用

植原体（phytoplasma），原称类菌原体（mycoplasma-like organism，MLO），是一类侵染性极强，寄主范围广泛的原核生物。它能引起许多重要的粮食、蔬菜和果树作物以及观赏作物、林木树和林阴树严重发病，造成巨大经济损失。在牙买加和坦桑尼亚植原体曾造成1000万株椰子树绝产；在我国植原体曾毁灭了北京市郊区密云县的40万株盛产的枣树；河南、山东等地由于植原体的危害，曾使人工种植泡桐难以发展。目前，世界各地先后报道的植原体病害达300多种，中国报道了70多余种。由于植原体病害的潜在危害严重，难于防治，许多国家把一些重要经济作物上的植原体列为检疫对象。随着中国加入WTO，优质农产品对外交流不断增加，目前在中国尚无分布的一些危险性植原体随农产品的进口而传入中国的风险性势必增加。由于植原体难以人工培养并且对寄主植物系统侵染，因此，及早发现感病植物中植原体的存在，采取相应的检疫措施，杜绝侵染来源，对保护中国农业生产的安全以及该类病害的防治具有重要的意义。

由于对植原体成员至今未能分离培养成功，其传统的检测鉴定主要依据是生物的表现型特征，如形态特征、致病性、寄主范围、症状特点等，因而无法根据其培养性状、营养要求等生物学特性采用传统的细菌学方法进行检测鉴定，使植原体及所致病害的研究长期以来都没有突破性进展。20世纪80年代末，随着分子生物学方法在植原体研究中的应用，才使植原体的研究出现新的突破。特别是近10年来，国际上大多采用以PCR为基础的分子标记方法进行检测鉴定，如分析其16S rRNA、23S rRNA、16S rRNA-23S rRNA间区、rp以及tuf基因等的PCR-RFLP、PCR-RAPD、PCR-SSCP等第一、二代分子标记方法以探索植原体检测鉴定的新途径。这些方法整个过程繁杂，操作步骤多，而且需要PCR后处理，如琼脂糖凝胶电泳和溴化乙锭染色，紫外光观察结果或通过聚丙烯酰胺凝胶电泳和银染检测，不仅需要多种仪器，而且费时费力，所使用的染色剂溴化乙锭对人体又有害，这些繁杂的实验过程又给污染和假阳性提供了机会，严重影响对结果的正确判断。廖晓兰等（2002）根据16S rDNA在进化过程中的高度保守特性，采用第三代分子标记方法即单核苷酸多态性（SNP）设计并合成植原体广谱荧光探针和椰子致死黄化、苹果丛生和榆树黄化三组植原体特异性荧光探针，成功地利用实时荧光定量PCR法对植原体进行了分类鉴定。

廖晓兰等（2004）克隆并测定了中国柑橘黄龙病原菌16S rDNA基因序列，经同源性比较，表明属于柑橘黄龙病原菌亚洲种中的一个新株系（中国厦门株系）。该方法为柑橘黄龙病的检测，特别是早期诊断、检疫和病害的综合治理奠定了基础。

在线虫鉴定方面，张立海等（2001）对松材线虫和拟松材线虫的ITS1区段进行测序，确定为理想的鉴定靶区，经单链构象多态性（PCR-SSCP）分析，建立了明确鉴定这2种线虫的灵敏而可靠的方法。松材线虫和拟松材线虫在形态上难以区分，应用PCR-SSCP技术可灵敏、可靠的鉴定单条松材线虫。刘升学等（2003）分析了来自新疆不同地区 BN YVV RNA2 的片段，将 12 个 BN YVV 分离株分为 4 个变异类型，初步明确了新疆分离株存在分化，并有明显的地域分布性。

二、分子生物学技术在昆虫学研究上的应用

（一）种群遗传变异及进化的研究

检测和描述种内各种群的遗传结构及变异状况，探讨物种的形成与分化的内在机制。内容包括自然地理种群及社会性昆虫的社会种群研究。通常采用的方法有 RAPD、RFLP 和 SSCP。此方面的研究有采用 RAPD 对蝗虫种群的研究、采用 RAPD 检测按蚊的亚种及种群变异、采用 RAPD 分析果蝇的地理种群变异、用 RFLP 方法分析果蝇的自然种群、研究 mt DNA 在蚜虫地理种群内的变异、分析按蚊地理种群中 rDNA NTS 片段的变异、采用 RAPD-PCR 分析蚜虫种群的遗传变异和分析社会性昆虫种群的遗传变异。

（二）种及种下阶元的分类鉴定

主要是对近缘种和复合种、种下亚种与生物型的识别和鉴定。此研究最为可靠的方法是分子杂交技术，如用 DNA 探针鉴定按蚊复合种；采用 RAPD 和 RFLP 及 SSCP 也能进行种类鉴定，采用 RAPD 技术成功地检测了蚜虫的种及种内不同的生物型以及蚜虫体内的寄生蜂。用 mt DNA 的 RFL P 和 RAPD 分子标记有效地鉴定膜翅目寄生蜂种类，采用 PCR-SSCP 对步甲种类进行了鉴定。根据 GenBank 发表的火蚁属（*Solenopsis*）的 *COI* 基因序列有 102 条，分别属于 4 个种，即 *S. invicta*、*S. richteri*、*S. geminata* 和 *S. quinquecuspis*。用 Clustal X 软件对 *COI* 基因序列进行比对后，分析保守区与高变区，针对红火蚁的特异序列，手工设计了引物与探针，引物序列为：上游 COIF15′-ATCTCC CAT ATT ATT ATA AAT GAA AG-3′，下游 COIR1 5′-TCA TGA AGA ATA ATATCA ATA GAT GAG TTA G-3′，探针序列为 RIFA-15′-FAM-GCC TTG ACG TTG ATA CACGGG CCT ACT T-TAMRA-3′。实时荧光定量 PCR 结果表明，红火蚁样品可被成功地检测到，而近似种热带火蚁没有被检测到，同种不同虫态的个体得到一致结果。

（三）种上阶元的系统发育分析

系统发育分析是系统学研究的热点，通过分子系统发育研究，对传统分类有疑问的类群或形态分类不能解决的类群的系统发育进行分析和探讨，也可对传统的分类系统进行验证。分子系统发育研究采用的数据通常是 DNA 序列，RFLP 数据也可用于低级阶元的系统发育分析。目前已有许多类群进行了分子系统发育分析，从种级至目级阶元都有研究。分子系统学研究结果与传统的分类系统及形态支序分析的结果有的相一致，有的却很矛盾。如根据 18S rDNA 片段序列构建的分子系统树证明同翅目并非为一个单系

群，而是一个平行进化的类群。根据18S和28S rDNA的序列分析证明捻翅目与双翅目亲缘关系较近，而与鞘翅目关系却较远，而传统分类学一直认为捻翅目与鞘翅目关系较近，有的学者把它并作为鞘翅目中的一个总科。这样，分子数据与形态数据结果不统一，在现有研究水平下很难说哪种方法得出的结论更可靠，目前较为折中的办法是把分子性状和形态性状综合起来分析。

（四）分子进化

分子进化的研究目的是构建基因或DNA分子的进化树，并探索生物大分子的进化机制和特征。这类研究主要集中在亲缘关系比较明确的类群或高级阶元类群之间进行，研究对象以rDNA为主。

目前杂草的检测仍然以形态鉴定为主，分子生物学在杂草检测鉴定中的应用还鲜见报道。当然，随着分子检测技术的迅猛发展，相信会不断有先进的技术出现，目前RAPD、RFLP、SSR、AFLP、PCR分子标记技术已经成熟，分子生物学研究结果已经表明可以筛选出特异的分子探针，将不同的生物种类加以区别。用这些具有多态性的DNA片段对病原真菌、杂草、昆虫及线虫进行筛选，获得一些特异性的分子探针，制作成基因芯片，可以通过特异性的分子杂交、基因控制技术、荧光显示以及核苷酸多态性分析等手段，快速、准确地鉴定有害生物。

主要参考文献

常胜合，舒海燕，李滨等. 2005. 生物芯片技术研究进展. 生物信息学，3 (1)：30～32，41

陈福生，高志贤，王建华. 2004. 食品安全检测与现代生物技术. 北京：化学工业出版社. 117～145

陈京，胡伟贞，于嘉林等. 1996. 应用反转录聚合酶链式反应快速检测番茄环斑病毒. 病毒学报，12 (2)：190～192

陈岩，陈乃中，朱水芳等. 2005. 红火蚁实时荧光分子检测技术. 植物检疫，19 (4)：204～206

陈志南. 2005. 细胞工程. 北京：科学出版社

陈忠斌. 1998. 分子信标核酸检测技术研究进展. 生物化学与生物物理研究进展，25 (6)：488～492

成新跃，周红章，张广学. 2000. 分子生物学技术在昆虫系统学研究中的应用. 动物分类学报，25 (2)：121～133

程波，郭善利. 2005. 生物芯片技术难点和展望. 聊城大学学报（自然科学版），18 (4)：57～60，70

但汉斌，陈永强，魏雪生等. 2002. 从杂草 DRB 中筛选微生物除草剂的研究. 微生物学通报，29 (4)：5～9

丁学知，夏立秋. 2001. 苏云金杆菌高毒力菌株 4.10718 的快速选育. 中国生物防治，17 (4)：163～166

董继新，董海涛，李德葆. 2001. 植物抗病基因研究进展. 植物病理学报，31 (1)：1～9

窦坦德. 2001. 植物病原真菌检测技术研究进展. 植物检疫，(1)：31～33

高必达. 1999. 烟草野火病菌毒素的分子生物学研究. 生物技术通报，15 (5)：23～25

郭润芳，刘晓光，高克祥等. 2002. 拮抗木霉菌在生物防治中的应用与研究进展. 中国生物防治，18 (4)：180～184

郭文灿，钟世华，黄叶菊. 2006. 井冈霉素生产工艺优化研究. 精细化工中间体，36 (2)：40～42

郭永霞，孔祥清. 2005. 天然除草活性化合物研究进展. 植物保护，31 (6)：11～16

韩彬，惠军，祝长青等. 2005. 生物芯片及其应用. 新疆师范大学学报（自然科学版），24 (3)：92～94

韩金祥. 2005. 生物芯片技术的原理. 山东医药，15 (26)：69～71

何凡，范鸿雁，华敏. 2006. 植物病原毒素. 热带农业科学，26 (3)：70～76

胡含，王恒立. 1990. 植物细胞工程与育种. 北京：北京工业大学出版社

胡兴文. 2005. 实时荧光 PCR 影响因素分析. 实用医技杂志，12 (9)：2551～2552

姬广海. 1999. 水稻上三种条斑病细菌 DNA 的多态性分析. 植物病理学报，29 (2)：120～125

蒋艳明，陈静，潘健存等. 2005. 香蕉杆粉培养木霉菌适宜条件的探讨. 广西大学学报（自然科学版），30 (3)：211～214

孔宝华. 2000. RT-PCR 检测李坏斑病毒的研究. 植物检疫，14 (5)：257～260

李明智，李永泉，徐凌等. 2004. 细菌除草剂黄单胞菌反枝苋致病菌的筛选. 微生物学报，44 (2)：226～239

李志勇. 2003. 细胞工程. 北京：科学出版社

廖晓兰，任新国，王国平等. 1993. 木霉菌筛选、培养及防治油菜菌核病研究. 湖南农业科学，5：27～29

廖晓兰，朱水芳，陈红运等. 2002. TaqMan 探针实时荧光 PCR 检测和鉴定植原体方法的建立. 植物病理学报，32：361～367

廖晓兰，朱水芳，赵文军等. 2003. 水稻白叶枯病菌和水稻细菌性条斑病菌的实时荧光 PCR 快速检测鉴定. 微生物学报，43 (5)：167～171

廖晓兰，朱水芳，赵文军等. 2004，柑橘黄龙病病原 16S rDNA 克隆测序及实时荧光 PCR 检测方法的建立. 农业生物技术学报，12 (1)：80～85

刘健，陈洪章，李佐虎. 2003. 白僵菌杀虫剂生产工艺研究状况与展望. 中国生物防治，19 (2)：86 ～90

刘晓智，陈现，王睿. 2005. 生物芯片技术研究进展及其应用前景. 中国药学杂志，40 (22)：1684～1688

刘毅. 2005. 生物芯片技术在病原微生物检测中的应用. 山东医药，45 (26)：72～73

刘毅. 2006. 生物芯片技术在临床病原菌检测中的新进展. 中国实验诊断学，10 (3)：325～328

刘仲敏，林兴兵，杨生玉. 2004. 现代应用生物技术. 北京：化学工业出版社，162～186

卢圣栋. 1999. 现代分子生物学实验技术（第二版）. 北京：中国协和医科大学出版社，155～220
卢卫红，郑琦. 2006. 生物芯片技术的应用与展望. 生物技术通讯，1（17）：293～295
罗立新. 2003. 细胞融合技术与应用. 北京：化学工业出版社
马凤桐. 1989. 柑橘属茎尖嫁接脱毒研究. 植物学报，7（31）：565～568
马克世，胡炳义. 2006. 分子标记的发展及应用. 周口师范学院学报，23（2）：81～84
宁红，秦蓁. 2001. 分子生物学技术在检疫性有害生物诊断中有应用. 植物检疫，15（2）：87～91
任自忠，苑凤瑞，张森. 2003. 新编植物保护实用手册. 北京：中国农业出版社，508～511
孙敬三，朱至清. 2006. 植物细胞工程实验技术. 北京：化学工业出版社
王娜，马雅军，王喆之. 2004. PCR 相关技术方法在植物病害检测中的应用. 上海农业学报，20（4）：112～115
王晓虹，金黎明. 2005. 细菌人工染色体文库的构建及应用. 生物技术通讯，16（6）：668～671
吴力游，刘学端，肖启明. 1994. 果树无病毒育苗技术. 南昌：江西科学技术出版社
吴力游，肖启明，刘学端等. 1993. 湖南省柑橘良种的脱毒与检测研究. 湖南农学院学报，19（3）：31～38
吴新华. 1998. 应用聚合酶链式反应技术鉴定印度腥黑穗病菌. 植物检疫，12（3）：115～122
吴兴海，陈长法，张云霞等. 2006. 基因芯片技术及其在植物检疫工作中应用前景. 植物检疫 20（2）：108～111
谢从华，柳俊. 2004. 植物细胞工程. 北京：高等教育出版社
徐汉虹，梁明龙，胡林. 2005. 阿维菌素类药物的研究进展. 华南农业大学学报，26（1）：1～5
许志刚. 植物检疫学. 2003. 北京：中国农业出版社
薛燕潍，薛建生，李志坚. 2006. 木霉菌的发酵条件研究. 潍坊医学院学报，28（5）：389～390
严可以，弓爱君，孙翠霞等. 2006. 阿维菌素生产工艺研究进展. 现代化工（增刊）：36～37
姚春馨，吴成军，程在全，黄兴奇. 2006. 人工染色体载体系统的研究进展. 云南农业大学学报，21（2）：135～141
于秀莲，何建勇，白秀峰等. 2004. 阿维菌素产生菌的诱变育种. 沈阳药科大学学报，21（3）：222～225
张成良，朱水芳，黄文胜等. 1997. 类病毒植原体分子生物学检测技术. 北京：农业部植物检疫实验所内部资料
张立海. 2002. 松材线虫 rDNA 的测序和 PCR-SSCP 分析. 植物病理学学报，31（1）：84～89
赵蕾. 1999. 液固两相法制备木霉菌高孢粉. 中国生物防治，15（3）：144
郑裕国，汪钊，陈小龙. 2000. 外循环气升式生物反应器气含率及其用于井冈霉素发酵的研究. 中国抗生素杂志，25（2）：105～108
朱建裕. 2002. 实时荧光 RT-PCR 和杂交诱捕 RT-PCR-ELISA 检测李坏死环斑病毒的研究. 中国优秀博硕士学位论文全文数据库，光盘号：DA200204；DD200204，12～21
朱水芳，相宁，张成良等. 1995. PCR 和 Dig-cRNA 探针检测番茄环斑病毒. 中国进出境动植检，4：29～31
朱水芳. 实时荧光聚合酶链反应（PCR）检测技术. 2003. 北京：中国计量出版社，1～53，207～245
朱西儒，徐志宏，陈枝楠. 2004. 植物检疫学. 北京：化学工业出版社
朱新产，张涌. 1998. PCR 技术战略. 生物技术通报，3：29～33
朱有勇. 1998. 棉花黄萎病 PCR 检测. 云南农业大学学报，13（1）：161～163
朱至清. 2003. 植物细胞工程. 北京：化学工业出版社
Beijerinck MW. 1898. Concerning a contagium vivum fluidium as a cause of the spot-disease of tobacco leaves. Reprint from：Phytopathology Classics，Number 7. 1942. James Johnson，translator，http://www.apsnet.org/education/feature/TMV/beijerinck.html
Cano RJ，Rasmussen SR，Fraga GS et al. 1993. Fluorescent detection-polymerase chain reaction（FD-PCR）assay on microwell plates as a screening test for salmonellas in foods. J Appl Bacteriol，75：247～253
Chevrier D，Rasmussen SR，Guesdon JL. 1993. PCR product quantification by non-radioactive hybridization procedures using an oligonucleotide covalently bound to microwells. Mol Cell Probe，7：187～197
Eun AJ，Wang S. 2000. Molecular beacons：a new approach to plant virus detection. Phytopathology，90：269～275
Jacobs MV，Roda Husmann AM，van den Brule AJC et al. 1995. Group- pecific differentiation between high and low risk human papillomavirus genotypes by general primer mediated PCR and two cocktails of oligonucleotide probes. J

Clin Microbiol, 33: 901～905

Keller GH, Huang DP, Manak MM. 1988. A sensitive nonisotopic hybridization assay for HIV-1 DNA. Anal Biochem, 177: 27～32

Kwok S, Higuchi R 1989. Avoiding false positives with PCR. Nature, 339: 237

Mary-Dell Chilton. 2001. Agrobacterium. A Memoir. Plant Physiology, 125: 9～14

Nararro l, Roistacher CN. Murashige T. 1975. Improvement of shoot-tip grafting in vitro for virus-free citrus. J Amer Soc Hort Sci, 100 (5): 475～479

Orlando CP, Pinzani M, Pazzagli. 1998. Developments in quantitative PCR. Clin Chem Lab Med 36: 255～269

Raymundo AK. 1995. Genetic diversity in *Xanthomonas oryzea* pv. *oryszeacola*. IRRN, 20 (3): 12～13

Roberts CA, Dietzgen RG, Heelan A et al. 2000. Real-time RT-PCR fluorescent detection of tomato apotted wilt virus. J Virus Methods, 88 (1): 1～8

Schaad NW, Frederick RD. 2002. Real-time PCR and its application for rapid plant disease diagnostics. Can J Pathol., 24: 250～258

Scholthof, K-BG. 2001. 1898--The beginning of virology... time marches on. Plant Health Instructor. DOI: 10.1094/PHI-I-2001-0129-01, http://www.apsnet.org/education/ feature/ TMV

Shayesteh L, Lu Y, Kuo WL et al. 1999. PIK3CA is implicated as an oncogene in ovarian cancer [see comments]. Nat Genet, 21 (1): 99～102

Smith GJ et al. 1999. Fast and accurate method for quantitating *E. coli* host-cell DNA contamination in plasmid DNA preparations. BioTechniques, 26 : 518～526

Wang XX, Li RW, Currie et al. 2000. Application of real-time polymerase chain reaction to quantitate induced expression of interleukin-1beta mRNA in ischemic brain tolerance. J Neuro sci Res, 1559 (2): 238～246

Ying H, Zaks TZ, Wang RF et al. 1999. Cancer therapy using a self-replicating RNA vaccine. Nat Med, 5: 823～827